全国高职高专电气类精品规划教材

安全用电

主　编　苏景军　薛婉瑜

副主编　谭振宇　黄德建　朱　毅　李铁玲

内　容　提　要

本课程是电气类各专业限修课之一，通过课堂结合用电系统的事故进行讲授分析，以阐述安全用电的有关技术理论和实践知识。该教材以保障用电人身安全和设备安全为知识重点，介绍在电气装置、安全用具使用上以及电气工作中严防人身触电的安保措施，并在设备运行管理上保证安全的基本要求，树立安全第一的思想，保证用电过程的安全与效益的统一。主要内容有安全用电基础知识、防止人身触电的基本措施、防雷保护、变配电所（站）的安全运行、电气安全工作制度、电气防火与防爆、触电急救和外伤救护、安全用电监察以及用电事故的调查处理等。

本教材的读者对象为大中专院校师生和供用电管理单位的工程技术人员。

图书在版编目（CIP）数据

安全用电/苏景军，薛婉瑜主编．—北京：中国水利水电出版社，2004.8（2021.1 重印）
全国高职高专电气类精品规划教材
ISBN 978－7－5084－2198－8

Ⅰ．安…　Ⅱ．①苏…②薛…　Ⅲ．用电管理-安全技术-高等学校：技术学校-教材　Ⅳ．TM92

中国版本图书馆 CIP 数据核字（2004）第 061949 号

书　　名	全国高职高专电气类精品规划教材 **安全用电**
作　　者	主编　苏景军　薛婉瑜
出版发行	中国水利水电出版社 （北京市海淀区玉渊潭南路 1 号 D 座　100038） 网址：www. waterpub. com. cn E－mail：sales@waterpub. com. cn 电话：（010）68367658（营销中心）
经　　售	北京科水图书销售中心（零售） 电话：（010）88383994、63202643、68545874 全国各地新华书店和相关出版物销售网点
排　　版	北京安锐思技贸有限公司
印　　刷	北京瑞斯通印务发展有限公司
规　　格	184mm×230mm　16 开本　16 印张　313 千字
版　　次	2004 年 8 月第 1 版　2021 年 1 月第 18 次印刷
印　　数	73101—76100 册
定　　价	**45.00** 元

序

教育部在《2003－2007年教育振兴行动计划》中提出要实施"职业教育与创新工程"，大力发展职业教育，大量培养高素质的技能型特别是高技能人才，并强调要以就业为导向，转变办学模式，大力推动职业教育。因此，高职高专教育的人才培养模式应体现以培养技术应用能力为主线和全面推进素质教育的要求。教材是体现教学内容和教学方法的知识载体，进行教学活动的基本工具；是深化教育教学改革，保障和提高教学质量的重要支柱和基础。因此，教材建设是高职高专教育的一项基础性工程，必须适应高职高专教育改革与发展的需要。

为贯彻这一思想，2003年12月，在福建厦门，中国水利水电出版社组织全国14家高职高专学校共同研讨高职高专教学的目前状况、特色及发展趋势，并决定编写一批符合当前高职高专教学特色的教材，于是就有了《全国高职高专电气类精品规划教材》。

《全国高职高专电气类精品规划教材》是为适应高职高专教育改革与发展的需要，以培养技术应用为主线的技能型特别是高技能人才的系列教材。为了确保教材的编写质量，参与编写人员都是经过院校推荐、编委会答辩并聘任的，有着丰富的教学和实践经验，其中主编都有编写教材的经历。教材较好地反映了当前电气技术的先进水平和最新岗位资格要求，体现了培养学生的技术应用能力和推进素质教育的要求，具有创新特色。同时，结合教育部两年制高职教育的试点推行，编委会也对各门教材提出了满足这一发展需要的内容编写要求，可以说，这套教材既能适应三年制高职高专教育的要求，也适应两年制高职高专教育的要求。

《全国高职高专电气类精品规划教材》的出版，是对高职高专教材建设的一次有益探讨，因为时间仓促，教材可能存在一些不妥之处，敬请读者批评指正。

《全国高职高专电气类精品规划教材》编委会

2004年8月

前 言

本教材是根据电气类专业的改革教学具体要求编写的。编者吸收了近年来高职高专教育教学改革经验，把电力生产、使用和安全技能有机地结合在一起，突出了实用性和可操作性，具有鲜明的职业教育特色。

本教材在内容的取舍及操作性的把握上，充分考虑读者前期所具有的理论知识，避免理论的重复叙述以及与实际应用关系不大的内容，在总结和整理大量电气类行业实际工作经验的基础上，加强了内容的系统性，以适应电气类专业高职高专培养目标的要求，符合高职高专教育的特点。此外，在编写过程中，注重运用理论知识解决实际问题能力的培养。

本教材全部采用最新国家标准，适用于高职高专电气类有关专业教学使用，也可供供用电企事业单位的工程技术人员参考。

本教材由广东水利电力职业技术学院苏景军和四川电力职业技术学院薛婉瑜任主编。参加编写的有广东水利电力职业技术学院苏景军（第 1 章、第 6 章、第 8 章、第 9 章）、四川电力职业技术学院薛婉瑜（第 3 章 3.1.6、3.2.4、3.2.5、第 7 章）、广西水利电力职业技术学院谭振宇（第 5 章）、四川水利职业技术学院黄德建（第 3 章）、福建水利电力职业技术学院朱毅（第 4 章、第 5 章 5.6）、河北工程技术高等专科学校李铁玲（第 2 章）。

本教材编写过程中参考了其他出版单位编写出版的有关教材和资料，也得到了有关院校、电力企业单位领导和工程技术人员的大力支持，在此表示衷心感谢！

由于编者水平所限，书中难免有欠妥之处，敬请广大读者批评、指正。

编 者

2004 年 8 月

前言

目录

第1章

绪　　论

在科学技术高度发展的今天，电几乎进入人们生产和生活的所有领域，成为最基本的能源，也是国民经济及广大人民日常生活不可缺少的能源。同时，人们为了安全，为了求得进一步的发展，不得不重视安全用电。

安全用电是安全领域中直接与电关联的科学技术与管理工程，包括安全用电实践，安全用电教育和安全用电科研。安全用电是以安全为目标，以电气为领域的应用科学，它虽然涉及很多其他学科，但其主线总是围绕着电而展开。

1.1　安全用电的意义

安全生产是社会主义企业经营管理的基本原则之一。安全促进生产，生产必须安全。电气工作人员应贯彻执行"安全第一，预防为主"的方针。由于电力生产的特点以及用电事故的特殊规律性，安全用电就更具有特殊的重大意义。

一方面，电力系统是由发电厂、电力网和用户组成的统一整体。由于目前电能还不能大规模地储存，发电、供电和用电是同时进行的，因此，用电事故发生后，除可能造成电厂停电，引起设备损坏、人身伤亡事故外，还可能涉及电力系统，进而造成系统大面积停电，给工农业生产和人民生活造成很大的影响。对有些重要的负荷如冶金企业、采矿企业、医院等，可能会产生更严重的后果。

另一方面，人们在用电的同时，会遇到电气安全问题。电能是由一次能源转换而得的二次能源，在应用这种能源时，如果处理不当即可能发生事故，危及生命安全和造成财产损失。如：电能直接作用于人体，将造成电击；电能转化为热能作用于人体，将造成烧伤和烫伤；电能离开预定的通道，将构成漏电或短路，进而造成人身伤害、火灾、财产损失。

随着电气化的发展，生活用电的日益广泛，发生用电事故的机会也相应增加。据我国近年来的统计，全国农村每年触电死亡的人数均在数千人左右，工业和城市居民触电死亡的人数约为农村触电死亡人数的15%左右，在触电死亡的人数中，低压死亡占80%以上。而因停电对国民经济造成的损失则难以具体统计。

因此，人们只有掌握了用电的基本规律，懂得用电的基本知识，按操作规程办事。同时，要搞好安全用电的宣传，提高安全用电的技术理论水平，落实保证安全工作的技术措施和组织措施，切实防止各种用电设备事故和人身触电事故的发生，电就能很好地为人民服务。只有首先做到安全生产，才能谈得上促进生产的发展。

1.2 电气安全基础知识

从电气安全的性质来看，电气安全具有抽象性、广泛性和综合性的特点。由于电具有看不见、听不见、嗅不着的特点，以至电气事故往往带有某种程度的神秘性，而电的应用又极为广泛，在人们的生产生活中，处处要用电，处处都会遇到电气安全的问题。因此，电气安全工作是一项综合性的工作，有工程技术的一面，也有组织管理的一面。在工程技术方面，主要任务是完善电气安全技术、开发新的安全技术、研究新出现的安全技术问题等。在组织管理方面，其任务是落实安全生产责任制。

1.2.1 电对人体伤害的种类

当人体发生触电时，电流会对人体造成程度不同的伤害，一般可分为两种类型：一种称为电击；另一种称为电伤。

1.2.1.1 电击及其分类

电击是指电流通过人体时所造成的内部伤害，它会破坏人的心脏、呼吸及神经系统的正常工作，甚至危及生命。

绝大部分触电死亡事故都是由电击造成的。电击还常会给人体留下较明显的特征：电标、电纹、电流斑。电标是在电流出入口处所产生的革状或炭化标记。电纹是电流通过皮肤表面，在其出入口间产生的树枝状不规则发红线条。电流斑则是指电流在皮肤表面出入口处所产生的大小溃疡。

电击又可分为直接电击和间接电击两种：直接电击是指人体直接触及正常运行的带电体所发生的电击。间接电击则是指电气设备发生故障后，人体触及意外带电部分所发生的电击。因此，直接电击也称为正常情况下的电击，间接电击也称为故障情况下的电击。

直接电击多发生在误触相线、闸刀或其他设备带电部分。间接电击大都发生在大

风刮断架空线或接户线后，断线搭落到金属物上；相线和电杆拉线搭连；电动机等用电设备的线圈绝缘损坏而引起外壳带电等情况下。在触电事故中，直接电击和间接电击都占有相当比例，因此，采取安全措施时要全面考虑。

1.2.1.2 电伤及其分类

电伤是指由电流的热效应、化学效应或机械效应对人体造成的伤害。电伤多见于人体外部（特殊情况下可伤及人体内部），且常会在人体上留下伤痕。它一般可分为如下三种：

（1）电弧烧伤，也叫电灼伤，是最常见也最严重的一种电伤。多是由电流的热效应引起，但与一般的水、火烫伤性质不同。具体症状是皮肤发红、起泡，甚至皮肉组织破坏或被烧焦。通常发生在：低压系统带负荷（特别是带感性负荷）拉开裸露的闸刀开关时电弧烧伤人的手和面部；线路发生短路或误操作引起短路；开启式熔断器熔断时炽热的金属颗粒飞溅出来造成电灼伤等。高压系统因误操作产生强烈电弧导致严重烧伤；人体过分接近带电体（间距小于安全距离或放电距离），一旦产生强烈电弧时便很可能造成严重电弧烧伤而致死。

（2）电烙印。当载流导体较长时间接触人体时，因电流的化学效应和机械效应作用，接触部分的皮肤会变硬并形成圆形或椭圆形的肿块痕迹，如同烙印一样，故称电烙印。

（3）皮肤金属化。由于电弧或电流作用产生的金属微粒渗入了人体皮肤表层而引起，使皮肤变得粗糙坚硬并呈特殊颜色（多为青黑色或褐红色），故称为皮肤金属化。它与电烙印一样都是对人体的局部伤害，且多数情况下会慢慢地逐渐自然褪色。

1.2.2 电对人体伤害程度的影响因素

由于电对人体的伤害是多方面的，如前所述的电灼伤、电烙印和皮肤金属化。还有电磁场能量对人体的辐射作用，会导致头晕、乏力和神经衰弱等症。但主要指电流通过人体内部时对人体的伤害即电击。因为电流通过人体，会引起针刺感、压迫感、打击感、痉挛、疼痛乃至血压升高、昏迷、心率不齐、心室颤动等症状，严重的会导致人死亡。

电对人体的伤害程度与通过人体电流的大小、电流通过人体的持续时间、电流通过人体的途径、电流的频率、作用于人体的电压以及人体的状况等多种因素有关，而且各因素之间，特别是电流大小与作用时间之间有着密切的关系。

1.2.2.1 伤害程度与电流大小的关系

通过人体的电流越大，人体的生理反应越明显、感觉越强烈，引起心室颤动所需的时间越短，致命的危害就越大。

（1）感知电流。引起人的感觉（如麻、刺、痛）的最小电流称为感知电流。对于不同的人，感知电流也不相同，成年男性对于工频电的平均感知电流的有效值约为1.1mA（直流5mA），成年女性的平均感知电流有效值约为0.7mA。感知电流一般不会造成伤害。

（2）摆脱电流。电流增大超过感知电流时，发热、刺痛的感觉增强。当电流增达到一定程度，触电者将因肌肉收缩、发生痉挛而紧抓带电体，将不能自行摆脱电源。触电后能自主摆脱电源的最大电流称为摆脱电流。对一般男性它平均为16mA；女性约为10mA；儿童的摆脱电流值较成人小。摆脱电源的能力将随着触电时间的延长而减弱，一旦触电后不能及时摆脱电源，后果将十分严重。

（3）致命电流。在较短时间内会危及生命的电流称为致命电流。电击致死的主要原因，大都是由于电流引起了心室颤动而造成的。因此，通常将引起心室颤动的电流称为致命电流。

1.2.2.2 伤害程度与电流作用于人体时间的关系

引起心室颤动的电流即致命电流大小与电流作用于人体时间的长短有关。作用时间越长，便越容易引起心室颤动，危险性也就越大。这是因为：

（1）电流作用时间越长，能量积累增加，室颤电流便减小。当作用时间在0.01～5s范围内时，室颤电流与作用时间的关系可用下式表达：

$$I = 116/\sqrt{t}$$

式中 I——引起心室颤动的电流，mA；

t——作用时间，s。

此外，其关系也可表达为：当 $t \geqslant 1$s 时，$I = 50$mA；当 $t < 1$s 时，$I = 50/t$ mA。

（2）若作用时间短促，只有在心脏搏动周期的特定相位上才可能引起室颤。作用的时间愈长，与该特定相位重合的可能性便愈大，室颤的可能性也就越大，危险性也越大。

（3）作用时间越长，人体电阻就会因皮肤角质层遭破坏或是出汗等原因而降低，导致通过人体的电流进一步增大。显然，受电击的危险性也随之增加。

1.2.2.3 伤害程度与电流途径的关系

电流通过大脑是最危险的，它会立即引起死亡（但这种触电事故极为罕见）。绝大多数场合是由于电流刺激人体心脏引起心室纤维性颤动致死。因此大多数情况下，触电的危险程度取决于通过心脏的电流大小。由试验得知，电流在通过人体的各种途径下，流经心脏的电流占通过人体总电流的百分比如表1-1所示。

可见，当电流从手到脚及从一只手到另一只手（其中尤以从左手到脚）时，触电的伤害最为严重。电流纵向通过人体，比横向通过时更易发生室颤，故危险性更大；

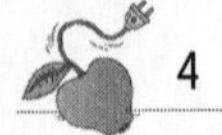

电流通过脊髓时，很可能会使人截瘫；若通过中枢神经，会引起中枢神经系统强烈失调，造成窒息，导致死亡。

表 1-1　　不同途径下流经心脏电流的比例

电流通过人体的途径	通过心脏的电流占通过人体总电流的比例（%）
从一只手到另一只手	3.3
从左手到脚	6.7
从右手到脚	3.7
从一只脚到另一只脚	0.4

1.2.2.4　伤害程度与电流频率的关系

触电的伤害程度还与电流的频率有关。由试验得知，频率在 30～300Hz 的交流电最易引起人体室颤。而工频交流电频率为 50Hz，正属于这一频率范围，故触电时也最危险。所以，同样电压的交流电，其危险性就比直流电更大一些。在此范围外，频率越高或越低，对人体的危害程度反而会相对地小一些，但并不是说就没有危险性，高压高频依然是十分危险的。各种频率的死亡率如表 1-2 所示。

表 1-2　　各种频率的死亡率

频率（Hz）	10	25	50	60	80	100	120	200	500	1000
死亡率（%）	21	70	95	91	43	34	31	22	14	11

1.2.2.5　伤害程度与电压的关系

当人体电阻一定时，作用于人体的电压越高，通过人体的电流越大。实际上，通过人体的电流大小并不与作用于人体上的电压成正比，这是因为，随着电压的升高，人体电阻因皮肤受损破裂而下降，致使通过人体的电流迅速增加，从而对人产生严重的伤害。

1.2.2.6　伤害程度与人体电阻的关系

（1）人体电阻。当人体触电时，流过人体的电流（当接触电压一定时）由人体的电阻值决定，人体电阻越小，流过人体的电流越大，危险也就越大。

人体电阻主要包括人体内部电阻和皮肤电阻，人体内部电阻是固定不变的，与外界条件无关，约为 500～800Ω 左右。皮肤电阻主要由角质层决定，角质层越厚，电阻就越大，其值一般为 1000～1500Ω。因此人体电阻一般约为 1500～2000Ω（为保险起见，通常取为 800～1000Ω）。如果皮肤角质层有破损，则人体电阻将大为下降，也就是说，人体电阻不是固定不变的。

影响人体电阻的因素很多，除皮肤厚薄外，皮肤潮湿、多汗、有损伤、带有导电性粉尘等都会降低人体电阻。清洁、干燥、完好的皮肤电阻值就较高。触电面积大、电流作用时间长会增加发热出汗，从而降低人体电阻值；触电电压高，会击穿角质层增加肌体电解，人体电阻也会降低；另外，人体电阻也会随电源频率的增大而降低。不同条件下的人体电阻如表 1-3 所示。

表 1-3　不同条件下的人体电阻

接触电压（V）	人 体 电 阻（Ω）			
	皮肤干燥	皮肤潮湿	皮肤湿润	皮肤浸入水中
10	7000	3500	1200	600
25	5000	2500	1000	500
50	4000	2000	875	440
100	3000	1500	770	375
250	1500	1000	650	325

注　皮肤浸入水中时基本上为体内电阻。

（2）人体允许电流。由实验得知，在摆脱电流范围内，人若被电击后一般能自主地摆脱带电体，从而解除生命危险。因此，通常把摆脱电流看作是人体允许电流。当线路及设备装有防止触电的速断保护装置时，人体允许电流可按 30mA 考虑，在空中、水面等可能因电击导致摔死、淹死的场合，则应按不引起痉挛的 5mA 考虑。

若发生人手碰触带电导线而触电时，常会出现紧握导线丢不开的现象。这并不是因为电有“吸力”，而是由于电流的刺激作用，使该部分肌体发生了痉挛而使肌肉收缩的缘故，是电流通过人手时所产生的生理作用引起的。显然，这就增大了摆脱电源的困难，往往需要借助外部条件使触电者摆脱电源，否则就会加重触电的后果。

1.2.3 人体触电的方式

发生触电事故的情况是多种多样的，经长期研究和对触电事故的大量分析，确认发生触电的情况分为三类方式：单相触电；两相触电；跨步电压、接触电压和雷击触电。

1.2.3.1 单相触电

在电力系统的电网中，有中性点不接地和中性点直接接地两种情况。

（1）中性点直接接地电网中的单相触电，如图 1-1 所示。当人体接触导线时，人体承受相电压。电流经人体、大地和中性点接地装置形成闭合回路，流过人体的电流取决于相电压和回路电阻。

(2) 中性点不接地电网中的单相触电，如图 1-2 所示。因中性点不接地，故有两个回路的电流通过人体：一个是从 W 相导线出发，经过人体、大地、线路对地阻抗 Z 到 U 相导线；另一个是同样路径到 V 相导线。通过人体的电流值取决于线电压、人体电阻和线路对地阻抗。

对于高压带电体，人体虽未直接接触，但由于间距小于安全距离，高电压对人体放电，造成单相接地引起的触电，也属于单相触电。

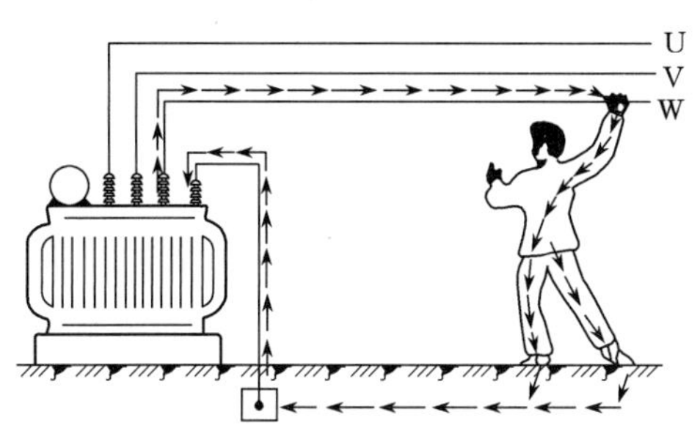

图 1-1　中性点直接接地系统的单相触电

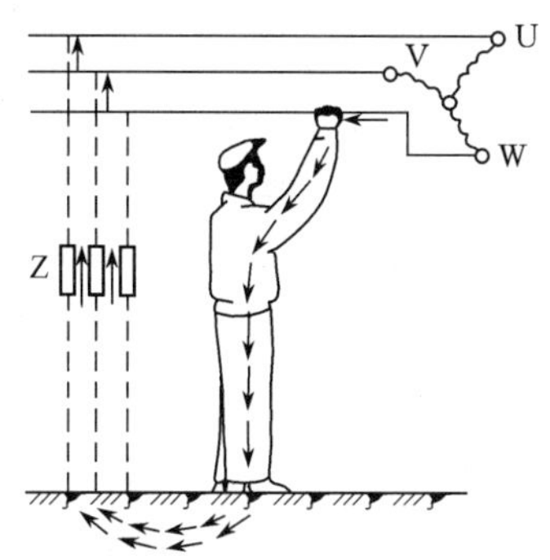

图 1-2　中性点不接地系统的单相触电

1.2.3.2　两相触电

人体同时与两相导线接触时，电流就从一相导线经人体到另一相导线，这种触电方式最危险，如图 1-3 所示。因施加于人体的电压为全部工作电压（即线电压），且此时电流将不经过大地，直接从 V 相经人体到 W 相而形成闭合回路。因此，不论中性点接地与否、人体对地是否绝缘，都会使人触电。

在高压系统中，人体同时接近不同相的任意两相带电体时，若发生电弧放电，两相间经人体形成回路，由此而形成的触电也属于两相触电。

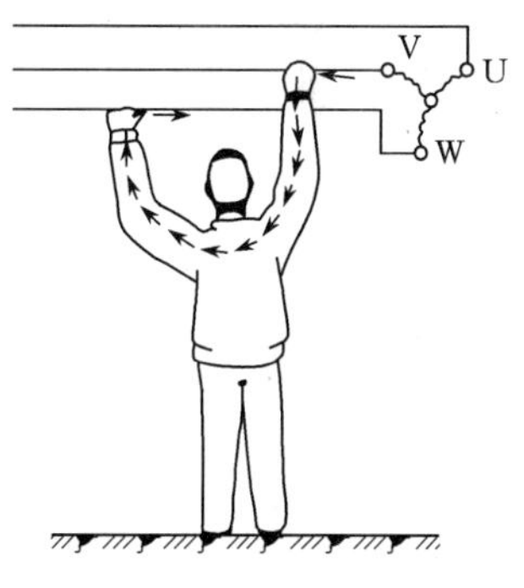

图 1-3　两相触电

1.2.3.3　跨步电压、接触电压和雷击触电

(1) 跨步电压触电。当电气设备或带电导线发生接地短路故障，接地电流通过接地点向大地流散，以接地点为圆心，在地面上形成若干同心圆的分布电位，离接地点越近，地面电位越高，跨步电压 U 的大小及变化规律如图 1-4 所示。此时，若人在接地点周围行走，其两脚间的电位差，就是跨步电压。设备或导线的工作电压越高，跨步电压就越大。由跨步电压引起的人体触电，称为跨步电压触电。如图1-5 所示。

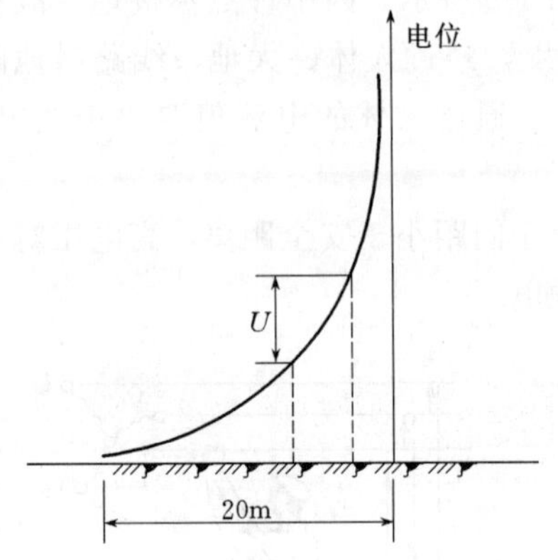

图 1-4 跨步电压 U 的大小及变化规律

图 1-5 跨步电压触电

人体受到跨步电压作用时，人体虽没有直接与带电导体接触，也没有电弧放电现象，但电流是沿着人的下身，从脚经跨部又到脚与大地形成通路，只在人的下身通过，而没有流经心脏。若跨步电压值较小，危险性就小。若跨步电压值较高，人会因两脚发生抽筋而跌倒，由于头脚之间的距离大，使头脚间形成更大的电位差，同时电流流经人体的途径将变为经过人体的心脏，危险性显著增大甚至在很短时间内就导致人死亡。此时应尽快将双脚并拢或单脚着地跳出危险区。

(2) 接触电压触电。电气设备或带电导线发生接地短路故障不但会引起跨步电压触电，还容易产生接触电压触电，如图 1-6 所示。

图 1-6 中，当一台电动机发生碰壳接地故障时，因三台电动机的接地线连在一起，故它们的外壳都会带电且都为相电压。由于地面电位分布不同，左边人体承受的电压是电动机外壳和地面之间的电位差，即等于零；而右边人体所承受的电压与之大不相同，因他站在离接地体较远的地方（假设为 20m）用手触摸电动机外壳，由于该处地面电位几乎为零，故他承受的电压实际上就是电动机外壳的对地电压（即相电压），显然，就会发生人身触电事故。这种触电称为接触电压触电，它对人身有相当严重的危害。因此，实际中要尽量避免多台设备共用接地线的现象出现。

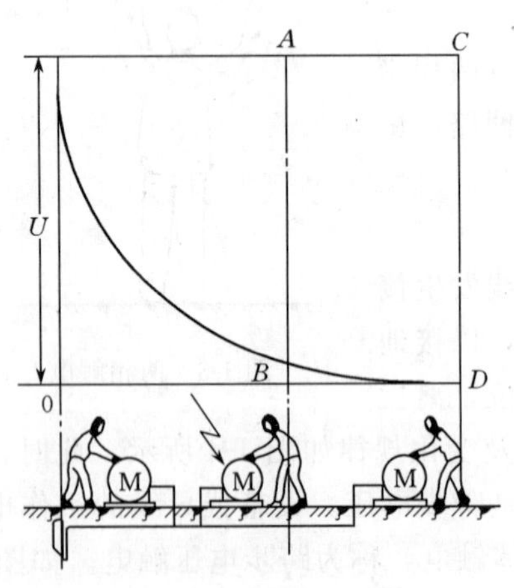

图 1-6 接触电压触电

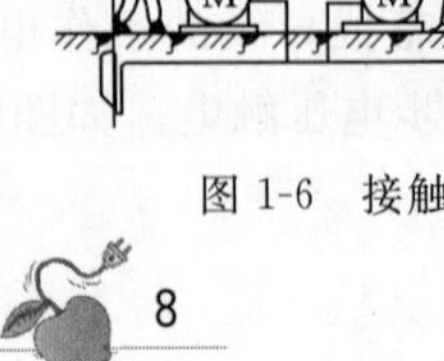

人和牲畜也有可能会由于跨步电压或接触电压而导致触电。

(3) 雷击触电。雷电时发生的触电现象称为雷击触电。它是一种特殊的触电方式。雷击感应电压高达几十至几百万伏，其能量可把建筑物摧毁，使可燃物燃烧，把电力线、用电设备击穿、烧毁，造成人身伤亡，危害性极大。

1.2.4 触电事故的成因及其规律

触电事故往往发生的很突然，且常是在刹那间或极短时间内就可能造成严重后果。但触电事故也有一定的原因，掌握这些原因并从中发现其规律，对如何适时而恰当地实施相关的安全技术措施，防止触电事故的发生，以及安排正常生产等有很大意义。

1.2.4.1 造成触电事故的原因

对实践中发生触电事故的原因进行归纳分析，主要有：

(1) 缺乏电气安全知识。高压方面有：架空线附近放风筝；攀爬高压线杆及高压设备等。低压方面有：不明导线用手误抓误碰；夜间缺少应有的照明就带电作业；生活零线作地线使用；带电体任意裸露；随意摆弄电器等。

(2) 违反操作规程。高压方面有：带电拉隔离开关或跌落式熔断器；在高低压同杆架设的线路上检修时带电作业；在高压线路下违章建筑等。低压方面有：带电维修电动工具、换行灯变压器、搬动用电设备带电拉临时线路；火线与地线反接；湿手带电作业等。

(3) 设备不合格。高压方面有：与高压线间的安全距离不够；高低压线交叉处，高压线架设在低压线下方；电力线与广播线同杆近距离架设；“二线一地”制系统缺乏安全措施等。低压方面有：用电设备进出线绝缘破损或没有进行绝缘处理，导致设备金属外壳带电；设备超期使用因老化导致泄漏电流增大等。

(4) 维修管理不善。架空线断线不能及时处理；设备破损不能及时更换；临时线路不按规定装设漏电保护器等。

1.2.4.2 发生触电事故的一般规律

(1) 具有明显的季节性。一般每年以二、三季度事故发生较多，6～9 月最集中。因为夏秋两季天气潮湿、多雨，降低了电气设备的绝缘性能；人体多汗，皮肤电阻降低，容易导电；天气炎热，负荷量和临时线路增多；操作人员常不穿戴工作服和绝缘护具；农村用电量和用电场所增加，使触电事故增多。

(2) 低压触电多于高压触电。据资料统计，1000V 以下的低压触电事故远多于高压触电事故。主要是因为低压设备多，低压电网广，与人接触机会多；低压设备简陋且管理不严，思想麻痹；多数群众缺乏电气安全知识。

(3) 农村触电事故多于城市。据统计，农村触电事故约为城市的 16 倍。这主要是由于农村用电条件差，设备简陋，技术水平低，管理不严，电气安全知识缺乏。

（4）青年和中年触电事故多。一方面是因为中青年多数是主要操作者，且大都接触电气设备；另一方面因这些人多数已有几年工龄，不再如初学时那么小心谨慎，但经验不足，电气安全知识尚较欠缺。

（5）单相触电事故多。据统计，各类触电方式中，单相触电占触电事故的 70%以上。

（6）事故点多在电气联结部位。电气"事故点"多数发生在分支线、接户线、地爬线的接线端或电线接头，以及接触器、开关、熔断器、灯头、插座等处出现短路、闪弧或漏电等情况。

（7）事故多由两个以上因素构成。统计表明 90%以上的事故是由于两个以上原因引起的。构成事故的四个主要因素是：缺乏电气安全知识；违反操作规程；设备不合格；维修不善。其中，仅一个原因的不到 7%，两个原因的占 35%，三个原因的占 38%，四个原因的占 20%。应当指出，由操作者本人过失所造成的触电事故是较多的。

（8）事故与生产部门性质有关。冶金、矿业、建筑、机械等行业，由于潮湿、高温、生产现场较混杂、移动式与便携式设备多、现场金属设备多等不利因素，相对发生触电事故的次数也较多。

根据事故发生的规律，管理部门可以采取相应的措施有重点和有针对性地落实安全措施和开展安全监察。

1.3　防止发生用电事故的主要对策

人们在长期的生产和生活实践中，逐渐的积累了丰富的安全用电的经验，各种安全工作规程以及有关保证安全的各种规章制度，都是这些经验的总结。只要我们在工作中能认真遵守规章制度，依照客观规律办事，用电事故是可以避免的。

防止发生用电事故的主要对策，概括地讲，就是要做到思想重视、措施落实、组织保证。

1.3.1　思想重视

思想重视就是要牢固树立安全第一的思想。这就要求提高安全用电的自觉性，认真贯彻预防为主的方针，积极开展安全用电的宣传和教育，推广预防事故的经验，做到防患于未然。

在所有的用电事故中，无法预料、不可抗拒的事故总是极少数，而大量的用电事

故都是具有重复性和频发性的。例如，误操作事故、外力破坏事故以及由于运行维护不当造成的事故等。因此，只要我们思想重视，认真从各类用电事故中吸取教训，采取切实措施，用电事故是可以避免的。例如，在外力破坏的事故中，有些是由于小动物进入配电室引起母线短路或接地而造成的。对这些事故，只要能将门窗关严，堵塞通往室外的所有电缆沟和其他孔洞，这类事故就可以完全避免。又如，只要能严格执行规章制度，遵守操作规程，对设备采取有效地连锁，人的误操作事故就可以降到最低甚至完全避免。

树立安全第一的思想，还要努力克服“安全用电说起来重要，做起来次要，忙起来不要”的不良作风，坚持做到把安全工作贯穿于各项生产任务的始终。

1.3.2　措施落实

贯彻和执行保证安全用电的各项技术措施和组织措施，是做好安全用电工作的关键。

对于当前的安全用电工作，防止发生用电事故的主要措施可概括如下：

(1) 坚决贯彻执行国家以及各地区电力部门颁布的有关规程，各用电企业应依据这些规程来制定现场规程。

(2) 严格执行有关电气设备的检修、试验和清扫周期的规定，对发现的各种缺陷要及时消除。

(3) 通过技术培训、现场演练和反事故演习等方式，提高电工的技术、业务水平。

(4) 大力开展安全用电的宣传，普及安全用电的基本知识，定期和不定期组织安全大检查（特别是季节性的安全用电检查），积极推动群众性的安全用电活动。

(5) 积极研究、推广、采用安全用电的先进技术、新工艺、新材料和新设备。

1.3.3　组织保证

防止用电事故的发生还必须有切实的组织保证。

电力部门应加强用电监察机构，充实用电监察力量，不断提高监察人员的技术业务水平。用电监察人员应根据国家和电力部门颁发的各项规章制度以及规程，监督、检查、指导和帮助用电单位做好安全用电工作。

各用电单位则应设立安全用电管理机构并配备专门管理人员，在电力部门的指导下开展安全用电工作。

由于用电监察工作的内容广泛，政策性强，技术业务也比较复杂，所以用电监察人员，特别是从事安全用电监察的人员，必须掌握国家有关电力生产的方针、政策、指令和各种规定，具备一定的技术业务和管理水平，这样才能胜任此项工作。对用电监察人员的基本要求是：

（1）应具备的电气专业知识。主要包括应知和应会两个方面。具体有：

1）应知部分。掌握电工基础理论及知识；各种电机的原理、构造、性能及起动方式；各种变压器的原理、构造、性能；各种高低压开关及操作机构的原理、构造、性能；避雷器、电力电容器的原理、构造、性能；一般通用的用电设备的用电特性；一般继电保护的原理；电能表、互感器的原理、构造、接线及倍率计算；安全用电的基本知识；合理及节约用电的一般途径、改善功率因数的方法、单位产品电耗的计算等。

2）应会部分。应能检查发现高、低压电气设备缺陷及不安全因素；能现场处理电气事故，并能分析判断电气事故的成因和指出防止事故再发生的对策；能讲解一般的电气理论知识；能正确配备用户的电能计量装置，并能发现误接线及倍率计算错误；能看懂用户电气设计图纸；能给出所分工管理的用户的一次系统接线图；能熟练使用各种表计；能指导用户开展安全、合理与节约用电；能发现用户的违章用电；能签订供用电协议、合同及写出有关用电监察报告。

（2）熟悉国家有关用电工作的方针、政策。

（3）熟悉有关的技术标准、规程、条例。

（4）掌握电网结构和保护方式。主要包括：熟悉组成电网的各种电压及容量的变电站；各种不同电压等级及长度的电力线路；电力系统接线；电网与用户的分界点；电网采用的主要保护方式及所分工管理的用户继电保护和自动装置的配制方案和整定值等。

（5）了解主要用电行业的生产过程和用电特点，熟悉各生产工序用电比例；用电规律性，包括负荷曲线、负荷率及用电连续性等；主要设备用电情况，包括电能利用效率等；单位产品电耗及有关参数；主要节电技术措施。

此外，各地区还应根据具体情况，由电力和劳动安全部门联合成立电工管理委员会，加强对电工人员的培训与考核工作。

思考题

1-1 何为电击？如何区分电击和电伤？

1-2 影响电对人体伤害程度的因素有哪些？

1-3 何为单相触电？

1-4 何为跨步电压触电？

1-5 发生触电事故的原因有哪些？

1-6 如何从组织上保证防止发生触电事故？

第 2 章

防止人身触电的基本措施

2.1　防止人身直接触电的基本措施

2.1.1　绝缘措施

将带电体进行绝缘，以防止与带电部分有任何接触的可能，是防止人身直接触电的基本措施之一。

任何电气设备和装置，都应根据其使用环境和条件，对带电部分进行绝缘防护，绝缘性能必须满足该设备国家现行的绝缘标准。绝缘性能主要通过试验来检验，包括测绝缘电阻、耐压试验、测泄漏电流和介质损失角等。通常情况下，油漆、瓷漆、普通纸、棉织物、金属氧化膜及类似材料，极易在应用环境和自然条件下改变其绝缘性能，因此，由它们构成的覆盖层均不能作为单独的绝缘防护层。绝缘层应足够牢固，不采取破坏性手段不会被除掉。绝缘设计还必须考虑在运行中绝缘层长期经受的机械、化学、电气及热应力的影响（例如摩擦、碰撞、拉压、扭曲、高低温及变化、电蚀、大气污秽、电解液等产生的应力），因为这些影响均可能使绝缘失败。

绝缘材料被击穿有三种基本形式，即热击穿、电击穿和电化学击穿。热击穿是绝缘材料在外加电压作用下，产生的泄漏电流使绝缘材料发热，若发热量大于散热量，材料的温度就要升高，又因绝缘材料一般具有负的电阻温度系数，使得绝缘电阻随温度的升高而减小，泄漏电流增大，而增大的电流又使绝缘材料进一步发热。如此恶性循环，最终导致绝缘被击穿，甚至出现绝缘材料局部被熔化和烧毁的现象。电击穿是绝缘材料在强电场的作用下，其内部存在的少量自由电子产生碰撞游离，使传导电子增多，电流增大，如此激烈地发展下去，最后导致击穿。电击穿主要和电场强度及电场分布形式有关。电化学击穿一般发生在设备运行很长时间以后，在运行中绝缘受到腐蚀性气体、蒸汽、潮湿、粉尘、机械损伤等多种因素的作用，从而使绝缘性能逐渐变坏，称为老化，最终失去绝缘防护的作用，导致被击穿。为了防止这些击穿情况的发生，除了改善制造工艺、定期做预防性试验外，改善绝缘的工作条件，如防止潮气侵入、加强散热冷却，防止臭氧及有害气体与绝缘材料接触等都是很重要的。

绝缘配合也是电气安全设计中应考虑的重要技术措施。绝缘配合是指根据设备的使用及周围环境来选择系统或设备的绝缘特性，包括选择设备的电气间隙和爬电距离。一般应考虑的因素有：系统或设备中可能出现的过电压、过电压保护装置的特性和安装位置，系统或设备的工作持续性和人身财产的安全，降低绝缘故障率在经济上和操作运行上可以接受的水平，系统或设备的使用条件等。

2.1.2 间距

为了防止人体触及或接近带电体造成触电事故，避免车辆、器具碰撞或过分接近带电体造成放电和短路事故，在带电体与地面之间、带电体与其他设施及设备之间、带电体与带电体之间，必须保持一定的安全距离。规程上对不同情况的安全距离均作了明确规定，设计或安装时都必须遵守这些规定。安全距离的大小决定于电压的高低、设备的类型和其安装的方式等因素。

2.1.2.1 线路安全距离

(1) 架空线路。架空线路的导线与地面、各种工程设施、建筑物、树木、其他线路之间，以及同一线路的导线与导线之间，均应保持一定的安全距离。架空线路导线与地面或水面的距离不应低于表2-1所列数值。

表2-1　　导线与地面或水面的最小距离（m）

线路经过地区	线路电压（kV）				
	1以下	10	35～110	154～220	330
居民区	6	6.5	7	7.5	8.5
非居民区	5	5.5	6	6.5	7.5
不能通航或浮运的河、湖（至冬季水面）	5	5	5.5	6	7
不能通航或浮运的河、湖（至50年一遇的洪水水面）	3	3	3	3.5	4.5
交通困难地区	4	4.5	5	5.5	6.5

注　居民区——工业企业地区，港口、火车站、市镇、乡村等人口密集地区；

非居民区——上述居民区以外的地区，均属非居民区。虽然时常有人、车辆或农业机械到达，但未建房屋或房屋稀少的地区，亦属非居民区；

交通困难地区——车辆、农业机械不能到达地区。

架空线路应尽量不跨越建筑物，如需跨越，导线与建筑物的最小距离应不低于表2-2中的数值。

架空线路导线与街道或厂区树木的距离，不应低于表 2-3 中的数值。校验导线与树木之间的垂直距离，应考虑树木在修剪周期内的生长高度。

表 2-2　　导线与建筑物的最小距离（m）

线路电压（kV）	1 以下	10	35～110	154～220	330
垂直距离	2.5	3.0	4.0	6	7
水平距离	1.0	1.5	3.5		

表 2-3　　导线与树木的最小距离（m）

线路电压（kV）	1 以下	10	35～110	154～220	330
垂直距离	1.0	1.5	4.0	4.5	5.5
水平距离	1.0	2.0			

架空线路与道路、通航河流、管道、索道、人行天桥及其他架空线路交叉或接近的距离，有关规程中都有规定。

架空线路的防护区为导线边线向两侧延伸一定距离所形成的两平行线内的区域，延伸距离：10kV 及以下线路为 5m；35～110kV 线路为 10m；154～330kV 线路为 15m。架空线路经过工厂、矿山、港口、码头、车站、城镇等人口密集的地区，不规定防护区。

在未考虑做交通道路的地点，直接在架空线路下面通过的运输车辆或农业机械及人员与导线间的距离：10kV 及以下线路为 1.5m；35～110kV 线路为 2m；154～220kV 线路为 2.5m；330kV 线路为 3.5m。如通过的车辆或机械（包括机上人员）的高度超过 4m，应事先取得电力线路运行单位的同意。

（2）低压配电线路。从配电线路到用户进线处第一个支持点之间的一段架空导线称为接户线；从接户线引入室内的一段导线称为进户线。接户线对地最小距离应符合表 2-4 中的规定。

表 2-4　　接户线对地最小距离（m）

接户线电压		最小距离
高压接户线		4
低压接户线	一般	2.5
	跨越通车街道	6
	跨越通车困难街道、人行道	3.5
	跨越胡同（里、弄、巷）	3

低压接户线与建筑物、弱电回路的安全距离应符合表 2-5 中的规定。

表 2-5　　低压接户线（绝缘线）与建筑物、弱电回路的最小距离（mm）

敷设方式		最小允许距离
水平敷设	距下方窗户的垂直距离	300
	距上方窗户的垂直距离	800
	距下方弱电线路交叉距离	600
	距上方弱电线路交叉距离	300
	垂直敷设时至阳台、窗户的水平距离	750
	沿墙或构架敷设时至墙或构架的距离	50

户内低压配电线路与地面、生产设备和建筑物之间的距离规程中都有要求，在此不再一一论述。

2.1.2.2　变配电装置安全距离

（1）室外配电装置安全距离。其中：

1）室外配电装置的各项安全净距不应小于表 2-6 中的规定。

2）当电气设备的套管和绝缘子最低绝缘部位距地面小于 2.5m 时，应装设固定围栏。

3）围栏向上延伸线距地 2.5m 处与围栏上方带电部分的净距不应小于表 2-6 中的 $A1$ 值。

4）设备运输时，其外廓至无遮栏裸导体的净距不应小于表 2-6 中的 $B1$ 值。

5）不同时停电检修的无遮栏裸导体之间的垂直交叉净距不应小于表 2-6 中的 $B1$ 值。

6）带电部分至建筑物和围栏顶部的净距不应小于表 2-6 中的 D 值。

表 2-6　　室外配电装置的最小安全净距（mm）

名称 ＼ 额定电压（kV）	0.4	1～10	15～20	35	60	110J	110	154J	154	220J
带电部分至接地部分（$A1$）	75	200	300	400	650	900	1000	1300	1450	1800
不同相的带电部分之间（$A2$）	75	200	300	400	650	1000	1100	1450	1600	2000
带电部分至栅栏（$B1$）	825	950	1050	1150	1350	1650	1750	2050	2150	2550
带电部分至网状栅栏（$B2$）	175	300	400	500	700	1000	1100	1400	1500	1900
无遮栏裸导体至地面（C）	2500	2700	2800	2900	3100	3400	3500	3800	3900	4300
不同时停电检修的无遮栏裸导体之间的水平距离（D）	2000	2200	2300	2400	2600	2900	3000	3300	3400	3800

注　1. 额定电压数字后带“J”字指中性点直接接地电网。
2. 海拔超过 1000m 时，A 值应按每升高 100m 增大 1%进行修正，B、C、D 值应分别增加 $A1$ 值的修正值。35kV 及以下的 A 值，可在海拔超过 2000m 时进行修正。

室外配电装置、变压器的附近若有冷水塔或喷水池时，其位置宜布置在冷水塔或喷水池冬季主导风向的上风侧，最小距离分别为 25m 和 30m。若布置在下风侧，最小距离为 40m 和 50m。

变压器与露天固定油罐之间无防火墙时，其防火净距不应小于 15m，与其他火灾危险场所的距离不应小于 10m。

(2) 室内配电装置安全距离。室内配电装置各项安全净距不应小于表 2-7 中的数值。

表 2-7　　室内配电装置的最小安全净距（mm）

名称 \ 额定电压（kV）	0.4	1～3	6	10	16	20	35	60	110J	110
带电部分至接地部分（*A*1）	20	75	100	125	150	180	300	550	850	950
不同相的带电部分之间（*A*2）	20	75	100	125	150	180	300	550	900	1000
带电部分至栅栏（*B*1）	800	825	850	875	900	930	1050	1300	1600	1700
带电部分至网状遮栏（*B*2）	100	175	200	225	250	280	400	650	950	1050
带电部分至板状遮栏（*B*3）	50	105	130	155	180	210	330	580	880	980
无遮栏裸导体至地面（*C*）	2300	2375	2400	2425	2450	2480	2600	2850	3150	3250
不同时停电检修的无遮栏裸导体之间的水平距离（*D*）		1875	1900	1925	1950	1980	2100	2350	2600	2750
出线套管至室外通道路面（*E*）	3650	4000	4000	4000	4000	4000	4000	4500	5000	5000

注　1. 额定电压数字后带“J”字指中性点直接接地电网。

2. 海拔超过 1000m 时，本表所列 *A* 值应按每升高 100m 增大 1%进行修正，*B*、*C*、*D* 值应分别增加 *A*1 值的修正值。35kV 及以下的 *A* 值，可在海拔超过 2000m 时进行修正。

(3) 通道安全距离。控制屏及配电装置的布置，应考虑设备搬运、检修、操作和试验的便利。为了工作人员的安全，必须留有安全通道。控制屏与通道间的安全距离见表 2-8。

表 2-8　　控制室各控制屏间及通道间的安全距离（m）

设施部位	屏正面	屏背面	墙
屏正面	1.6～1.8（2.0～2.2）	1.3～1.5	1.3～1.5（1.5～1.7）
屏背面	—	0.8（1.0）	1.0～1.2
屏边	—	—	1.0～1.2

注　1. 直流屏和低压屏采用括号内数字。

2. 控制屏正面与墙净距宜不小于 3m。

当采用成套手车式开关柜时，操作通道的最小宽度（净距）不应小于下列数值：

一面有开关柜时，单车长＋900mm；两面有开关柜时，双车长＋600mm。

室内安装的变压器，其外廓与变压器室四壁之间的距离，应不小于表 2-9 中的数值。

室外安装的变压器，其外廓之间的距离一般不应小于 1.5m，外廓与围栏或建筑物的间距应不小于 0.8m，室外配电箱底部离地面的高度一般为 1.3m。

表 2-9　　变压器外廓与变压器室四壁之间的最小距离（m）

项　　目	变压器容量（kVA）	
	≤1000	≥1250
变压器与后壁、侧壁之间	0.6	0.8
变压器与变压器室门之间	0.8	1.0

通道内的裸导体高度低于 2.2m 时应加遮栏，遮栏与地面的垂直距离应不小于 1.9m；通道的一面装有配电装置，其裸露导电部分离地面低于 2.2m 且没有遮栏时，则裸露导电部分与对面的墙或无裸露导电部分的设备之间的距离不应小于 1m；通道的两面均装有配电装置，或一面装有配电装置，另一面装有其他设备，其裸露导电部分离地面低于 2.2m 且没有遮栏时，则两裸露导电部分之间的距离不应小于 1.5m；高压配电装置宜与低压配电装置分室安装，如在同一室内单列布置，两者之间的距离不应小于 2m。

配电装置的排列长度大于 6m 时，其维护通道应有两个出口，但当维护通道的净宽为 3m 及以上时则不受限制。两个出口的距离不宜大于 15m。

2.1.2.3　检修安全距离

为防止运行及检修人员接近带电体而发生触电事故，《电业安全工作规程》中规定了有关的安全距离。在带电区域中的非带电设备上进行检修时，工作人员正常的活动范围与带电设备的距离应大于表 2-10 中的规定。用绝缘杆进行电气操作时，人体与带电体之间的安全距离应大于表 2-11 中的规定。

表 2-10　　工作人员正常活动范围与带电设备的安全距离

电压等级（kV）	10 及以下	20～35	44	60～110	154	220	330	500
安全距离（m）	0.35	0.60	0.90	1.50	2.00	3.00	4.00	5.0

表 2-11　　人体与带电体的安全距离

电压等级（kV）	10 及以下	35（20～44）	60	110	154	220	330
安全距离（m）	0.40	0.60	0.70	1.00	1.40	1.80	2.60

在带电线路杆塔上工作时的安全距离见表 2-12。使用钳形电流表测量电流时，其电压等级应与被测对象的电压相等。测量时应带绝缘手套。测量高压电缆的线路电流时，钳形电流表与高压裸露部分的距离不应小于表 2-13 中的规定。

表 2-12　　在带电线路杆塔上工作的安全距离

电压等级（kV）	10 及以下	20～35	44	60～110	154	220	330
安全距离（m）	0.70	1.00	1.20	1.50	2.00	3.00	4.00

表 2-13　　钳形电流表与高压裸露部分最小允许距离

电压等级（kV）	1～3	6	10	20	35	60	110
最小允许距离（mm）	500	500	500	700	800	1000	1300

2.1.3　屏护

2.1.3.1　屏护的应用

屏护是用屏护装置控制不安全因素，即采用遮栏、护罩、护盖、箱匣等将带电体同外界隔离开来。屏护包括屏蔽和障碍。前者能防止人体无意识或有意识触及或过分接近带电体；后者只能防止人体无意识触及或过分接近带电体，而不能防止有意识移开或越过该障碍触及或过分接近带电体。

屏护装置有永久性的，如配电装置的遮栏、开关的罩盖等；也有临时性的，如检修工作中使用的临时屏护装置和临时设备的屏护装置。有固定屏护装置，如母线的护网；也有移动屏护装置，如跟随起重机移动的滑触线的屏护装置。

开关电器的可动部分一般不能包以绝缘，而需要屏护。其中防护式开关电器本身带有屏护装置，如胶盖闸刀开关的胶盖，铁壳开关的铁壳等；开启式石板闸刀开关要另加屏护装置。开启裸露的保护装置或其他电气设备也需要加设屏护装置。某些裸露的线路，如人体能触及或接近的天车滑线或母线也需要加设屏护装置。对于高压设备，不论是否有绝缘，均应采取屏护或其他防止接近的措施。开关电器的屏护装置除作为防止触电的措施外，还是防止电弧伤人，防止电弧短路的重要措施。

变配电设备应有完善的屏护装置。安装在室外地上的变压器，以及安装在车间或公共场所的配变电装置，均需装设遮栏和栅栏作为屏护。在临近带电体的作业中，经常采用可移动的遮栏作为防止触电的重要措施。这种检修遮栏用干燥的木材或其他绝缘材料制成。使用时将其置于过道、入口或置于工作人员与带电体之间，可保证检修工作的安全。对于一般固定安装的屏护装置，因其不直接与带电体接触，对所用材料的电气性能没有严格要求。屏护装置所用材料应有足够的机械强度和良好的耐火性能。可根据具体情况，采用板状屏护装置或网眼屏护装置。网眼屏护装置的网眼不应大于20mm×20mm～40mm×40mm。

2.1.3.2 屏护安全条件

屏护装置是最简单，也是很常见的安全装置。为了保证其有效性，屏护装置须符合以下安全条件：

（1）屏护装置应有足够的尺寸和强度。遮栏高度不应低于1.7m，下部边缘离地不应超过0.1m。对于低压设备，网眼遮栏与裸导体距离不宜小于0.15m；10kV设备不宜小于0.35m，20～30kV设备不宜小于0.6m。户内栅栏高度不应低于1.2m，户外不应低于1.5m。屏护装置应紧固到位，其材料和结构必须具有足够的稳定性和耐久性，以承受在正常使用中可能出现的机械应力、碰撞和不当操作引起的应力应变。

（2）保证足够的安装距离。对于低压设备，栅栏与裸导体距离不宜小于0.8m，栏条间距离应不超过0.2m。户外变电装置围墙高度一般不应低于2.5m。装设在现场的临时阻挡物不必采取特殊的固定措施，但应防止有人无意碰倒或移位。

（3）接地。凡用金属材料制成的屏护装置，为了防止屏护装置意外带电造成触电事故，必须将屏护装置接地（或接零）。

（4）标志。遮栏、栅栏等屏护装置上，应根据被屏护对象挂上“高压，生命危险”、“止步！高压危险”、“禁止攀登！高压危险”等标示牌。

（5）信号或连锁装置。应配合采用信号装置或连锁装置。前者一般使用灯光或信号、表计指示有电，后者是采用专门装置，当人体越过屏护装置可能接近带电体时，被屏护的装置自动断电。屏护装置上锁的钥匙应由专人保管。

对于遮栏内的储能设备或部件，当打开遮栏有可能触及这些部分时，必须采取能量释放措施，并保证在触及这些部分之前将电压降至50V以下。在需要偶尔开启更换熔断器、指示灯等部件的地方，可以设置中间遮栏，这个遮栏不用钥匙或工具应不能开启或除去。

2.2 防止人身触及意外带电体的基本措施

为了防止在系统运行中人身触及意外带电体而发生触电事故，需要采取一些有效措施，保证人身及设备的安全。

2.2.1 电气保护接地

2.2.1.1 基本概念

电力系统的接地有正常接地和故障接地之分。正常接地是为了满足电气装置与系

统的运行需要和安全防护的要求，将电气装置和系统的某一部分与大地作可靠的电气连接。正常接地按其目的不同可分为工作接地、保护接地和保护接零、防雷接地、防静电接地等。工作接地是为了保证电气设备在正常和事故情况下可靠地工作而进行的接地，例如变压器和旋转电机的中性点接地。根据接地方式的不同又分为中性点直接接地和中性点非直接接地。而保护接地和保护接零，是为了当电气设备的金属外壳、钢筋混凝土杆和金属杆塔等因带电导体绝缘损坏而成为意外带电体时，避免其危及到人身安全。

凡是在正常情况下不带电，而当绝缘损坏、碰壳短路或发生其他故障时，有可能带电的电气设备外露金属部分及其附件，都应实行保护接地或接零。其主要包括以下一些场合：

（1）变压器、电机、断路器和其他设备的金属外壳、基座以及传动装置。

（2）配电屏（盘）和控制屏（台）的框架，变、配电所的金属构架及靠近带电部分的金属遮栏和金属门，钢筋混凝土构件中的钢筋。

（3）导线、电缆的金属保护管和金属外皮，交、直流电力电缆的接线盒和终端盒的金属外壳，母线的保护罩和保护网等。

（4）照明灯具、电扇及电热设备的金属底座和外壳，起重机的轨道。

（5）架空地线和架空线路的金属杆塔，以及安装在杆塔上的开关、电容器等的外壳和支架。

（6）超过安全电压而未采用隔离变压器的手持电动工具或移动式电气设备的金属外壳等。

系统是采用保护接地还是保护接零，可根据电网的结构特点、运行方式、工作条件、安全要求等方面的情况进行合理选择。

2.2.1.2 保护接地的原理和接地方式

（1）基本原理。在中性点不接地系统中，当电气设备绝缘损坏发生一相碰壳故障时，设备外壳电位将上升为相电压，如果有人体接触设备，故障电流 I_{jd} 将全部通过人体流入地中，这显然是很危险的。若此时电气设备外壳经电阻 R_d 接地，R_d 与人体电阻 R_r 形成并联电路，则流过人体的电流将是 I_{jd} 的一部分，如图 2-1 所示。接地电流 I_{jd} 通过人体、接地体和电网对地绝缘阻抗 Z_c 形成回路，流过每一条并联支路的电流与电阻大小成反比，即为：

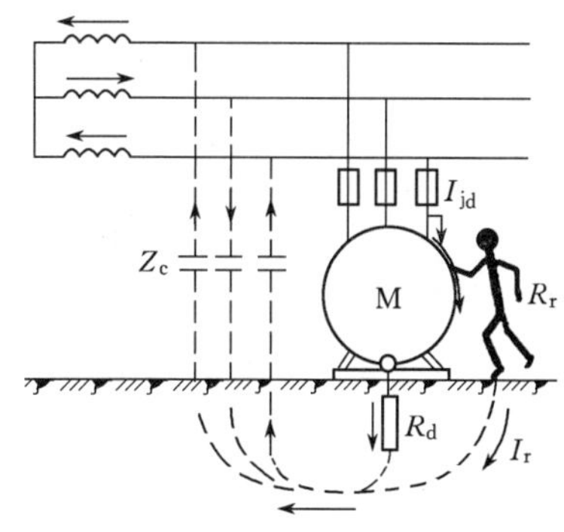

图 2-1 保护接地原理图

$$\frac{I_r}{I_{jd}} = \frac{R_d}{R_r} \tag{2-1}$$

式中　I_r——流经人体的电流，A；

I_{jd}——流经接地体的电流，A；

R_d——接地体的接地电阻，Ω；

R_r——人体的电阻，Ω。

从上式可知，接地体的接地电阻 R_d 越小，流经人体的电流也就越小。此时漏电设备对地电压主要决定于接地体电阻 R_d 的大小。由于 R_d 和 R_r 并联，且 $R_d \ll R_r$，故可以认为漏电设备外壳对地电压为：

$$U_d = \frac{3U_\varphi R_d}{3R_d + Z_c} = I_{jd}R_d$$

式中　U_d——漏电设备外壳对地电压，V；

U_φ——电网的相电压，V；

Z_c——电网对地绝缘阻抗，由电网对地绝缘电阻和对地分布电容组成，Ω。

又因 $R_d < Z_c$，所以漏电设备对地电压大为下降，只要适当控制 R_d 的大小（一般不大于 4Ω），就可以避免人体触电的危险，起到保护的作用。

（2）保护接地方式和保护特点。配电系统中的接地方式有 TT、IT 和 TN 三种。TT、IT 或 TN 表示三相电力系统和电气装置可导电部分的对地关系。第一个字母表示电力系统的对地关系，即 T 表示系统一点直接接地（通常指中性点直接接地）；I 表示所有带电部分不接地或通过阻抗及通过等值线路接地。第二个字母表示电气装置外露可导电部分的对地关系，即 T 表示独立于电力系统的可接地点直接接地；N 表示外露可导电部分与低压系统可接地点直接进行电气连接。一般将 TT、IT 系统称为保护接地，TN 系统称为保护接零。下面将分别进行讨论。

1）TT 系统。电力系统有一个直接接地点（中性点接地），电气装置的外壳、底座等外露可导电部分接到电气上与电力系统接地点无关的独立接地装置上，称为 TT 系统。如图 2-2 所示。

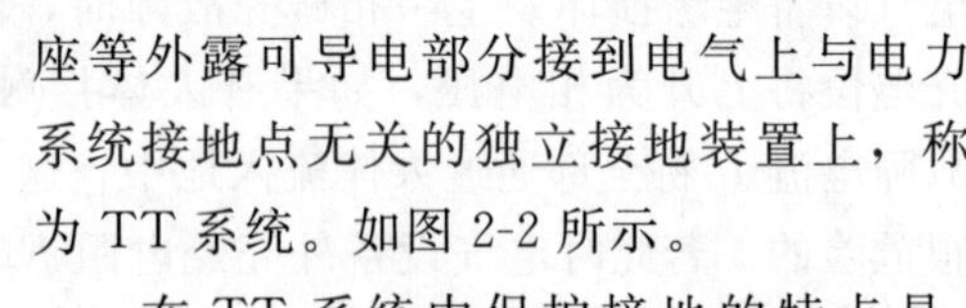

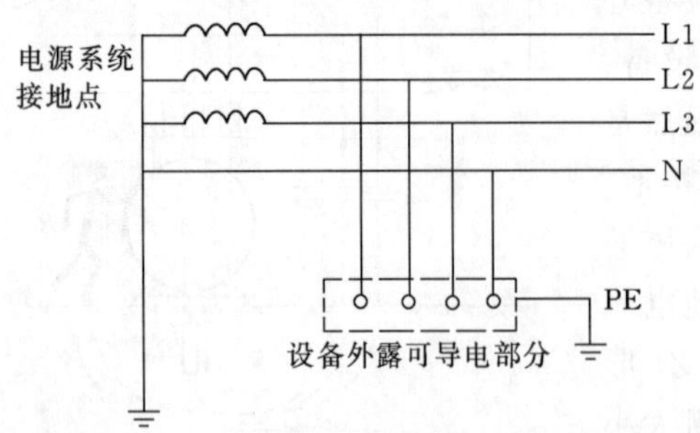

图 2-2　TT 系统

在 TT 系统中保护接地的特点是，当设备发生一相碰外壳接地故障时，接地电流流过设备的接地电阻和系统的接地电阻形成回路，在两电阻上产生压降，因此设备外壳的对地电压将远比相电压

小。当人触及外壳时，承受的接触电压变小，从而起到保护作用。但是通常低压配电系统的相电压为220V，而设备的接地电阻和系统的接地电阻一般均不超过4Ω，如都按4Ω考虑，可以得到设备外壳的对地电压为：

$$U_{\mathrm{d}} \approx 220 \times \frac{4}{4+4} = 110\mathrm{V} \tag{2-2}$$

这个电压对人体仍然是很危险的。也就是说，在TT系统中，保护接地降低了接触电压，但对人身还存在着很大的危险。所以必须限制接触电压值，此时一般可使用剩余电流动作保护器或过电流保护器作保护。

2）IT系统。电力系统的可接地点不接地或通过阻抗（电阻器或电抗器）接地，电气装置的外露可导电部分单独直接接地或通过保护导体接到电力系统的接地极上，称为IT系统，如图2-3所示。

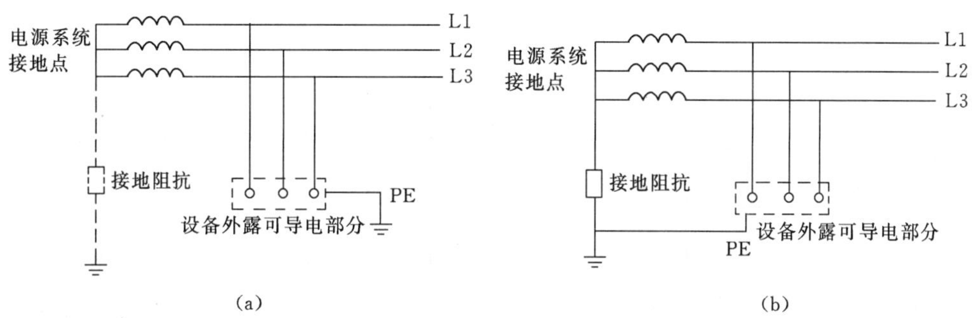

图2-3 IT系统

（a）独立接地；（b）公共接地

IT系统保护接地的特点是，对于中性点不接地的电力系统，当发生相间接地短路时，情况和中性点接地的系统基本相同；但如果只发生一相接地，两者将有很大差别。在中性点接地系统中，单相接地电流的大小与电网的绝缘好坏及规模大小等因素无关，而中性点不接地系统则不然，它和电网的绝缘状况以及对地电容值有着密切关系。如果电网绝缘良好和对地电容电流很小，设备发生一相碰外壳接地时电流也会很小，人体触及时其危险性要比中性点直接接地系统小的多。如果电网的绝缘降低，或因线路较长使得对地电容电流很大，漏电设备的单相接地电流也会很大，人体触及时也是很危险的。

低压电网的中性点一般可直接接地或不接地。当安全要求较高，且装有迅速而可靠地自动切除接地故障的装置时，电网宜采用中性点不接地的方式；从经济方面考虑，低压配电系统通常采用中性点直接接地方式，以三相四线或三相五线制供电。经验表明，保护接地适用于中性点不接地系统。在中性点直接接地系统中，如果用电设备较少、分散，采用保护接零有困难，且土壤电阻率较低，也可采用保护接地，并装设剩余电流保护器来切除故障。在 IT 系统中发生单相接地时，两非故障相的对地电压将升高到线电压，因此一般还应装设绝缘监察装置以及在两相接地时能自动切断电源的保护器。

保护接地的另一个作用是，可防止金属外壳和构架等产生感应电压，这对高压设备和高压配电装置来说是十分必要的。

2.2.2　电气保护接零

2.2.2.1　工作原理

为防止因电气设备绝缘损坏而使人身遭受触电的危险，将电气设备的金属外壳和底座与电力系统的中性线相连接，称为保护接零。它也属于工作接地的一种方式。

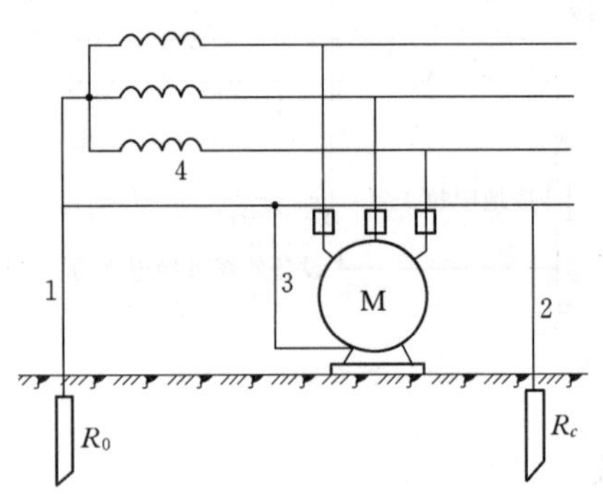

图 2-4　保护接零原理图
1—工作接地；2—重复接地；
3—接零；4—零线

保护接零的原理如图 2-4 所示。在三相四线制中性点直接接地的低压系统中，当电气装置的某一相绝缘损坏使相线碰壳时，短路电流将通过该相和零线构成回路。由于零线的阻抗很小，所以单相短路电流很大，它足以使线路上的保护装置（如熔断器、自动空气断路器等）迅速动作，从而将漏电设备与电源断开，既消除触电的危险，又使低压系统迅速恢复正常工作，起到保护作用。

2.2.2.2　保护接零的三种形式及其保护特点

保护接零一般是指电力系统有一点直接接地（通常是中性点直接接地），电气装置的外露可导电部分通过保护导体与该点直接连接，称为 TN 系统。按保护线 PE 和中性线 N 的组合情况，TN 系统可分为三种形式。

（1）TN－S 系统。这种系统采用三相五线制供电，保护线 PE 和零线 N 在整个系统中是分开的，如图 2-5 所示。由于有一条专用的保护线贯穿在整个系统之中，因此保护的可靠性较高。

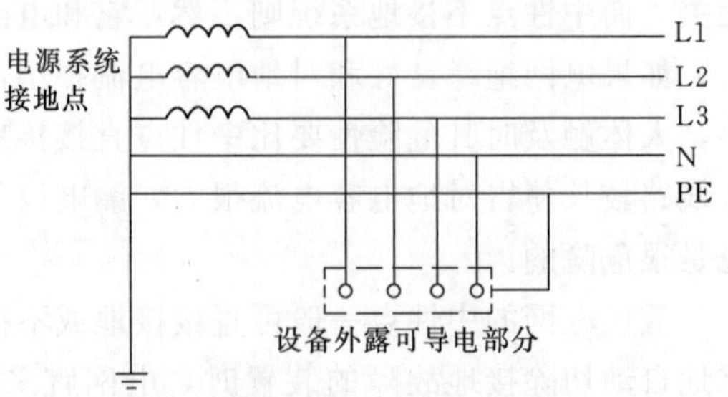

图 2-5　TN－S 系统

（2）TN－C 系统。在这种系统中，保护线 PE 和零线 N 在整个系统

中是合一的，如图 2-6 所示。

(3) TN－C－S 系统。系统中 PE 和 N 导体一部分分开，一部分合一，如图 2-7 所示。

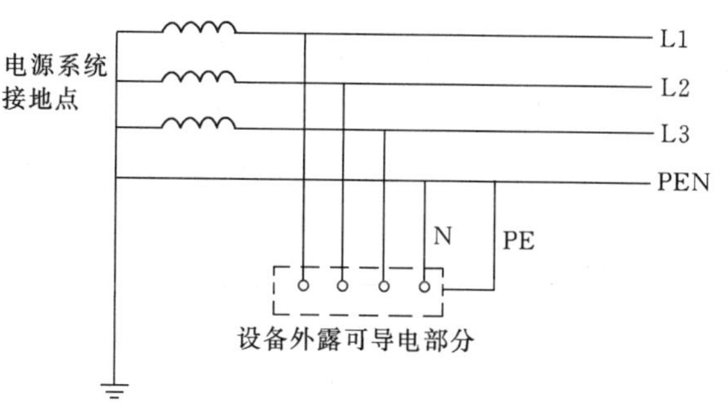

图 2-6　TN－C 系统

TN 系统的保护特点是，当电气设备发生接地故障时，接地电流经 PE 线和 N 线构成回路，形成金属性单相短路，产生足够大的短路电流，使保护装置能可靠动作，切断电源。中性点直接接地系统宜采用保护接零，且应装设能够迅速自动切除接地短路电流的保护装置。采用保护接零时，为了保证其可靠性，除电源变压器的中性点必须采用工作接地外，必须将保护线一处或多处通过接地装置与大地再次连接，称为重复接地。重复接地的目的是防止零干线断线时，断线点后若发生设备碰壳事故而导致断线点后所有采用保护接零设备的外壳均带电，从而发生人身触电事故。

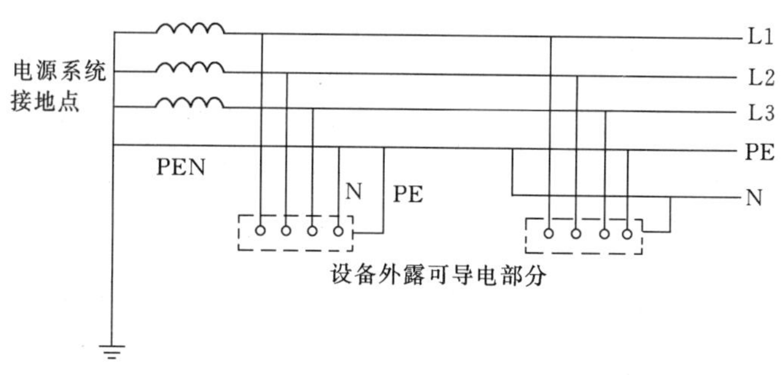

图 2-7　TN－C－S 系统

Ⅱ类电工产品具有双重绝缘或加强绝缘的功能，可以起到防止间接接触触电的作用，因而不需要再采取保护接地或接零的措施。双重绝缘是指既有基本绝缘（也叫工作绝缘），又具有保护绝缘（也叫附加绝缘）；加强绝缘是将基本绝缘加以加强改进而成，用于设备结构上不能做成双重绝缘的部分，对于防止触电来说，它与双重绝缘具有同样的机械及电气的防护作用。

2.2.3　剩余电流保护器的应用

低压配电线路的故障主要是三相短路、两相短路及接地故障。由于相间短路产生

很大的短路电流，故可用熔断器、断路器等开关设备来自动切断电源。由于其保护动作值按躲过正常负荷电流整定，动作值较大，故人体触电等接地故障靠熔断器、断路器一般难以自动切除，或者说其灵敏度满足不了要求。剩余电流保护器是一种利用发生单相接地故障时产生的剩余电流来切断故障线路或设备电源的保护电器，动作灵敏，切断电源时间短，故可对低压电网中的直接触电和间接触电进行有效的防护。

剩余电流保护器按其工作原理，可分为电压动作型、电流动作型、交流脉冲型等，目前普遍应用的是电流动作型，称作剩余电流动作保护电器。由于是利用发生人体触电等单相接地故障时产生的剩余电流而动作，也称为剩余电流动作保护器（简称剩余电流保护器，英文缩写 RCD）。其主要形式有漏电开关、漏电继电器、剩余电流保护插座等。

2.2.3.1 基本工作原理

剩余电流动作保护器的原理方框图和工作原理图如图 2-8 和图 2-9 所示。零序电流互感器的一次侧绕组为三相电源线和零线（另一条为试验和指示灯回路），在正常情况下，三相电流全部从零线返回，电流互感器铁芯中感应的磁通量之和等于零，二

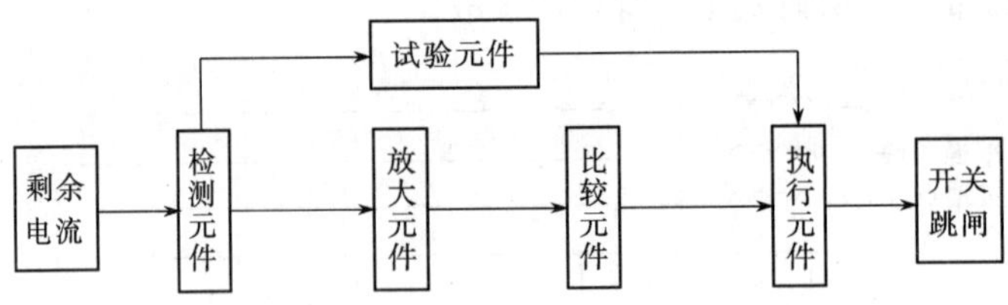

图 2-8 电流型 RCD 原理方框图

次侧无输出电流，开关不会动作。当电路中发生触电或漏电故障时，将有一部分电流通过大地回到电源中性点，而不是全部从零线返回，即三相电流之和与零线中的电流不再相等，两者之差，也即剩余电流将在互感器的环形铁芯中产生磁通，二次回路将有感应电流流过，如大于保护器的预定动作电流，执行元件被起动，开关跳闸。

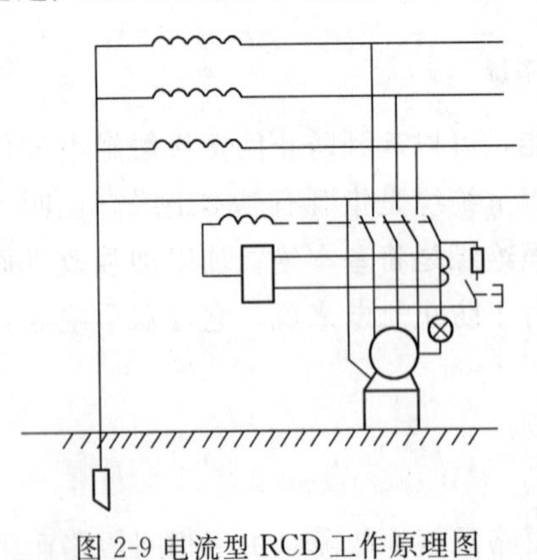

图 2-9 电流型 RCD 工作原理图

在实际使用中，剩余电流保护器的比较元件有电磁式和电子式两大类。

2.2.3.2 常见型式分类

根据剩余电流动作保护器所具有的保护功能和结构特征，大体上可分为以下几类。

(1) 漏电继电器。只具备监测和判断功能

而不具备开断供电主电路功能的剩余电流保护装置，通常称为漏电继电器。漏电继电器由监测元件——零序电流互感器、放大与比较元件——漏电脱扣器，还有输出信号的辅助触点构成。把这三个部分组装在一个绝缘外壳中的产品称为组装式漏电继电器；把零序电流互感器和其余两部分分开安装在两个外壳中的产品称为分装式漏电继电器。

漏电继电器通常可以与带有分励脱扣器的自动开关或电磁接触器组成分装式的漏电开关。由漏电继电器检测漏电信号，其辅助触点控制自动开关或电磁接触器开断主电路，从而达到剩余电流保护的目的。这种分装式漏电继电器一般容量比较大，动作电流也较大，适宜于作为低压电网的总保护或主干线保护。

漏电继电器也可控制指示灯或蜂鸣器等声光元件，组成漏电报警装置，当发生漏电时仅发出声、光指示，不断开主回路，告诉操作人员应及时进行检修。这种漏电报警装置通常可用于要求连续供电的流水工艺过程中，或一些重要负载的供电回路上。

(2) 漏电开关。将零序电流互感器、漏电脱扣器和自动开关组装在一个绝缘外壳中，同时具备检测、判断和分断主电路功能的漏电保护装置称为漏电开关。根据漏电开关的保护功能，又可分为带过电流保护、带过电压保护和不带其他保护功能的漏电开关。

带过电流保护的漏电开关除了具有剩余电流保护功能外，还兼有过载或短路，或两者均兼之的保护功能；同样带过电压保护功能的漏电开关还兼有工频过电压保护功能；而不带其他保护功能的漏电开关则是为漏电保护专用开关。漏电开关按主开关的级数和电流回路数可分为单相单极、单相双极、三相三极、三相四极和三相四线（三极）等多种类型。在低压供电线路末级保护中多采用漏电开关。

(3) 剩余电流保护插座。根据触电事故分析，在插座回路较易引起触电事故，所以许多国家规定了家用或类似设备使用的带有插座的供电回路，必须安装漏电开关。把漏电开关和插座组合在一起的剩余电流保护装置称为剩余电流保护插座。该保护装置特别适用于移动用电设备和家用电器。

2.2.3.3 剩余电流保护器的应用

目前对低压电网进行剩余电流保护的方式大致有两种。一是在电路末端或小分支回路中普遍安装动作电流在 30mA 及以下的高灵敏度漏电开关；二是在低压电网的出线端、主干线、分支回路和线路末端，按照线路和负载的重要性以及不同的要求，全面安装各种额定电流、各种漏电动作电流和动作时间特性的漏电开关，实行分级保护。较大电网实行多级保护是电气化事业发展的必然结果。例如第一级保护为全网总保护或主干线保护，第二级为分支回路的保护，第三级为线路末端保护。末端保护即是将剩余电流保护装置根据用电设备的需要装在电气设备的电源端、住宅的进线或室内电源插座上。

(1) 必须安装剩余电流保护器的设备和场所有：

1）属于Ⅰ类的移动式及手持式用电设备。

2）安装在潮湿、强腐蚀性等环境恶劣场所的用电设备。

3）建筑施工工地的用电设备。

4）由 TT 系统供电的用电设备。

5）机关、企业、住宅等建筑物内的插座回路。

6）医院中直接接触人体的电气医用设备。

7）其他需要安装剩余电流保护器的场所。

对一旦发生漏电并切断电源时会造成事故或重大经济损失的电气装置或场所，应安装报警式漏电保护器。如公共场所的通道照明和应急照明、消防和防盗报警电源、确保公共场所安全的设备以及其他不允许停电的特殊设备和场所。

(2) 剩余电流保护装置的选用。剩余电流保护装置的选用，应根据系统保护方式、使用目的、安装场所、电压等级、被控制回路的泄漏电流以及用电设备的接地电阻值等因素来决定。

全网总保护或主干线保护，剩余电流保护装置动作电流一般在 100～500mA，动作时间为 0.1～0.2s；分支回路和末端保护，安装在前述需要进行保护的场所和用电设备的供电回路中，剩余电流保护装置动作电流一般在 30mA 及以下，动作时间为 0.1s。

对于额定电压为 220V 或 380V 的固定式用电设备，如水泵、磨粉机等，以及其他容易和人接触的电气设备，当这些设备的金属外壳接地电阻在 500Ω 以下时，单机配用可选择动作电流为 30～50mA 的剩余电流保护装置；对于额定电流在 100A 以上的大型电气设备，或者带有多台电气设备的供电线路，可以选用 50～100mA 动作的漏电开关；当用电设备的接地电阻在 100Ω 以下时，也可以选用动作电流为 200～500mA 的漏电开关。一般可以选用动作时间小于 0.1s 的快速动作型产品，有些较重要的电气设备，为了减少偶然停电事故，也可以选用 0.2s 的延时性保护装置。

对于额定电压为 220V 的家用电器，由于经常要和没有经过安全用电专业训练的居民接触，发生触电的危险性更大，因此应在家庭进户线的电度表后面安装动作电流为 30mA 和 0.1s 以内动作的小容量漏电开关或剩余电流保护插座。

在潮湿或环境恶劣的用电场所以及Ⅰ类移动式电动工具和设备等，可安装动作电流为 15mA，0.1s 以内动作的剩余电流保护装置，或动作电流为 6～10mA 的反时限特性漏电开关。一般建筑施工工地的用电设备，可选择 15～30mA，0.1s 的剩余电流保护装置。

在医院中使用的医疗电气设备，可在供电回路中选用动作电流为 6mA 和 0.1s 以

内动作的漏电开关。

（3）剩余电流保护装置的运行与维护。由于剩余电流保护器是涉及人身安全的重要装置，因此日常工作中要按照国家有关剩余电流保护器运行的规定，做好运行维护工作，发现问题及时处理。

1）剩余电流保护器投入运行后，应每年对保护系统进行一次普查。普查重点项目有：测试剩余电流动作电流值；测量电网和电气设备的绝缘电阻；测量中性点漏电流，消除电网中的各种漏电隐患；检查变压器和电机接地装置有无松动现象。

2）每月至少对保护器用试跳器试验一次，雷雨季节应增加试验次数。每当雷击或其他原因使保护动作后，应做一次试验。停用的保护器使用前应试验一次。

3）保护器动作后，若经检查未发现事故点，允许试送电一次。如果再次动作，应查明原因，不得连续强送电。

4）严禁私自拆除保护器或强送电。

5）剩余电流保护器故障后要及时更换，并由专业人员修理。

6）在保护范围内发生人身触电伤亡事故，应检查保护器动作情况，分析未能起到保护作用的原因，在未调查清楚之前，不得改动保护器。

2.2.4 安全电压

在一些触电危险性较大的场所，使用移动的或手持的电器设备（如行灯、电钻等）时，为了预防人身触电事故，可用安全低电压作电源。把可能加在人身上的电压限制在某一范围之内，使得在该电压下通过人体的电流不超过允许的范围，这一不危及人身安全的电压被称为安全电压，也叫做安全特低电压或安全超低电压。采用安全电压供电，是一种对直接和间接触电兼顾的防护措施。

2.2.4.1 安全电压值

安全电压值决定于人体允许电流和电阻的大小。

触电的特定条件和场合不同，触电后的危险程度也不同，因此确定允许电流的原则以及允许电流的大小也就各不相同。例如，在某些情况下，触电后电源的存在是十分短暂的，经过一定时间后即能自动消除，而触电的后果又和电流的持续时间有密切的关系，这就使得确定允许电流值时必须考虑触电时间长短的影响，大接地电流系统的接触电压和跨步电压引起的触电就属于这种情况。式 2-3 表达了引起人的心室颤动的极限电流和触电持续时间的关系，可作为触电电源能自动消除情况下的允许电流表达式，即：

$$I_{y} \leqslant \frac{165}{\sqrt{t}} \tag{2-3}$$

式中　I_y——允许电流，mA；

t——触电持续时间，$t=8.3\times10^{-3}\sim5$，s。

在这种情况下，与其对应的安全电压也是随着时间而变化，例如大接地电流系统的接触电压和跨步电压的允许值，即是按以上原则确定的。

大多数情况下，触电电源不会自动消除，可不计及触电时间的影响。但可能由于触电场合不同，而对触电后果产生影响。在有些场合下，发生触电还会产生其他形式的伤害，即所谓二次伤害。但考虑到触电持续时间可能较长，因此将人所能忍受的极限电流，也即不致引起心室颤动的极限电流作为允许电流值，交流可按 30mA，直流可按 80mA 考虑。而在另一些场合，触电则有可能发生二次伤害，例如游泳池、浴池等场所，发生触电后可能招致溺死。对于这些特别危险的场所，则应以摆脱电流作为允许电流值，交流可按 5mA，直流可按 50mA 考虑。

人体电阻受接触电压、皮肤潮湿程度等多种因素的影响。当人体皮肤处于干燥、洁净和无损伤的状态下时，人体电阻可高达 40～100kΩ；而当皮肤处于严重潮湿状态，如湿手、出汗或受到损伤时，人体电阻会降到 1000Ω 左右；如皮肤完全遭到破坏，人体电阻将下降到 600～800Ω 左右。人体电阻和接触电压之间是一种非线性关系，接触电压越高，人体电阻越小。另外，人体电阻还将随频率的增加而降低。

在触电电源不会自动消除的情况下，我国规定的基本安全电压为 50V（交流有效值），这个电压称作“约定接触极限电压”，它是允许长期保持的接触电压最大值。这一限值是根据人体允许电流 30mA 和人体电阻 1700Ω 的条件定的。同时考虑到人所处的环境不同，又对四种不同接触状态下的安全电压作了规定，见表 2-14。

表 2-14　　不同接触状态下的安全电压值

类别	接触状态	通过人体允许电流（mA）	人体电阻（Ω）	安全电压（V）
第一种	人体大部分侵入水中的状态	5	500	2.5 以下
第二种	人体显著淋湿，人体一部分经常接触到电气装置金属外壳和构造物的状态	50	500	25 以下
第三种	除一、二两种状态以外的情况，对人体加有接触电压后，危险性高的状态	30	1700	50 以下
第四种	除一、二两种状态以外的情况，对人体加有接触电压后，危险性低或无危险性的状态	不规定		无限制

我国还规定工频有效值 42、36、24、12、6V 为安全电压的额定值。如无特殊安全结构或安全措施，应采用 42V 或 36V 安全电压；金属容器内、隧道内、矿井内等

潮湿、工作地点狭窄、行动不便，以及周围有大面积接地导体的环境，应采用 24V 或 12V 安全电压。当电气设备采用 24V 以上的安全电压时，必须采取直接接触电击的防护措施。

国际电工委员会还规定了直流安全电压的上限值为 120V。

2.2.4.2 电源及回路配置

（1）安全电压电源。通常采用安全隔离变压器作为安全电压的电源。这种变压器原、副边之间有良好的绝缘；其间还可以用接地的屏蔽隔离开来。除隔离变压器外，具有同等隔离能力的发电机、蓄电池、电子装置等均可做成安全电压电源。但不论采用什么电源，安全电压侧均应与高压侧保持加强绝缘的水平。为了进行短路保护，安全电压电源的原、副边均应装熔断器。

（2）回路配置。安全电压回路的带电部分必须与较高电压的回路保持电气隔离，并不得与大地、保护接零（地）线或其他电气回路连接。但变压器外壳及其原、副边之间的屏蔽隔离层应按规定接零或接地。安全电压的配线最好与其他电压等级的配线分开敷设。否则，其绝缘水平应与共同敷设的其他较高电压等级配线的绝缘水平一致。

（3）插销座。安全电压设备的插座不得带有接零或接地插头或插孔。为了保证不与其他电压的插销座有插错的可能，安全电压应采用不同结构的插销座，或者在其插座上有明显的标志。

2.2.4.3 功能特低电压

如果电压值与安全电压值相等，而由于功能上的原因，电源或回路配置不完全符合前述要求，则称之为功能特低电压。其补充安全要求为：装设必要的屏护或加强设备的绝缘，以防止直接接触电击；当该回路同原边保护零线或保护地线连接时，原边应装设防止触电的自断电装置，以防止间接接触电击。其他要求与安全电压相同。

2.2.4.4 电气隔离

电气隔离指工作回路与其他回路实现电气上的隔离。电气隔离是通过采用 1∶1，即原、副边电压相等的隔离变压器来实现的。其保护原理是在隔离变压器副边构成了一个不接地的电网，因而阻断了在副边工作的人员单相触电时电击电流的通路。

电气隔离的回路必须符合以下条件：

（1）变压器原、副边有加强绝缘。由于变压器的原边零线是接地的，如果变压器的原、副边之间有电气连接，当有人在副边单相触电时就可能通过原、副边的连接处，经原边的接地电阻构成回路，如图2-10所示。因此，电源变压器的原、副边不得有电气连接，并具有加强绝缘的结构。

（2）副边保持独立。为保证安全，隔离回路不得与其他回路及大地有任何连接。

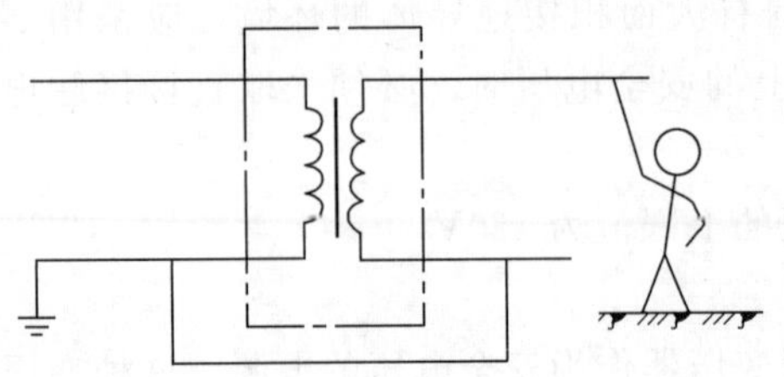

图 2-10 变压器原、副边连接时的示意图

凡采用电气隔离作为安全措施的，还必须有防止副边回路故障接地和窜连其他回路的措施。因为一旦副边发生接地故障，这种措施将完全失去安全作用。副边回路较长时还应装设绝缘监测装置。

(3) 副边线路要求。副边线路电压过高或线路过长，都会降低回路对地绝缘水平，增大故障接地危险。因此，须限制电源电压和副边线路的长度。按规定，应保证电源电压$U \leqslant 500$V，线路长度$L \leqslant 200$m，电压与线路长度的乘积$UL \leqslant 100000$V·m。

(4) 等电位连接。如隔离回路带有多台用电设备或器具，则各台设备（或器具）的金属外壳应采取等电位连接措施。如果没有等电位连接线，当隔离回路中两台距离较近的设备发生不同相线的碰壳故障时，这两台设备的外壳将带有不同的对地电压，如有人同时触及这两台设备，则接触电压为线电压，触电危险性极大。因此，采取等电位连接是非常必要的。这时，所用插座应带有供等电位连接的专用插孔。

思 考 题

2-1 如何防止人身直接触电?

2-2 检修安全距离如何规定?

2-3 何为意外带电体?

2-4 如何防止人身触及意外带电体?

2-5 若系统为中性点不接地系统，为什么采用保护接零方式不能保证人身安全?

2-6 若系统为中性点直接接地系统，为什么采用保护接地方式不能保证人身安全?

2-7 何为TN－S系统，其特点是什么?

2-8 何为TN－C系统，其特点是什么?

2-9 何为TN－C－S系统，其特点是什么?

2-10 重复接地的意义是什么?

2-11 如何正确选择、安装、维护剩余电流保护器?

第3章

防 雷 保 护

3.1 防雷装置的种类与作用

3.1.1 过电压及其分类

在正常运行时，电力系统电气设备的绝缘处于额定电压作用下。但是，由于雷击和操作等原因，电力系统中某些部分的电压可能升高，甚至会大大超过正常状态下的数值。这种对电气设备绝缘造成危险的电压升高，称为过电压。

按过电压产生的原因分为大气过电压和内部过电压两大类。

3.1.1.1 大气过电压

由于雷云放电或雷电感应引起的过电压，称为大气过电压，也叫雷电过电压。它与电力系统本身运行情况无关，因而这种过电压又称为外部过电压。

3.1.1.2 内部过电压

由于电力系统内部电磁能量的转换或传送引起的过电压，称为内部过电压。例如断路器分与合、负荷剧变、线路断线、短路与接地等故障均会引起程度不同的过电压。这种内部过电压的过电压数值一般不是很大。

3.1.2 雷电特性

雷电作为一种无法抑制的强大的自然力的爆发，不仅威胁着人类的生命安全，而且常使电力、航空、通信、建筑等许多部门遭到破坏。所以，雷电现象及其防护问题的研究日趋迫切。

3.1.2.1 雷电的形成

雷电产生的原因很多，现象也比较复杂。大气中的水蒸气和地面的湿气受热上升，在空中不同冷、热气团相遇，凝结成水滴或冰晶，形成积云。积云运动，使电荷发生分离，亦即在上下气流的强烈摩擦和撞击下，形成带正、负不同电荷的积云，也称雷云。云层中电荷越聚越多，就形成了正、负不同雷云间的强大电场。同时，由于静电感应，带电的雷云临近地面时，对大地或电气设备将感应出与雷云极性相反的电荷，二者之间形成了一个巨大的“电容器”。雷云中电荷积聚到足够数量时，电场强度达到 25～30kV/cm 时，就会使正、负雷云之间或雷云与大地之间的空气绝缘击穿，而发出先导放电，当先导放电到达另一雷云或大地时，就产生强烈的“中和”作用，出现强大的电流，其值可达数十至数百千安。该电流称为雷电流，这一过程称为主放电过程。主放电的温度可达 20000℃，使周围的空气猛烈膨胀，并出现耀眼的光亮和巨响，称为雷电，亦即通常所说的雷鸣和闪电。主放电到达云端就已结束，然后，云中的残余电荷，经主放电通道下来与地上的电荷中和，称为余光放电过程。余光阶段的电流不大，但持续时间较长。由于云中可能同时存在几个电荷堆积中心，当第一个电荷中心的上述放电完成后，可能引起第二个、第三个中心向第一个通道放电，因此，雷电往往是多重性的（约占 40%），放电的平均数约为三次，雷击总的持续时间一般不超过 0.5s。雷云放电的光学照片和放电过程中雷电流的变化情况如图 3-1 所示。

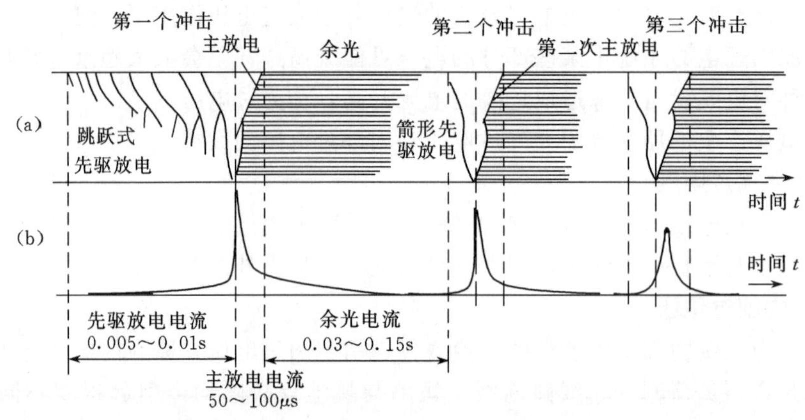

图 3-1 雷云对大地的放电过程

（a）雷云的放电过程；（b）放电过程中雷电流变化情况

3.1.2.2 大气过电压的基本形式

大气过电压可分为直接雷过电压、感应雷过电压、侵入波过电压三种基本形式。

（1）直接雷过电压。雷云直接击中房屋、杆塔、电力装置等物体时，强大的雷电流流过该物体而泄入大地，在该物体上将产生很高的电压降，称为直接雷过电压。由于直接雷过电压幅值极高，是任何绝缘都无法直接承受的，因此必须采取有效的保护措施，通常用避雷针、避雷线、避雷带或避雷网进行防护。

(2) 感应雷过电压。当雷击设备或架空线路附近地面时，在设备或导线上由于静电感应和电磁感应而产生的过电压，称为感应雷过电压。其形成过程如图 3-2 所示。在主放电前，先导通道的密集电荷在线路上感应出大量的、极性相反的束缚电荷。由于先导发展的平均速度较慢，导线上感生电荷的堆集过程也较慢，不形成明显的电流。主放电开始后，先导中的电荷被迅速中和。线路上的原束缚电荷骤然成为自由电荷，向导线的两侧流动，其电压幅值高达 300～500kV，感应过电压对 35kV 及以下绝缘是危险的，应采取措施加以防护，但对 110kV 及以上的设备，由于其绝缘的冲击耐压水平高于 500kV，故没有危险。

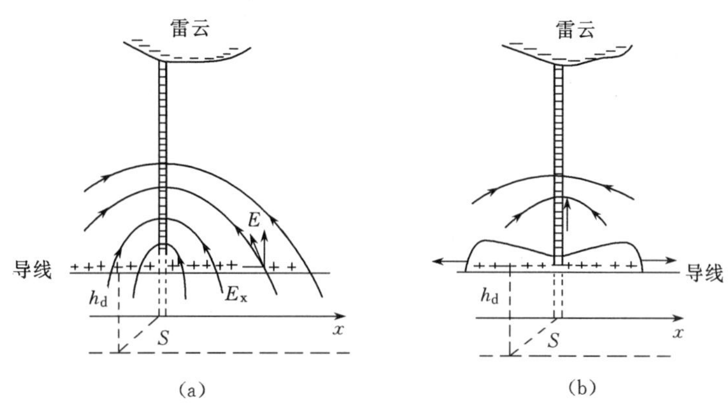

图 3-2 感应雷过电压形成示意图

(a) 主放电前；(b) 主放电后

h_d—导线高度；S—雷击点至导线的距离

(3) 侵入波过电压。它是指由于架空线路或架空金属管道上遭受直接雷或感应雷而产生的高压冲击雷电荷，可能沿线路或管道侵入室内。据统计，在电力系统中，由于雷电波侵入而造成的雷害事故，约占雷害总数的一半以上。

3.1.2.3 雷电参数

(1) 雷暴日。为了统计雷电活动频繁度，我们采用雷暴日为单位，在一天内只要听到雷声就算一个雷暴日。全年雷暴日的总和叫年雷暴日，我国把每年平均雷暴日不超过 15 日的地区叫少雷区，超过 40 日的叫多雷区，超过 90 日的叫强雷区。根据资料统计，广东省雷州半岛和海南岛一带是雷电活动最频繁地区，年平均雷暴日高达 100～130 日；广东、广西、云南等省部分地区雷暴日约在 80 日以上；长江流域以南地区雷暴日约 40～80 日；长江以北大部分地区雷暴日约 20～40 日；西北地区雷暴日约 20 日以下。

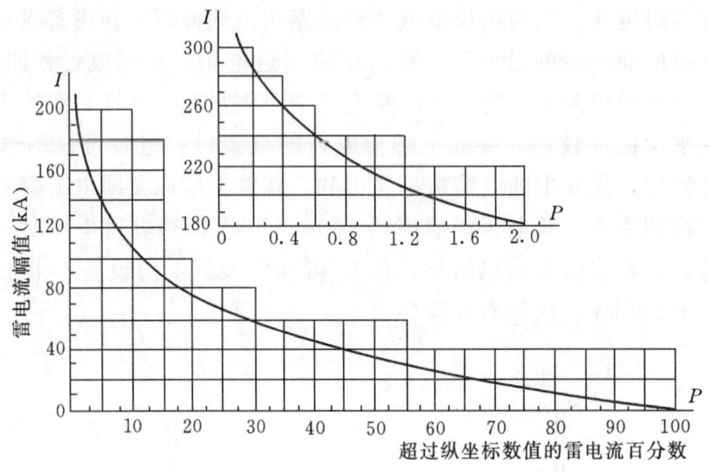

图 3-3 我国主要地区雷电流幅值概率曲线

（2）雷电流的幅值。雷电流的幅值是一个随机变量，只有通过大量实测才能正确估计其概率分布规律。图 3-3 所示是我国目前所使用的雷电流的幅值概率分布曲线，也可以用下式表示：

$$\lg P = - I/108 \tag{3-1}$$

式中 P——雷电流超过 I（kA）的概率。

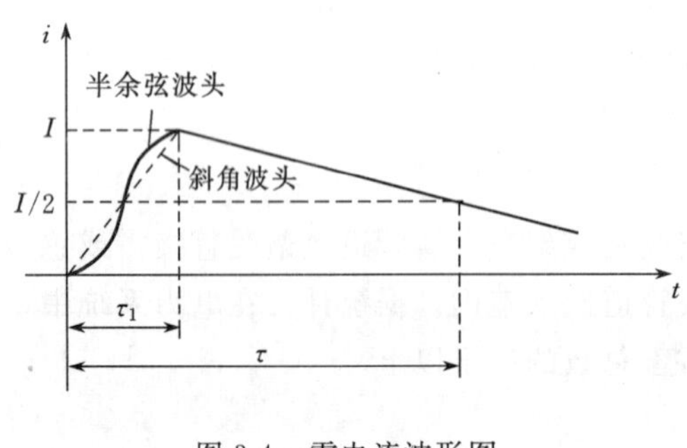

图 3-4 雷电流波形图

（3）雷电流的波形。雷电流的幅值随气象条件相差很大，但测得的雷电流的波形却基本是一致的，雷电流的波形具有冲击特性，波长 τ 值大致在 40μs 左右，波头长度 τ_1 大致在 1～4μs 范围内，其波头波形可取半余旋弦波形或斜角波形，如图 3-4 所示。

雷电的极性有正有负，根据实测结果，负雷约占 85%左右。

3.1.3 常用防雷装置的种类和作用

防雷工作包括电气设备的防雷和建（构）筑物的防雷两大内容。电气设备的防雷主要包括发电厂、变配电所和架空电力线路的防雷；建（构）筑物的防雷则分工业和民间两大类，它们按危险程度和设施的重要性又可分成三种类型。

避雷针、避雷线、避雷网、避雷带及避雷器都是经常采用的防雷装置。一套完善

的防雷装置包括接闪器、引下线和接地装置。上述针、线、网、带实际上都只是接闪器。避雷针主要用于发电厂、变电站等电气设备及建（构）筑物的直接雷防护；避雷线主要用来保护输电线路；避雷网和避雷带主要用来保护建（构）筑物；避雷器则主要用来保护电力设备，它属于一种专用的防雷设备。除避雷器外，它们都是利用其高出被保护物的突出地位，把雷电引向自身，然后通过引下线和接地装置把雷电流泄入大地，使被保护物免受雷击。各防雷装置的具体作用：

（1）避雷针。利用尖端放电原理，使其保护范围内所有电气设备或建筑物免遭直击雷的破坏。

（2）避雷线。避雷线主要用来保护输电线路。线路上的避雷线称架空地线。

（3）避雷器。它可进一步防止沿线侵入变电所（或发电厂）的雷电侵入波对电气设备的破坏，把雷电侵入波限制在避雷器残压值范围内，从而使变压器及其他电气设备可免受过电压的危害。

（4）避雷带。沿建筑物屋顶四周易受雷击部位明设的作为防雷保护用的金属带作为接闪器、沿外墙作引下线和接地网相连的装置称为避雷带。多用在民用建筑特别是山区。由于雷击选择性较强（可能从侧面横向发展对建筑物放电），故使用避雷带（网）的保护性能比避雷针的要好。

（5）避雷网。分为明装避雷网和笼式避雷网两大类。沿建筑物屋顶上部明装金属网格作为接闪器，沿外墙装引下线接到接地装置上，称为明装避雷网。一般建筑物中常采用这种方法。而把整个建筑物中的钢筋结构连成一体，构成一个大型金属网笼，称为笼式避雷网。笼式避雷网又分为全部明装避雷网、全部暗装避雷网和部分明装避雷网部分暗装避雷网等几种。如高层建筑中都采用现浇的大模板和预制装配式壁板，结构中钢筋较多，把它们从上到下与室内的上下水管、热力管道、煤气管道、电气管道、电气设备及变压器中性点等均连接起来，形成一个等电位的整体，叫笼式暗装避雷网。

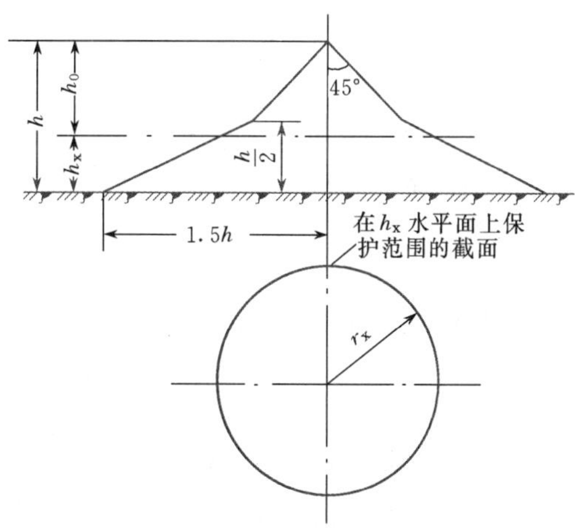

图 3-5　单支避雷针的保护范围

3.1.4　避雷针

避雷针是由接闪器（针尖），接地引下线和接地装置三部分组成。避雷针就其本质功能而言，并不是避雷，相反却是招雷或引雷。它是利用高耸空间的有利位置，当附近空中有雷电放射时，便不断地把雷电引向自身并将雷电流迅速地泄入大地消散，从而防止避雷针保护范围内的建（构）筑物或电气设备遭受直击雷的破坏。

3.1.4.1 单支避雷针保护范围

单支避雷针保护范围，像一个由它所支撑的锥形“帐篷”，当避雷针的高度为 h 时，“帐篷”的上半部空间为从针顶向下作 45°的斜线，在距地面 $h/2$ 处转折，与地面上距针底 1.5h 处的连线构成保护空间的下部，如图 3-5 所示。避雷针在地面上的保护半径按下式计算：

$$r = 1.5h \tag{3-2}$$

式中 r——保护半径，m；

h——避雷针的高度，m。

在被保护高度 h_x 水平面上的保护半径应按下式确定：

当 $h_x \geqslant h/2$ 时

$$r = (h - h_x)P = h_a P \tag{3-3}$$

当 $h_x < h/2$ 时，

$$r = (1.5h - 2h_x)P \tag{3-4}$$

式中 r_x——避雷针在 h_x 水平面上的保护半径，m；

h_x——被保护物的高度，m；

h_a——避雷针的有效高度，m；

P——高度影响系数，$h \leqslant 30$m 时，$P=1$；$30 < h \leqslant 120$m 时，$P=5.5/\sqrt{h}$；当 $h > 30$m，r_x 需要乘以 P，$P<1$。

这说明当针高超过 30m 时，其保护范围不再随针高成正比增加。一个有效地扩大保护范围的作法是采用多支（等高或不等高）避雷针。

例题：某厂油罐，高 10m，直径 10m，用一根高 25m 的避雷针保护。问针与罐之间的距离 x 最多不能超过多少米？

解：由题意，已知针高 h=25m，被保护物高度 $h_=$10m。因为 $h_x < h/2$，所以在 10m 高度处的保护半径 r_x 为：

$$r_x = (1.5h - 2h_x)p = (1.5 \times 25 - 2 \times 10) \times 1 = 17.5\text{m}$$

则针与油罐之间的最远距离为：

x=17.5－10=7.5m，即要使油罐得到可靠保护，油罐与针之间的距离不能超过 7.5m。

3.1.4.2 两支等高避雷针的保护范围

两支等高避雷针的保护范围如图 3-6 所示，应按下列方法确定：

两针外侧保护范围应按单支避雷针的计算方法确定。

两针间的保护范围应按通过两针顶点及保护范围上部最低点 o 的圆弧确定，圆弧半径为 R_o，o 点的高度应按下式计算：

$$h_o = h - D/(7P) \tag{3-5}$$

式中 h_o——两针间保护范围上部边缘最低点的高度，m；

D——两针间的距离，m。

若两针间被保护物体的高度为 h_x，水平面上保护范围一侧的最小宽度 b_x 按下式计算：

$$b_x = 1.5(h_o - h_x) \tag{3-6}$$

式中 b_x——保护范围一侧最小宽度，m。

b_x 位于两针连线的中点，已知 b_x 后，则在平面上可得到（$D/2$，b_x），由这点至半径 r_x 的圆作切线，便可得到保护范围。

保护变配电装置用的避雷针，两针间距离与针高之比 D/h 不宜大于 5，保护第一类工业建筑物时，D/h 不宜大于 4，否则 b_x 太小。

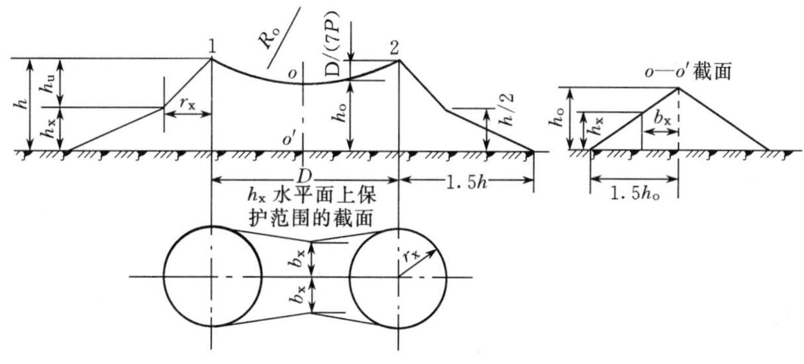

图 3-6 两支等高避雷针的保护范围

3.1.4.3 多支等高避雷针的保护范围

三支等高避雷针所形成的三角形外侧保护范围，应分别按两支等高避雷针的计算方法确定。若可使三角形内被保护物的最大高度 h_x 水平面上，各相邻避雷针间保护范围一侧的最小宽度 $b_x \geqslant 0$ 时，全部面积即能够受到保护。

四支和超过四支等高避雷针所形成的四角形或多角形，可先将其分成两个或几个三角形，然后分别按三支等高避雷针的方法计算。

3.1.5 避雷器

避雷针能保护发电厂、变电所的设备不遭受直接雷击，但电气设备还可能受到沿输电线路传播来的侵入波的威胁。这时，我们应采用避雷器限制过电压以保护电气设备。避雷器是用来限制过电压、保护电气设备绝缘的电器。通常将它接于导线和地之间，与被保护设备并联，如图 3-7 所示。

在正常情况下，避雷器中无电流流过。一旦线路上传来危及被保护设备绝缘的过电压波时，避雷器立即动作，使雷电波电荷泄入大地，将过电压限制在一定的水平。当电压作用过去以后，避雷器又能自动切断工频续流，使电力系统恢复正常工作。避雷器实现良好的保护应满足两个基本要求：

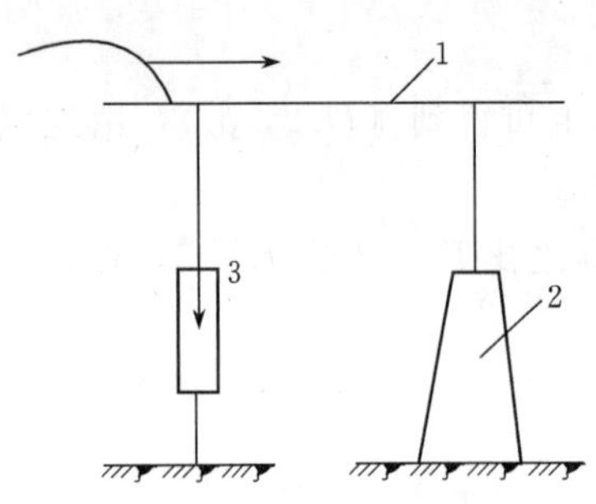

图 3-7　避雷器与被保护设备并联图

1—导线；2—被保护设备；3—避雷器

(1) 应具有良好的伏秒特性，以利于实现绝缘配合。在绝缘配合中，要求避雷器的伏秒特性形状平直，其上限完全低于电气设备伏秒特性的下限值，两者之间还应有一定的安全裕度。如图 3-7 所示。这样，当过电压超过一定限值时，避雷器才能首先放电，将导线直接或经电阻接地，从而限制了过电压。但如果伏秒特性过低，甚至低于电气设备上可能出现的最高工频电压，就会使避雷器发生误动作，因而也无法起到应有的保护作用。

(2) 应有较强的绝缘自恢复能力，以利于在过电压作用过去以后，能迅速切断在工频电压作用下的工频续流电弧，使系统恢复正常运行，避免供电中断。

避雷器的类型主要有保护间隙、管型避雷器、阀型避雷器、氧化锌避雷器等几种。

3.1.5.1　保护间隙

保护间隙由两个电极组成，常用的角型保护间隙如图 3-8 所示。保护间隙与被保护设备并联于线路上，为了是被保护设备得到可靠保护，间隙的伏秒特性上限应低于被保护设备绝缘冲击放电伏秒特性的下限，并有一定的安全裕度。

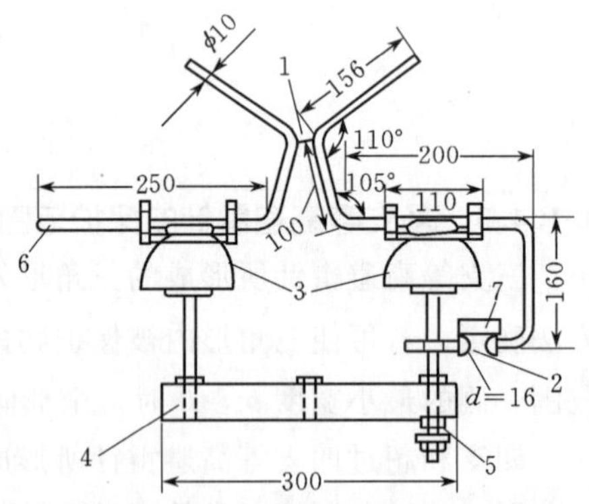

图 3-8　角球双间隙（单位：mm）

1—主间隙；2—辅助间隙；3—针式绝缘子；4—安装用横担；5—接地线；6—接导线；7—防雨罩

当雷电波侵入时，间隙首先击穿放电，使工作线路接地，避免了被保护物上电压升高，从而保护了设备。过电压之后，由于间隙处于击穿导通状态，间隙中仍有由工作电压所产生的工频续流。工频续流电弧拉长而熄灭后，系统才恢复正常工作。保护间隙的熄弧能力较差，有时不能自动熄弧，从而会引起断路器的

跳闸；并且保护间隙的结构导致其间隙间为极不均匀电场，伏秒特性较陡，不易与被保护物配合；间隙动作后工作线路直接接地，会形成“截波”，危及设备的纵绝缘。所以，目前只有在缺乏避雷器的情况下才采用保护间隙，并与自动重合闸装置配合使用，以提高供电的可靠性。

3.1.5.2 管型避雷器

管型避雷器实质上是一种具有高熄弧能力的保护间隙，其原理结构如图 3-9 所示。在正常情况下，避雷器通过内间隙 s_1、外间隙 s_2 使电网与大地隔开。当大气过电压波传来，达到避雷器冲击放电电压时，使内、外间隙击穿，工作母线接地，避免了被保护设备上的电压升高，从而保护了设备绝缘。当过电压消失后，间隙中仍有由工作电压所产生的工频续流。工频续流电弧的高温使产气管内产气材料分解出大量气体，管内压力急剧升高（可达数十以至于上百个标准大气压）。气体在高温压力作用下由喷气口喷出，形成强烈的“纵吹”作用，从而使电弧在工频续流过零时熄灭，使电网恢复到正常运行状态。

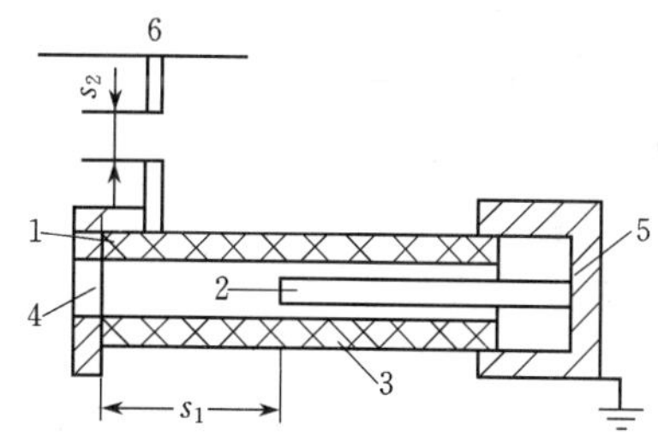

图 3-9 管型避雷器原理结构图

1—环形电极；2—棒电极；3—产气管；4—喷气口；5—金属端盖；6—工作母线；s_1—内间隙；s_2—外间隙

管型避雷器的灭弧能力除了决定于灭弧管的特征外，还决定于续流的大小。续流太小时，由于产气太少，避雷器将不能灭弧；续流过大时则产气太多，若超过灭弧管的机械强度，将会使其破裂或爆炸。所以，管型避雷器的灭弧电流有上、下限。如国产 GXW35/1—5 型管型避雷器表示其额定电压为 35kV，可切断的续流最大为 5kA（有效值），最小为 1kA（有效值）。使用时应根据管型避雷器安装地点运行条件，使单相接地短路电流在灭弧电流的上、下限范围之内。多次动作后的管型避雷器，由于灭弧管内径扩大、产气量逐渐降低，因此当其内径增加到原来的 120%～125%时就不能再继续使用。

管型避雷器的主要缺点是：伏秒特性较陡且放电分散性较大，而一般变压器或其他电气设备绝缘的冲击放电伏秒特性较平，二者不能很好地配合；管型避雷器动作以后工作母线直接接地形成电压截波，对变压器绝缘有损害；此外，管型避雷器放电特性受到大气条件影响较大。因此，管型避雷器目前只适用于发电厂、变电所的进线段保护以及输电线路绝缘弱点的保护，如大跨距和交叉挡距处。

管型避雷器的安装要求：

（1）管型避雷器的灭弧管容易受潮，可能会在工作电压下发生沿表面闪络而导致误动作。故安装时，必须串联一个空气间隙（即外间隙），并要保证外间隙稳定不变。

（2）安装管型避雷器时，还应同时装设简单可靠的动作指示器。

（3）安装时应注意，避免避雷器动作时排出的气体相交，引起相间短路。

（4）为了防止管内积水，管型避雷器应开口向下，且宜垂直安装或倾斜安装（与水平线夹角不小于15°），在污秽地区则应增大倾斜角度。

（5）额定电压10kV及以下的管型避雷器，为了防止雨水造成短路，其外间隙的电极切不可垂直布置。

3.1.5.3 阀型避雷器

阀型避雷器与管型避雷器相比，在保护性能上有重大改进。它具有较平的伏秒特性和较强的灭弧能力，可避免截波的发生，在电力系统中得到广泛的应用。

阀型避雷器主要由瓷套、火花间隙和非线性电阻组成，见图3-10。其中，瓷套是绝缘，起支撑和密封作用；火花间隙是由多个间隙串联而成，每个火花间隙由两个黄铜电极和一个云母垫圈组成，见图3-11。由于电极间的距离很小，电场较均匀，间隙的伏秒特性较平，故保护性能较好。非线性电阻（阀片电阻）呈饼状，它由金刚砂（SiC）颗粒烧结而成。阀片电阻值与流过的电流有关，电流越大，电阻越小；反之，电流越小，电阻越大。火花间隙和非线性电阻组装在套管中做成避雷器的标准单元，然后再组合成各种电压等级的避雷器以供电力防雷使用。

阀型避雷器的工作原理如下：在电力系统正常工作时，间隙将阀片电阻与工作母线隔离，以免由工作电压在阀片电阻中产生的电流使阀片烧坏。当系统中出现过电压且幅值超过间隙的放电电压时，间隙先击穿，冲击电流通过阀片流入大地，由于阀片的非线性，其电阻在流过大的冲击电流时变得很小，故在阀片上产生的压降（称为残压）

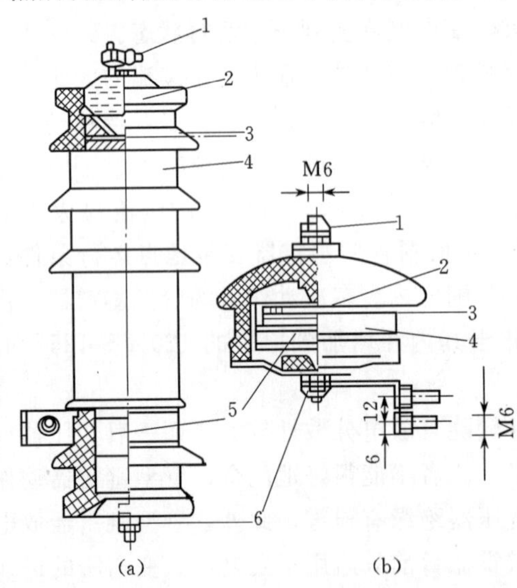

图3-10 高低压阀型避雷器

(a) FS—10型；(b) FS—0.38型

1—上接线端；2—火花间隙；3—云母垫圈；4—瓷套管；5—阀电阻片；6—下接线端

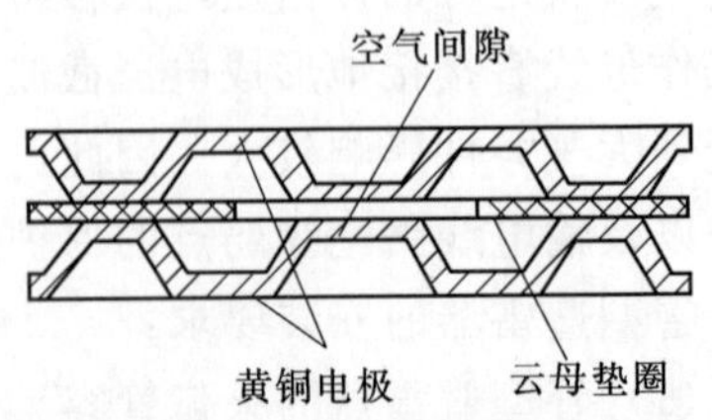

图3-11 火花间隙内部结构

将不会很高，使其低于被保护设备的冲击耐压值，设备得到保护。当过电压消失后，间隙中由工作电压产生的工频续流仍将继续流过避雷器，此续流由于受阀片电阻的限制远较冲击电流为小。故阀片电阻变得很大，从而进一步限制了工频续流的数值。使间隙能在工频续流第一次经过零值时就将电弧切断，电网恢复正常运行。

目前我国生产的普通阀型避雷器有 FS 和 FZ 两种系列。FS 系列主要用于保护小容量的配电装置，如配电变压器，电缆头，柱上开关等。有 FS—3；FS—6；FS—10 三种型号，分别用于 3kV、6kV 和 10kV 三个电压等级。FZ 系列主要用于保护发电厂和变电所的变压器和电气设备，额定电压等级为 3～220kV。

3.1.5.4 磁吹避雷器（FCD）

为进一步提高阀型避雷器的保护能力，在普通阀型避雷器的基础上，发展了一种磁吹避雷器。磁吹避雷器的基本原理和结构与普通阀型避雷器相同，其主要区别在于采用了灭弧能力较强的磁吹火花间隙和通流能力较大的高温阀片电阻，因而具有更高的灭弧性能和通流能力，除用以限制雷电过电压以外，还可用来限制电力系统的内部过电压。

3.1.5.5 阀型避雷器的电气特性

我国生产的阀型避雷器系列，见表 3-1。

表 3-1　　阀型避雷器系列

系列名称		型号	结构特点	主要用途
普通型	配电所型	FS	有火花间隙和阀片电阻	用于配电系统中变压器、电缆头、柱上开关等保护
	变电所型	FZ	有火花间隙和阀片电阻，且间隙有分路电阻	用于变电所电气设备的保护
	变电所型	FCZ	有火花间隙和阀片电阻，但采用磁吹火花间隙	用于 330kV 及以上变电所电气设备的保护
磁吹型	旋转电机型	FCD	有磁吹火花间隙和阀片电阻，但部分间隙有并联电容	用于旋转电机的保护

对各类阀型避雷器的主要电气参数的意义和选用说明如下：

（1）额定电压。指正常工作时加在避雷器上的工频电压。避雷器的额定电压应与避雷器安装地点电力系统的额定电压等级相同。

（2）灭弧电压。指保证避雷器能够在工频续流第一次过零时灭弧的条件下，允许加在避雷器上的最高工频电压。灭弧电压应当大于避雷器工作母线上可能出现的最高工频电压，否则避雷器可能因为不能灭弧而爆炸。

（3）工频放电电压。指在工频电压作用下，避雷器将发生放电的电压值，是说明避雷器火花间隙的绝缘强度的指标。普通避雷器在内过电压下不允许动作，因此通常规定其工频放电电压的下限应不低于该系统可能出现的内过电压值。

（4）冲击放电电压。指在冲击电压作用下避雷器放电的电压值（幅值），通常给出的是上限值。避雷器的伏秒特性应当低于被保护设备绝缘的冲击击穿电压的伏秒特性，才能起到保护作用。

（5）残压。指雷电流通过避雷器时在阀片上产生的电压降。由阀型避雷器的保护原理可知，避雷器放电以后就相当于以残压突然作用在被保护设备上，由此避雷器的残压愈低保护性能愈好。根据分析及实际统计，现行标准规定：通过避雷器的额定雷电冲击电流，220kV 及以下系统取 5kA；330kV 及以上的超高压系统取 10kA。因此，避雷器上的残压都是以上述电流作用下的压降为标准。该电流下的残压也作为各类电网防雷设计和绝缘配合的依据。

（6）保护比。指避雷器的残压与灭弧电压之比。保护比愈小，说明残压愈低或灭弧电压愈高，因而保护性能愈好。

3.1.5.6　氧化锌避雷器

氧化锌避雷器（简称 MOA）是一种新型的避雷器。这种避雷器的阀片以氧化锌（ZnO）为主要原料，附以少量能产生非线性特征的金属氧化物，经高温熔烧而成。氧化锌阀片具有很理想的伏安特性，其非线性系数很小，一般为 0.01～0.04，当作用在氧化锌阀片上的电压超过某一值（此值称为动作电压）时，阀片将发生“导通”。“导通”后氧化锌阀片上的残压与流过它的电流基本无关，为一定值。在工作电压下，流经氧化锌阀片的电流很小，仅为 1mA，不会使氧化锌阀片烧坏，因此氧化锌避雷器不用串联间隙来隔离工作电压。

由于 ZnO 阀片具有极其优越的非线性特性，使 MOA 具有如下优点：

（1）无间隙。由于在工作电压下，ZnO 阀片实际上相当于一绝缘体，因而工作电压不会使 ZnO 阀片烧坏，所以可不用串联间隙来隔离工作电压。由于无间隙，所以 MOA 体积小，重量轻，也不存在放电电压不稳定的问题。

（2）无续流。当作用在 ZnO 阀片上的电压超过阀片的起始动作电压时，将发生导通；其后，ZnO 阀片上的残压受其良好的非线性特性所控制；当过电压过去后，ZnO 阀片导通状态终止，又相当于一绝缘体，因此不存在工频续流。这不仅减轻其本身负载，还得使 MOA 具有耐受多重雷的较强的耐重复动作能力。

（3）通流容量大。ZnO 阀片得通流容量大，可用于限制内部过电压。

（4）性能稳定，抗老化能力强，耐污性能好。ZnO 电阻片不受大气环境的影响，

能用于各种绝缘介质，所以也特别适合于高海拔地区和 SF_6 全封闭组合电器。

(5) 适于大批量生产，造价低廉。据有关资料估计，在现行的500kV户外变电装置和110～220kV户内变电装置设计中采用MOA，包括可使变电装置空气间隙缩短的技术经济效益在内，可以节省建设投资约15%，减少变电所面积和容积约25%～50%。

由于MOA具有上述一系列优点，因而发展潜力很大，是目前世界各国避雷器发展的主要方向，也是特高压系统绝缘赖以实现的必不可少的基础。就目前的情况来看，许多大型发电厂和变电站已经实现由MOA完全替代阀型避雷器。

应该指出的是，由于氧化锌阀片长期并联在工作母线上，长期直接受工频电压的作用，必然会长期通过泄漏电流，在运行中会有老化现象。目前常采用在线监测装置监测其运行中的泄漏电流等参数，以保证安全运行。

除上述几种常见的避雷器外，科学工作者们正在试验研制保护性能更为完善的防雷装置，如合成绝缘MOA、消雷器等。合成绝缘MOA利用合成绝缘外套代替传统的瓷外套，汇集了合成绝缘材料和ZnO阀片的优点，近几年来已逐渐在中、低压电网中推广使用。消雷器的保护机理着重于消，也即在雷云电场作用下，消雷器产生足够强的尖端放电电流，以中和雷云中的电荷，使向下发展的先导放电难以形成，从而达到“消雷”的目的。消雷器目前正在进一步的研究试验当中。

3.1.6 防雷接地

1. 接地与接地电阻

为降低雷电流通过时在避雷针（线）或避雷器上产生的过电压，保证输配电系统的正常运行和人身安全，要求装设接地装置以减小接地电阻。我国接地规程中规定，对于大接地短路电流（$I>50$A）的电力设备的接地电阻要求符合 $R\leqslant 2000/I\Omega$。当 $I>4000$A 时，要求 $R\leqslant 0.5\Omega$。

在防雷接地中，接地电阻为雷电冲击电流流过时的电阻，称为冲击接地电阻，用 R_{ch} 表示，其大小定义为冲击电压的幅值与冲击电流的幅值之比。由于接地体本身电感的作用，冲击电压幅值与冲击电流幅值不会同时出现，具有冲击电压幅值超前冲击电流幅值的特点。所以，冲击接地电阻实际上是阻抗，但习惯上仍称为冲击接地电阻。在工作接地与保护接地中，接地电阻为工频（或直流）通过时的电阻，通常叫工频（或直流）接地电阻，用 R 表示。由于雷电流的幅值很大，会使地中的电流密度增大，从而使地中的电场强度增加。当地中的电场强度超过土壤的临界击穿场强后，土壤内靠近接地体的部分会发生局部火花放电，使土壤电导增大，从而使接地电阻下降，小于工频电流作用下的接地电阻值。这一过程称为火花效应。又由于雷电冲击电流的等值频率很高，接地体自身呈现明显的电感作用，阻碍电流向接地体的远端流通。对于长度较大的接地体，这种影响更显著。其结果会使接地体得不到充分利用，接地体的冲击电阻大于工频接地电阻，这种效应称为电感效应。

由于火花效应与电感效应，使同一接地装置具有不同的冲击接地电阻值 R_{ch} 与工频接地电阻值 R，用冲击系数 a 来衡量：$a=R_{ch}/R$。冲击系数 a 与接地体的几何尺寸、雷电流幅值和波形以及土壤电阻率等因素有关。一般情况下由于火花效应大于电感效应，故 $a<1$；但对于电感效应明显的情况，如伸长接地体，则可能 $a\geqslant1$。冲击接地电阻值一般要求小于 10Ω。

2. 工程适用接地装置

工程适用接地装置主要是由扁钢、圆钢、角钢或钢管组成，埋于地下 0.5～1m 深处。水平接地体多用扁钢，宽度一般为 20～40mm，厚度不小于 4mm；或者用直径不小于 6mm 的圆钢。其接地体的形式如表 3-2 所示。

表 3-2　　水平接地体的形式及屏蔽系数

接地形式	—	┼	└	○	人	□	✕	✳
屏蔽系数 A	0	2.14	0.38	0.48	0.87	1.69	5.27	8.81

垂直接地体一般用角钢（20mm×20mm×3mm～50mm×50mm×5mm）或钢管，长度约取 2.5m。

3. 降低接地电阻的方法

为保障人身安全、设备正常运行和满足防雷要求，均要求接地装置具有低的接地电阻。接地电阻值除了与接地体的形状有关外，还与土壤的电阻率有很大的关系。为降低接地电阻，我们通常可采用下列方法：

（1）加大接地体尺寸。根据理论分析计算可知，无论哪一种接地体，增大尺寸，均会减小其接地电阻。这种方法对于一些简单接地体和输电线路杆塔的接地装置效果较好，但对于发电厂、变电所的接地网，会增加发电厂、变电所的投资，甚至受场地的限制根本无法实现。因此，在使用这种方法时，必须进行技术经济分析。

（2）利用自然接地体。自然接地体包括建筑物钢筋混凝土基础的钢骨架、水电厂进水口挡污栅、闸门、引水管等，它们本身具有较低的接地电阻。因此，在设计发、变电所接地网时，应充分考虑利用这些自然接地体与主网相连，以达到降低接地网接

地电阻的目的。特别是在水电厂，利用自然接地体来降低接地电阻，不仅在技术上容易实现，而且有较好的技术经济效应。

（3）引外接地。引外接地是指将发电厂和变电所的主接地网区域以外某一低土壤电阻率区域敷设的辅助接地极相连的方法，以达到降低整个接地系统接地电阻的目的。

（4）换土。土壤电阻率的高低是直接影响接地电阻大小的关键。对于某些位于高土壤电阻率地区的发电厂和变电所的接地网，如果采用其他方法降阻有困难，也可采用换土的方法，即用电阻率低的土壤来代替电阻率高的土壤，以获得较低的接地电阻。

（5）采用降阻剂。这是一种化学方法，就是在接地体周围的土壤中加入离子生成物（即降阻剂），以改善土壤的导电性能，从而降低接地装置的接地电阻。此方法的缺点是有效期短，仅能维持两年左右；对接地体有腐蚀作用，回缩短接地装置的寿命。目前正在开发使用长效降阻剂，它可以克服以上缺点。

3.2 电力设施和建筑物的防雷

3.2.1 电力线路的防雷保护措施

3.2.1.1 低压架空线路的防雷保护措施

这里主要指380/220V低压架空线路的防雷保护，由于该低压架空线路分布广，绝缘水平较低，同时低压线路直接引入室内。因此，必须考虑对低压架空线路的保护，以及当雷击线路时雷电波沿线路侵入室内的防雷保护问题。方法如下：

（1）一般用户低压线路及接户线的绝缘子铁脚宜接地。当线路遭受雷击时，导线对绝缘子铁脚形成放电间隙，把雷电流泄入大地而起到保护作用。其接地电阻不应超过30Ω。凡土壤电阻率在200Ω·m以下地区的铁横担水泥杆线路，因连续多杆自然接地的作用，可不再另设接地。

（2）对于重要用户，宜在低压线路进入室内前50m处安装一组低压避雷器；进入室内后再装设一组低压避雷器，如图3-12所示。

（3）室内有电力设备接地装置的建筑物，在入口处宜将绝缘子铁脚与接地装置相连，可以不必另设接地装置。

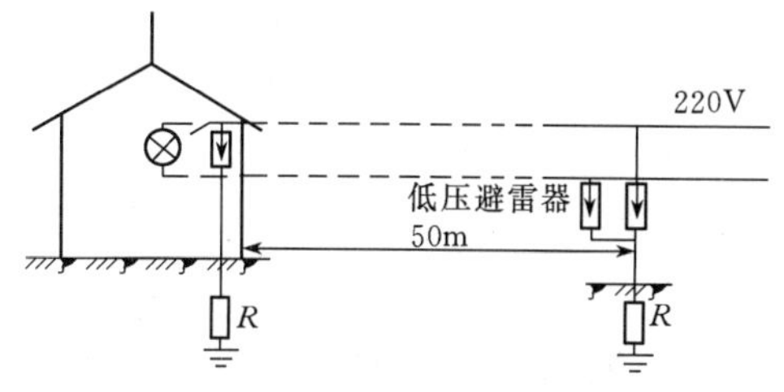

图3-12　接户线防雷

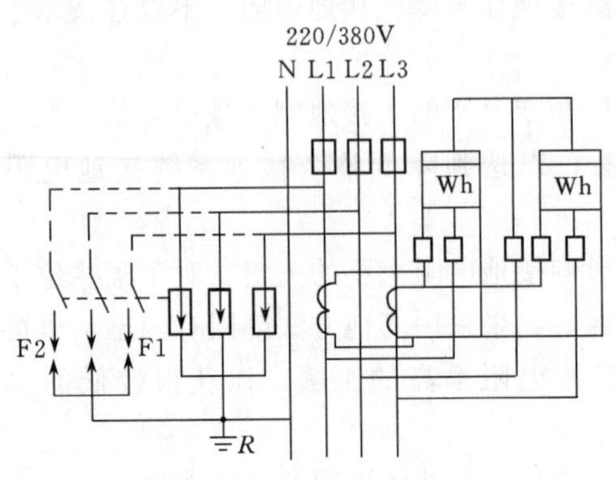

图 3-13 电能表的保护接线
F1—低压阀型避雷器；F2—保护间隙；
Wh—电能表；R—重复接地

(4) 人员密集的公共场所（如教室和影剧院等）及由木杆或木横担引下的接户线，其绝缘子铁脚应接地，并要设置专用的接地装置。但钢筋混凝土杆的自然接地电阻若不超过 30Ω 的可不必另设接地装置。

(5) 雷暴日不超过 30 天的地区，以及低压线路被建筑物及树木屏蔽，或接户线距低压干线的接地点不超过 50m 的线路，由于遭受雷击机会较少，其接户线的绝缘子铁脚可不接地。

(6) 在多雷区或易遭受雷击的地段，直接与架空线路相连的电能表宜设防雷装置，其保护接线如图 3-13 所示。

3.2.1.2 高压架空线路的防雷保护措施

输电线路的雷闪过电压有感应过电压和直击雷过电压两种。直击雷过电压又可分为雷击杆塔顶、绕击导线和击于避雷线挡距中央三种情况。输电线路的防雷性能主要由耐雷水平和雷击跳闸率两个指标来衡量。因而输电线路上的各种防雷措施主要是为提高线路的耐雷水平和减少雷击跳闸率而采用的。线路防雷问题是一个技术经济问题。一方面，我们不希望线路由于雷击引起频繁的跳闸，造成经济上的较大损失，因而必须采用适当的防雷措施；另一方面，如在防雷方面要求过高，从而使投资过分增大，也是不可取的。因此，在进行防雷设计时，应根据线路的电压等级、负荷性质、雷电活动强弱和土壤电阻率等许多条件通过技术经济比较来确定合理的防雷措施。

1. 架设避雷线

架设避雷线是高压和超高压输电线最基本的防雷保护措施，其主要目的是防止雷直击导线，此外，避雷线对雷电流还有分流作用，可以减小流入杆塔的雷电流，使塔顶电位下降；对导线有耦合和屏蔽作用，可以降低导线上的感应过电压。虽然避雷线有这些优点，但它的使用范围是有限制的。一是因为装设避雷线要增加线路的投资，电压越低其费用占总投资的比例数将越大；二是由于线路电压在 20kV 以下时，线路的绝缘不高，只要雷电流稍微大一些，接地引下线在杆顶处的电位升高就足以引起接地引下线向导线放电（即反击），使导线受到很高的电位，设备受到损害。在这种情况下要防止反击是较困难的。因此 6～10kV 配电线路上都不装设避雷线，而是利用

钢筋混凝土电杆的自然接地作用和中性点不直接接地作用。

单根避雷线的保护范围，可由下式计算：

当 $h_x \geqslant h/2$ 时　　$r_x = 0.47(h - h_x)p$　　(3-7)

当 $h_x < h/2$ 时　　$r_x = (h - 1.53h_x)p$　　(3-8)

避雷线一般在35kV及以上电压等级的线路上装设。110kV及以上线路一般全线装设避雷线。但在雷害不严重的地区，110kV及20～60kV线路通常不沿全线装设，仅是在发电厂升压站出线和变电站进出线1～2km内装设避雷线，作为进线段保护。

用避雷线保护输电线路时，工程上常采用保护角 α 来表示。保护角是指外侧输电线与避雷线的连线与垂线之间的夹角。避雷线的保护角大多取20°～30°。500kV及以上的超高压线路采用架设双避雷线，保护角在15°及以下。

关于是否采用避雷线来保护发电厂、变电所的问题，国内外运行经验表明，只要避雷线结构布置合理，设计参数选择正确，同样可得到很高的防雷可靠性。规程建议，峡谷地区的发电厂和变电所宜采用避雷线保护，而近年来国内外兴建的500kV变电所有大多数采用避雷线保护的趋势。

避雷线的布置基本上有两种形式：一种是避雷线的一端经配电装置的构架接地，另一端经绝缘子串与厂房建筑物绝缘；另一种形式是避雷线两端都接地。例如将变电所进线的架空线避雷线延伸至变电所内，通过构架接地并形成一个架空地网。关于线路终端杆的避雷线能否与变电所构架相连，也按是否发生反击的原则处理。一般情况下，110kV及以上的变电所允许相连，35kV及以下不允许。土壤电阻率特高或特低的地区，可参照规程有关规定决定。

2. 降低杆塔接地电阻

避雷线应在每基杆塔处接地，对于一般高度的杆塔，降低杆塔冲击接地电阻是提高线路耐雷水平、防止反击，降低雷击跳闸率的有效措施。相关规程中规定有避雷线的线路每基杆塔（解开避雷线时）的工频接地电阻在雷季干燥时不宜超过表3-3所列数值。

表3-3　　线路杆塔的工频接地电阻

土壤电阻率（Ω·m）	≤100	100～500	500～1000	1000～2000	>2000
接地电阻（Ω）	≤10	≤15	≤20	≤25	≤30

在土壤电阻率低的地区，应充分利用铁塔、钢筋混凝土杆的自然接地电阻。在高土壤电阻率的地区，可采用多根放射形接地体，或连续伸长接地体或采用降阻剂降低

接地电阻。

3. 架设耦合地线

在降低杆塔接地电阻有困难时，可以采用在导线下方架设地线的措施，其作用是增加避雷线与导线间的耦合作用以降低绝缘子串上的电压。此外，耦合地线还可增加对雷电流的分流作用。运行经验证明，耦合地线对降低线路的雷击跳闸率效果显著，约可降低 50%左右。

4. 采用不平衡绝缘方式

在现代高压及超高压线路中，采用同杆并架双回路的日益增多。为了降低雷击时双回路同时跳闸的跳闸率，当用通常的防雷措施无法满足要求时，可考虑采用不平衡绝缘方式，也就是使两回线的绝缘子片数有差异。这样，雷击时绝缘子片数少的回路先闪络，闪络后的导线相当于地线，增加了对另一回路导线的耦合作用，使其耐雷水平提高，不再发生闪络，保证线路继续送电。一般认为两回路绝缘水平的差异宜为 $\sqrt{3}$ 倍相电压（峰值），差异过大将使线路的总跳闸率增加。

5. 装设自动重合闸

由于线路绝缘具有自恢复性能，大多数雷击造成的冲击闪络在线路跳闸后能够自行消除，因此安装自动重合闸装置对降低线路的雷击事故率效果较好。据统计，我国 110kV 及以上的高压线路重合闸成功率达 75%～95%，35kV 及以下的线路约为 50%～80%。因此，各级电压的线路都应尽量装设自动重合装置。

6. 加强绝缘

对于输电线路的个别大跨越、高杆塔地段，落雷机会增多；塔高等值电感大，塔顶电位高，感应过电压也高；绕击的最大雷电流幅值大，绕击率高。这些都增高了线路的雷击跳闸率。为降低跳闸率，可在高杆塔上增加绝缘子串的片数，加大大跨越挡导、地线之间的距离，以加强线路绝缘。

7. 采用消弧线圈接地方式

在雷电活动强烈，接地电阻又难以降低的地区，对于 35kV 及以下电压等级的电网可考虑采用系统中性点不接地或经消弧线圈接地方式（重庆和东北等雷电活动较强的地区由于考虑供电可靠性，110kV 系统中性点曾采用过经消弧线圈接地方式）。这样可使绝大多数雷击单项闪络接地故障被消弧线圈消除，不致于发展成为持续工频电弧。而当雷击引起两相或三相闪络故障时，第一闪络并不会造成跳闸，先闪络的导线相当于一根避雷线，增加了分流和对未闪络相的耦合作用，使未闪络相绝缘上的电压下降，从而提高了线路的耐雷水平。我国的消弧线圈接地方式运行效果很好，雷击跳闸率大约可降低 1/3 左右。

3.2.2 变配电所的防雷保护措施

变电所是电力系统的枢纽，它担负着电网供电的重要任务。变电所除了可能遭受直击雷以外，还有可能遭受沿着线路向变电所传来雷电进行波，威胁变电所设备的安全。如果一旦发生了设备损坏事故，就有可能造成大面积停电，给工、农业生产带来重大的损失，其后果是十分严重的。为此，必须认真做好变电所的过电压保护工作，堵塞一切漏洞，以确保对广大用户的不间断停电。

3.2.2.1 装设避雷针

为了防止雷直击于变电所，一般采用避雷针或避雷线进行保护，并且避雷针（线）与被保护物（包括各种电气设备、高大建筑、储油罐等）之间的距离应满足以下两个基本原则：

(1) 应使发电厂、变电所内所有被保护设备置于避雷针（线）的保护范围以内，以遭受直接雷击。

(2) 当雷直击于避雷针（线）时，会在避雷针（线）上产生很高的对地电压。若被保护设备过分靠近避雷针（线），就有可能从避雷针（线）至被保护设备间发生放电，仍有可能将高电压加到被保护设备上，造成事故。这种现象叫逆闪络或反击。所以，必须采取措施防止反击的发生，才能实现良好的保护。

对于 35kV 及以下变电所，因其绝缘水平低，故要求架设独立避雷针，并应满足不发生反击的要求。不允许将避雷针装设在配电构架上，以免出现反击事故。对于 110kV 及以上的变电所，由于电气设备的绝缘水平较高，在土壤电阻率不高的地区不易发生反击，因此一般允许将避雷针装设在配电构架上。但在土壤电阻率大于 1000Ω・m 的地区，不宜装设构架避雷针。装设避雷针的构架还应就近埋设辅助集中接地装置。辅助接地装置与变电所接地网的连接点，离变压器与接地网的连接点间的地中距离不小于 15m。这样，当雷击避雷针时，在接地装置上产生的高电位电压波，经过这段距离的传播衰减，到达变压器的接地点后，其幅值已降低到不至于对变压器造成反击。变压器是变电所中的最重要的设备，为了确保它的安全，不允许在变压器的门型构架上装设避雷针。厂房一般也不装设避雷针，以免发生反击事故和引起继电保护装置误动作。

3.2.2.2 装设阀型避雷器

利用阀型避雷器来限制雷电侵入波过电压的数值，它是变电所防雷保护的基本措施之一。变电所有很多电气设备，我们不可能在每个设备旁边都装设一组避雷器。一般可将避雷器装在母线上，对有可能分段运行的母线，在每个母线分段上均应装设避雷器，并希望母线上的避雷器能保护接到母线上所有的电气设备。

阀型避雷器与被保护设备之间的距离，应该越短越好，若电气设备距离过大，则由于雷电波在这段导线上的多次反射过程，会使被保护设备上所受到的电压超过避雷器的电压。

3.2.2.3　进线段保护

除了直击雷防护以外，当线路上落雷时，雷电进行波会沿着线路向变电所袭来，由于线路的绝缘水平很高（尤其是木杆木横担线路），这样侵入变电所的进行波的幅值往往很高，就有可能使主变压器和其他电器设备发生绝缘损坏事故。如果是终端变电所，则雷电进行波到达变电所时其电压还会因反射而升高，那么危险性就更大了。此外，由于变电所和线路直接相连，线路分布广，长度大，遭到雷击的机会很多，所以对变电所的每一个进线段必须具有完善的保护，这是能否保证安全运行的关键。

进线段保护的作用是为了限制沿线路侵入变电站侵入波过电压幅值不超过 5kA，陡度不超过允许值，进线段保护的接线如图 3-14 所示。在靠近变电所附近 1～2km 长的架空避雷线叫进线段保护。

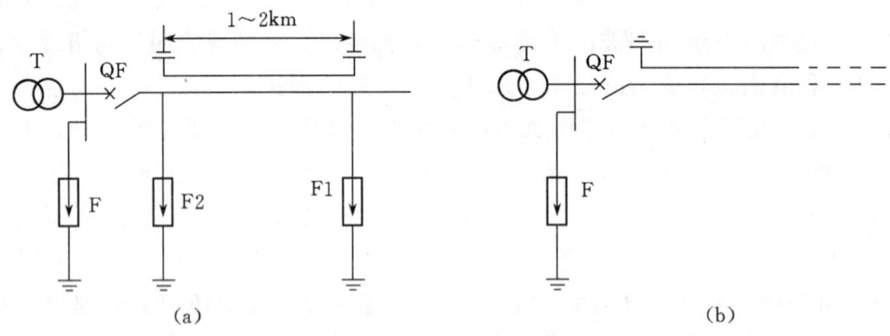

图 3-14　35kV 以上变电所进线段保护接线

（a）未装设避雷线的变电所进线保护接线；（b）全线有避雷线的变电所进线保护接线

图 3-14（a）为 35～110kV 未沿全线装设避雷线路的变电所进线段保护典型接线方式。进线段保护内避雷线的保护角一般应不超过 20°，最大应不超过 30°。另外，进线段保护内应有较高的耐雷水平，以减少在本段中发生反击的机会。

对于全线有避雷线的线路，我们也将变电所附近 1～2km 长的一段线路叫进线段保护，此段线路的耐雷水平及避雷线的保护角也应符合上述规定。全线有避雷线的变电所进线段保护接线如图 3-14（b）所示。

在进线段保护内，由于有避雷线，而且其保护角较小，所以在这一段输电导线上发生雷击的可能性很小；又由于这段线路绝缘的耐雷水平较高，加之杆塔的接地电阻

要求较小（一般不大于 10Ω），所以，当杆塔顶部或避雷线受雷击时，对输电导线因发生反击而造成事故的可能性很小。这样，侵入变电所的雷电波就主要由进线段以外的输电导线上遭受雷击而产生。

当进线段以外的输电导线上遭受雷击时，进线段保护的作用就在于可以限制流经雷电器的雷电流幅值和陡度不超过允许值，从而防止从进线段以外的输电导线上的侵入波使变电所遭受雷害事故。

在图 3-14（a）所示的 35～110kV 线路进线段保护的典型接线方式中，还用虚线画出了管型雷电器 F1 和 F2。对一般线路来说，无需装设 F1。但对冲击绝缘很高的线路（例如木杆线路、钢筋混凝土杆木横担线路或降压运行的线路），其雷电侵入波的幅值会相应增加。这样，变电所阀型避雷器中的雷电流有可能超过 5kA。为此，就需要在进线段首端装设一组管型雷电器 F1，以限制侵入波的幅值。对于管型雷电器 F2，只有在断路器或隔离开关处于开路状态，线路侧又有工频电源时，才需采用。F2 的外间隙整定值应使其在断路器开路时能可靠地动作，以保护断路器或隔离开关；而在断路器闭合时，不应动作，即此时应在变电所阀型避雷器保护范围之内。

3.2.3 配电变压器和柱上开关的防雷保护

3.2.3.1 配电变压器的防雷保护措施

我国 3～10kV 配电变压器绝大多数为 Y，yn0 接线，其防雷保护措施有以下几点：

（1）为防止雷电侵入波损害变压器，高压侧一般应装设阀型避雷器；为提高保护效果，保护装置应装在高压熔断器的内侧。

（2）避雷器的接地引下线应与变压器中性点及金属外壳接在一起后共同接地，其工频接地电阻应满足最低值要求。

（3）避雷器接地线到变压器外壳的连接线应尽量短。因接地连接线有电感，当雷电流通过时，其电感与长度成正比，压降与避雷器的残压叠加后共同作用到变压器的绝缘上。

（4）变压器低压侧也应装设一组氧化锌或阀型避雷器，它不仅可以防止以低压侧产生的过电压，而且还可以防止逆变换波和低压侧的雷电侵入波击穿高压侧绝缘。尤其是多雷区，更应如此。低压侧避雷器接线如图 3-15。

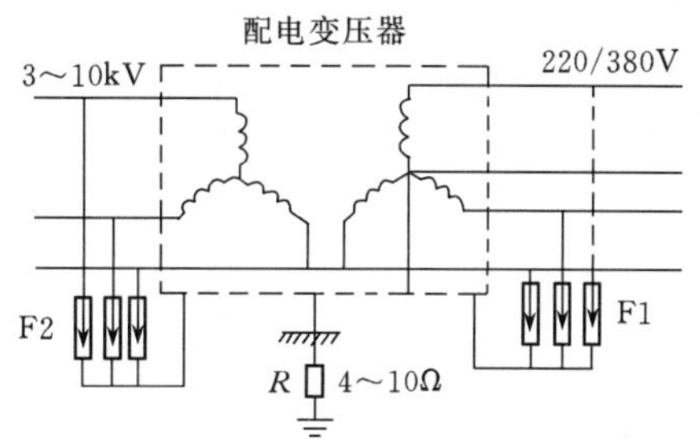

图 3-15 配电变压器防雷接线

3.2.3.2 柱上断路器或负荷开关的防雷保护

对于6～10kV柱上断路器，负荷开关或隔离开关的防雷保护问题，实践中也应予充分重视。

由于柱上断路器或负荷开关多为线路分段或切合变压器用，就其影响范围而言，它比变压器重要。且这些设备相间距离小，绝缘水平也低，常因雷击闪络而引起变电所跳闸。因此，必须用氧化锌避雷器、阀型避雷器或保护间隙进行保护。

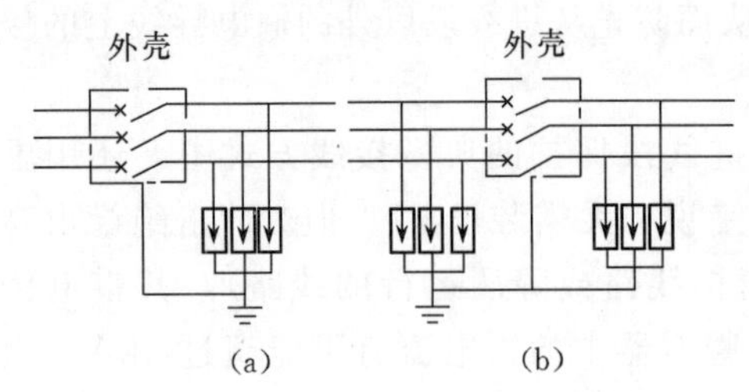

图 3-16 柱上断路器的保护接线

(a) 经常闭合的断路器；(b) 经常开路的断路器

对于经常开路运行的柱上断路器，它相当于线路的终端。当开关的某一侧线路落雷时，由于雷电波的反射叠加作用。会使雷电压成倍抬高，对开关的危害很大。为此，应在开关的两侧安装避雷器。对经常闭路运行的柱上断路器、负荷开关或隔离开关，可只在电源侧安装避雷器，且应将接地线与开关外壳相连，以使外壳与避雷器放电时的电位相等，防止对外壳放电。其保护接线见图3-16所示。

3.2.4 发电厂的防雷保护

1. 发电厂过电压保护的特点和基本要求

发电厂是电力系统的心脏，一旦发生损坏设备的事故，往往会带来严重的后果，给工农业生产造成重大的损失，为此，对发电厂的过电压保护工作必须十分严格，不能有任何漏洞，以进一步提高运行的可靠性。

发电机是发电厂的重要设备，对它必须有可靠的防雷保护装置，以保证其安全运行。由于发电机（对同步调相机或大容量的高压电动机亦应同样考虑，统称旋转电机）的绝缘强度要比同一额定电压等级电气设备的绝缘强度低1/3～1/5，同时旋转电机的绝缘特别容易在运行中发生局部劣化和损坏（尤以端部绝缘为最甚），一旦遭到大气过电压的侵袭，就往往会受损坏，如绝缘击穿，绕组和铁芯烧坏，这就有可能造成对用户长时间的停电。

如果旋转电机系经过变压器再与架空线路相连接，一般就不要求对它采取特殊的防雷保护措施。多年来的运行经验证明，经过变压器转换的雷电波，除了较个别的情况以外，一般是不会引起旋转电机绝缘损坏的。要是旋转电机向架空网络直接配电时（即不经过变压器时），防雷保护问题就显得特别重要了。由于直配的供电方式可以大大提高电力系统的经济性，降低电能损耗，所以我国目前规定在系统有备用容量的情

况下，可以将容量为25000～60000kW的发电机直接与架空网络相连接。对旋转电机的防雷保护应同时考虑它的主绝缘、匝间绝缘（指多匝电机）和中性点绝缘的保护。为此，必须采用专用的避雷器和电容器作为基本的保护元件。另一方面还需要采取完善的进线保护，以限制流过避雷器的雷电流不致超过额定值，从而才能基本保证旋转电机的绝缘能与避雷器的特性相配合。中小容量的旋转电机除了主绝缘以外，往往还有匝间及层间绝缘，因此必须采用电容器保护，以便将侵入波的陡度降低至5～6kV/μs以下，保证匝间绝缘不致被击穿。当电波沿三相侵入时，在星形接线电机绕组的中性点（对地绝缘者）上或三角接线的各相绕组中点可能出现两倍过电压。这种电压升高只有在侵入波陡度很大的情况下才有可能。如从保护接线上能将侵入波陡度限制在2kV/μs及以下，则中性点或绕组中点的电压就不会超过绕组首端上的电压。要是在电机的中性点上装上相当于最高运行相电压的避雷器以及在母线上装设电容器，就能有效地防止上述电压升高所带来的危害。在确定旋转电机的保护方式时，应根据电机容量的大小，当地雷电活动的强弱和对供电可靠性的要求来确定。既要保证必要的安全，又要做到经济合理。

对发电厂内的配电装置亦应按照《过电压保护设计规范》的有关规定采取完善的防雷保护措施。露天的配电装置必须完全处在避雷针或避雷线的直击雷保护范围之内。有关的进线亦必须具备完善合格的保护装置，以防止雷电波侵入发电厂，危害配电装置的安全。厂区内整个防雷接地装置除了满足防雷的要求以外，还须考虑人身的安全，使接触电压和跨步电压合乎保安要求。

发电厂内设备和建筑物较多，高矮不等，用途也不一样。如露天的油箱和油务设备的建筑物、输煤或卸煤设备、煤粉分离器的建筑物、制氢设备、氢气罐储存室和易燃材料的仓库、变压器修理间、烟囱和冷却塔等，都必须装设直击雷保护装置，主要采用避雷针（或避雷线）来保护。对上述设备和建筑物考虑直击雷保护时，如果建筑物为金属屋顶或屋顶上的设备为金属结构，则只要将金属部分可靠接地即可，否则就需单独用避雷针来保护。如发电厂的厂房，已处于烟囱或冷却塔的遮蔽范围之内，就可以不再装设直击雷保护装置了。

2. 发电厂内建筑物的直击雷保护

发电厂内的露天配电装置一旦遭受雷击可能引起极为严重的后果，甚至造成设备损坏和长时间停电；油务设备和有爆炸危险和易燃材料的仓库在遭受雷击后，可能发生火灾或造成严重的破坏；发电厂内高耸云间的烟囱遭受雷击的可能性更大，一旦损坏以后，将影响锅炉的正常运转，至于主厂房、屋内配电装置以及冷却塔等设备均有遭受雷击后造成事故的可能。因此，应根据设备的具体情况，采取直击雷保护措施，并应严格验算直击雷保护的范围，使这些设备都处在避雷针或避雷线的

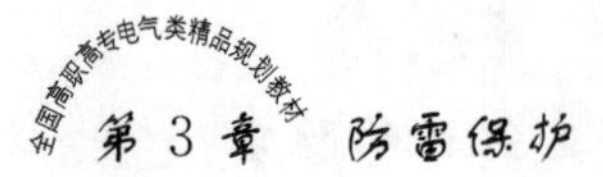

保护范围之内。

发电厂内必须加装直击雷保护的建筑物（配电装置同变电所）如下：

（1）雷击后有爆炸危险性的建筑物，例如：制氢站、储存氢气筒的仓库和乙炔发生站等。

（2）雷击后可能引起火灾的建筑物，例如：露天的油箱和油务设备的有关建筑物以及煤粉装置、制氢设备和易燃材料的仓库等。

（3）雷击后可能引起严重破坏的高耸建筑物，例如：烟囱、冷却塔和变压器修理间等。

发电厂内除了露天的配电装置（包括母线桥、软连线和露天式的厂房）以及上述几类建筑物应该采取防止直击雷的保护措施外，普通的房屋建筑（如办公楼、宿舍和附属建筑物等）一般都不要求加装特殊的防雷措施，可按一般建筑物防雷设计规范执行。这是因为一般的房屋建筑即使遭受雷击，也不会产生严重的损坏。如果我们要求发电厂内所有建筑物都具有直击雷保护，费用太高，很不经济。

对发电厂内的各种建筑物采取防雷措施时，如果是金属结构或金属屋顶，或者设备具有金属外壳，只需将金属部分接地即可，否则就应用避雷针或避雷线保护。要是附近已有高大建筑物屏蔽，并且上述这些设备已在它的保护范围之内，那么就不需再装避雷针或避雷线。避雷针和金属结构的接地，可以充分利用发电厂的总接地网，但在接地引下线与接地网连接处，应在其附近单独埋设几支铁管，作为加强的集中接地装置。例如：在发电厂烟囱附近的吸风机，就应埋设集中接地装置，一般应与烟囱的接地分开，其接地电阻值一般不应大于 10Ω。要是两者接地分开有困难时，吸风机的电源线应采用电缆，其金属外皮应与接地装置相连接。

对于砖或钢筋混凝土的烟囱，应在其顶部装设避雷针，并敷设可靠的接地引下线（多根焊接的钢筋可以代替引下线）。每个烟囱所需避雷针的支数，可根据烟囱顶部的外直径和烟囱高度，按表 3-4 确定。避雷针应沿烟囱口均匀布置。

金属的烟囱或油箱等，由于它本身就是导电体，所以不必在它上面装设避雷针和引下线，只要将它可靠接地就行了（从周围引下，多接几处）。一般发电厂的主厂房基本上均处在烟囱或其他高大建筑物的遮蔽范围之内，所以也不必装设专用的直击雷保护装置。

对于储存爆炸性或易燃性材料的仓库，仅用避雷针保护，有时还不能完全防止雷电对它的危害，可以采用铁线编成的避雷网来保护，用支持物架设在仓库的上方，并将网可靠接地。这种金属网状笼罩物不但可以防止直击雷，而且还有屏蔽的作用，能够防止由静电感应引起的危害。

表 3-4　　发电厂烟囱安装避雷针的支数

烟囱结构	烟囱尺寸（m）		避雷针支数
	顶部外直径	高度	
钢筋混凝土	2.5	≤150	3
	3.0	≤150	3
	3.5	≤150	3
	4.0	≤150	3
	5.0	≤150	4
	6.0	≤150	4
	7.0	≤100	4
	7.0	100～150	6*
	8.0	≤100	4*
	8.0	100～150	6*
砖	1.0	≤100	3
	1.5	≤100	3
	2.0	≤100	3
	2.5	≤150	3
	3.0	≤150	3
	3.5	≤150	3
	4.0	≤150	3
	5.0	≤150	4
	6.0	≤150	4

注　带“*”的避雷针伸出烟囱顶部的高度为 2.3m，不带“*”的避雷针伸出烟囱顶部的高度为 1.8m。

对发电厂内的主厂房、主控制室和 35kV 及以下的屋内配电装置，应考虑装设直击雷保护。但在这些建筑物上装设避雷针后，要防止反击有很大的困难，因此不宜在上述这些建筑物上直接装设避雷针。要是在建筑物顶上装有某些生产设备，则应将其金属外壳和电缆的金属外皮可靠接地，且其接地引下线到厂房内电气设备的空气绝缘距离应尽量保持 3m 以上，最小不得低于 1.5m，以免危及厂房内设备的安全（在计算这一距离时，如墙是用非导电材料砌成，可按墙厚度的 3～5 倍折算成空间距离来考虑）。如为了保护发电机和变压器之间的母线桥或软连线，只能在主厂房顶上装设避雷针时，则应采取严格的防止反击的措施，以免对电气设备发生反击事故。国内某两个地区曾因在配电装置室上装有避雷针，避雷针上落雷时对屋内配电装置发生了反击事故，应引为教训。为了防止反击，避雷针或避雷带的接地引下线应多根引下（至少两根，距离不大于 30m），并应尽量远离主厂房内的电气设备，且每一根接地引下线附近均应加装集中的接地装置。沿厂房四周还应埋设环形水平接地体，将各个集中接地装置连在一起接地，这些接地体与厂房内的电气设备的接地网之间地中距离不宜小于 3m。此外，最好将主厂房混凝土结构中的钢筋焊接在一起可靠接地。必要时对电气设备还可以考虑装设阀型避雷器以防止反击的方案。

在有爆炸性危险的建筑物或设备上，严禁装设避雷针或避雷线，必须用独立避雷针或避雷线保护，并应采取防止感应雷的措施，以免发生雷击后造成严重后果，给国家造成不可弥补的损失。

如果避雷线必须拉到主厂房上固定时，最好经过一串绝缘子再与厂房相连接，绝缘子的片数应经过计算来确定，以防止发生反击事故。绝缘子串的固定点还应作集中接地。

3. 发电厂配电装置的防雷保护

发电厂内除了发电机以外，尚有配电装置，这一部分设备的过电压保护也是十分重要的，因此必须严格按照《过电压保护设计规范》有关的规定来执行，采取完善的保护措施，以防止事故的发生。

发电厂内配电装置的保护原则基本上和变电所的保护原则相同，但由于重要性大，因此要求更严格一些。首先要求做到：凡是露天的配电装置必须完全处于发电厂的直击雷保护范围之内。由于发电厂内建筑物较多，避雷针的数目亦相应的多一些，而它们之间高低相差很大，分布亦极不规则；为此对配电装置的直击雷保护范围必须经过认真的验算，保证不出现空白点。为了节约国家资金，对厂内各种高大建筑物应充分予以利用。避雷针的保护范围还应包括架空线路出线的最后一个挡距。其次是对进行波的保护问题，由于发电厂是电力系统的心脏，出线较多，遭受雷击的机会也就相应地增加了。为此，对发电厂的每一路出线都应严格按照《过电压保护设计规范》的要求，加装必要的防雷设施，尤其是出线段的直击雷保护部分如用避雷线保护，则其保护角必须尽可能做到为 20°以下，最大不宜超过 30°。如果加装避雷线有一定困难时，则应考虑加装避雷针来保护。同时对进线保护段的两端还应加装管型避雷器。国内外都有过这类事故教训，必须认真汲取。在发电厂升压站的母线上必须加装阀型避雷器或 MOA，其位置应尽可能靠近主变压器，并注意做好绝缘配合，保证在任何运行方式下，避雷器到最远的被保护设备的距离能够保持在允许范围以内。避雷器的接地端应经最短的路径和配电装置的总接地网相连接。为了降低接地网上的电压降，并使通过避雷器的电流尽快泄入大地，还应在其附近加装集中接地装置。

4. 发电机过电压保护的设备和电气接线

发电机（包括同步调相机、高压电动机和变频机等）的过电压保护必须具有完善的进线保护，并应在母线上装设FCD型避雷器（保护旋转电机专用的阀型避雷器）或MOA和静电电容器。中性点亦应采用适当的阀型避雷器或MOA来保护。

由于FCD型避雷器或MOA均具有较好的电气特性，在通过的电流为5kA时，避雷器的残压相当于电机绕组按出厂试验所规定的冲击电压。发电机母线上装了电容器可以降低侵入波的陡度，能起到保护电机匝间绝缘的作用。

由于直配发电机直接与架空输电线路相连接，其进线段保护显得尤其重要。利用进线段上装设的管型避雷器或阀型避雷器，以便将线路上绝大部分的雷电流向大地泄放，并充分利用进线保护段上有关设备的电感或互感的作用，使FCD型避雷器或MOA中通过的电流限制在额定值3～5kA以下。在上述条件下，进线段首端容许的最大计算雷电流值即为保护接线的耐雷水平。在一般情况下，这一保护水平可按50kA来考虑。

电机的保护接线图种类很多，不同容量的电机应采用不同的保护接线方式，同时也要考虑当地雷电活动的情况、供、电可靠性的要求、电机本身绝缘状况和保护设备的具体条件，贯彻安全、经济和合理的原则。

3.2.5 配电网的过电压保护

配电网具有设备多和分布广的特点，它担负着向广大用户供电的任务，如果发生雷害事故，就会直接影响用户用电，而且还会威胁人身安全。因此，不断加强配电网的过电压保护工作，是供电工作者的一项光荣任务。

由于配电网电压等级较低，其绝缘水平也就相应地比较低，所以往往容易发生雷害事故。运行经验证明：配电网的雷害事故约占整个电力系统全部雷害事故的70%～80%，其比重是很大的，严重地威胁着供电的安全。因此，我们必须大力加强配电网的防雷保护工作，方能大量地消灭雷害事故，保证供电的安全。但是由于配电网的设备很多，且分布很广，所以防雷保护措施所需的投资是很大的。为此，我们在配电网的防雷保护工作中应该尽量采取经济有效的措施，认真贯彻安全和经济相结合的原则。

配电线路杆塔的平均高度要比送电线路的杆塔为低，同时还有相当一部分配电线路是处在城市之中，线路的周围可能受到附近建筑物和树木的遮蔽，这样配电线路遭受直击雷的机会也相对地少一些，这是有利的一面。但是，配电网绝缘水平较低，配电线路线间距离也较小，遭受直击雷后线路很容易引起跳闸，即使感应雷也可能造成绝缘子的闪络故障，这是不利的一面。在进行配电网的防雷工作时，应该充分考虑这

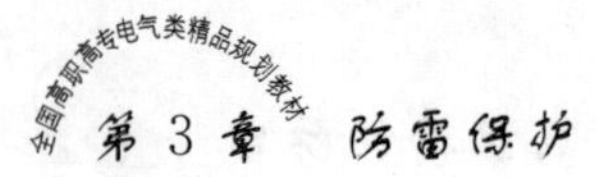

些因素。

我国3～10kV电压等级的配电线路，20世纪50年代大部分采用木质电杆。为了节约木材，后来大批采用了钢筋混凝土杆。横担有木质的，也有用角钢制成，20世纪60年代开始采用瓷横担。杆塔本身的条件直接关系到配电线路的耐雷水平，其中以木杆木横担的线路耐雷性能最好，钢筋混凝土杆如能采用木横担，也能大大提高配电线路的耐雷水平。但木质部件往往容易被雷电劈裂，同时在多雨雪地区或污秽地带，还容易引起烧木材的事故。因此，为了给国家节约木材，在雷电活动较少的地区，应尽可能不用木杆或木横担。一般地区已很少采用木杆木横担，而是用钢筋混凝土杆代替。为了提高线路绝缘水平，可以采用瓷横担或高一级的绝缘子。

由于配电线路的绝缘水平较低，遭受直击雷或感应雷时都容易引起绝缘子的闪络，造成线路跳闸。为了保证对用户不间断供电，应广泛采用重合闸装置，在配电线路的支线上也应考虑加装一次重合熔断器，以缩小故障停电的范围。坚持每条线路普遍加装重合闸，是配电线路防雷的重要原则之一。有的配电网可以采用重合器、分断器和熔断器配合使用。

对配电线路上的绝缘弱点和交叉跨越的地点以及个别较高的杆塔，除应适当加强绝缘外，还应采取适当的保护措施，以免发生意外的事故。

对配电线路上的所有电气设备，如配电变压器、柱上断路器和隔离开关等，应根据其重要性分别采用不同的保护设备，如阀型避雷器，管型避雷器或保护间隙，应该做到台台设备有防雷保护，不存在任何空白点。

对低压线路的防雷保护问题也不可忽视，应在必要的地点加装低压避雷器或击穿保险器，最低限度应将进建筑物前的低压架空线路绝缘子的铁脚接地，起一个放电间隙的作用，以防止雷电波侵入室内，引起人身或设备事故。

3.2.6 建筑物的防雷保护及其要求

3.2.6.1 建筑物的防雷保护

建筑物根据其重要性、使用性质、发生雷击事故的可能性和后果，按防雷要求分为三类。

1. 第一类防雷建筑物及其防雷措施

第一类防雷建筑物是指制造、使用或储存大量爆炸物质的建筑物或正常情况下能形成爆炸性混合物，因电火花而会发生爆炸，造成巨大破坏和人身伤亡等爆炸危险环境的建筑物。如制造、使用或储存大量炸药、火药、起爆药等物品的建筑物。

第一类防雷建筑物的防雷措施：应装设独立避雷针防止直击雷；对非金属面应敷设避雷网，室内一切金属设备和管道，均应良好接地并不得有开口环路，以防止

感应过高压；采用低压避雷器和电缆进线，以防雷击时高电压沿低压架空线侵入建筑物内，见图3-17。图中采用低压电缆与避雷器防止高压位侵入时，电缆首端设低压FS型阀型避雷器与电缆外皮及绝缘子铁脚共同接地；电缆末端外皮一般须与建筑物防感应雷接地电阻相连。当高电位到达电缆首端时，避雷器击穿，电缆外皮与电缆芯相通由于集肤相效应及芯线与外皮的互感作用，便限制了芯线上的电流通过。当电缆长度在50m以上、接地电阻不超过10Ω，绝大部分电流将经电缆外皮及首端接地电阻入地，其上压降即为侵入建筑物的电位，通常已可降低到原值的1%～2%以下。

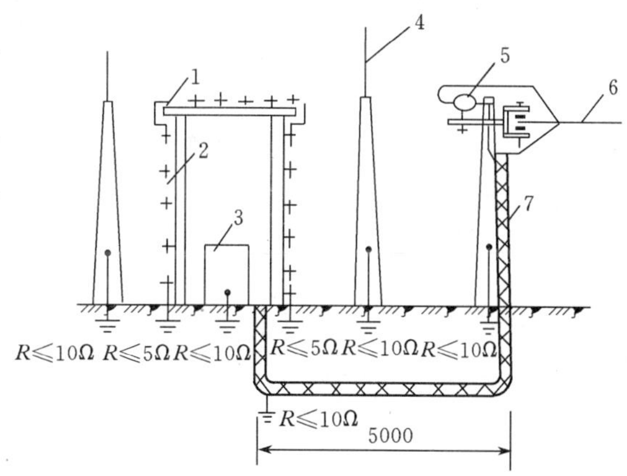

图3-17 第一类建筑物防雷措施示意图

1—避雷网（防止感应雷）；2—引下线；3—金属设备；4—独立避雷针（防止直击雷）；5—低压避雷器；6—架空线；7—低压电缆（防止高电位引入）

2. 第二类防雷建筑物及其防雷措施

第二类防雷建筑物：其划分条件同第一类，但在因电火花而会发生爆炸时，不致引起巨大破坏和人身伤亡，或政治、经济及文化艺术上具有重大意义的建筑物。如国家重点文物保护的建筑物、大型火车站、国家级的会堂和办公建筑物等。

第二类防雷建筑物的防雷措施：这类建筑物可在其上装设避雷针或采用避雷针和避雷带混合保护，以防直接雷；室内一切金属设备和管道，均应良好接地并不得有开口环路，以防止感应雷；采用低压避雷器和架空进线，以防高电位沿低压架空线侵入建筑物内，见图3-18。图中采用低压避雷器和架空进线防止高压位侵入时，必须将150m内进线段所有电杆上的绝缘子铁脚都接地；低压避雷器装在入户墙上。当高电位沿架空线侵入时，由于绝缘子表面发生闪络及避雷器击穿，便降低了高电位，限制了高压位侵入。

3. 第三类防雷建筑物及其防雷措施

第三类防雷建筑物：凡不属第一、二类防雷建筑物但需要实施防雷保护的建筑物。如学校、医院、影剧院、办公楼、省级重点文物保护的建筑物及省级档案馆等。

第三类防雷建筑物的防雷措施：这类建筑物防止直接雷可在建筑物最易遭受雷击的部位（如屋脊、屋角、山墙等）装设避雷带或避雷针进行重点保护；若为钢筋混凝土屋面，则可利用其钢筋作为防雷装置；为防止高电位侵入，可在进户线上安装放电间隙或将其绝缘子铁脚接地，见图 3-19。

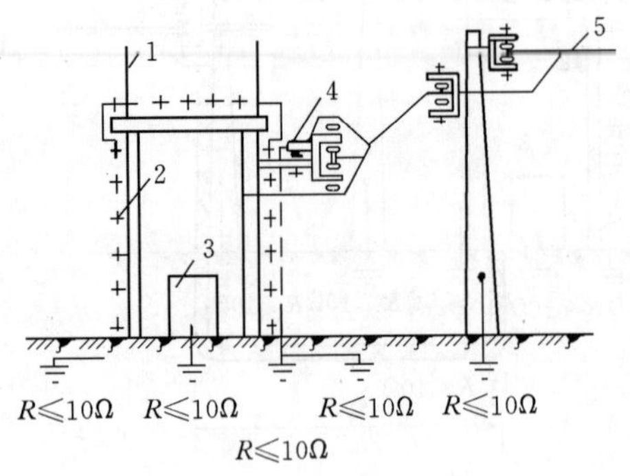

图 3-18 第二类建筑物防雷措施示意图

1—避雷针（防止直击雷）；2—引下线；3—金属设备；4—低压避雷器（防止高电位引入）；5—架空线

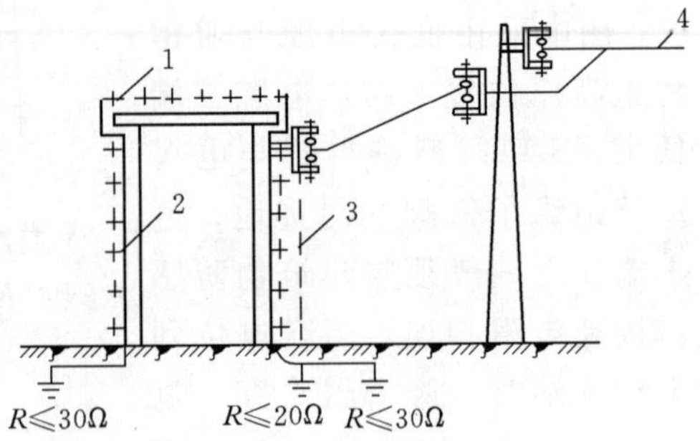

图 3-19 第三类建筑物防雷措施示意图

1—避雷带（防止直击雷）；2—引下线；3—烧瓶铁脚接地（防止高电位引入）；4—架空线

3.2.6.2 对建（构）筑物防雷装置的要求

（1）建（构）筑物接地的导体截面应不小于表 3-5 中所列数值。

表 3-5　建（构）筑物雷接地装置的导体截面

防雷装置		圆钢直径（mm）	钢管直径（mm）	扁钢截面（mm^2）	角钢厚度（mm）	钢绞线截面（mm^2）	备注
接闪器	避雷针在 1m 及以下时	≥φ12	≥φ20				应镀锌或涂漆，在腐蚀性较大的场所，应增大一级或采取其他防腐蚀措施
	避雷针在 1～2m 时	≥φ16	≥φ25				
	避雷针装在烟囱顶端	≥φ20	≥φ40				
	避雷带（网）	≥φ8		≥12×4			
	避雷带装在烟囱顶端	≥φ12		≥25×4			
	避雷网					≥35	
引下线	明设	≥φ8		≥12×4			应镀锌或涂漆，在腐蚀性较大的场所，应增大一级或采取其他防腐蚀措施
	暗设	φ10		20×4			
	装在烟囱上	≥φ12		≥25×4			
接地体	水平埋设	φ12	φ50（壁厚≥3.5mm）	≥25×4			在腐蚀性土壤中应镀锌或加大截面
	垂直埋设				≥4		

(2) 引下线要沿建（构）筑物外墙敷设，并经最短路径接地，当建筑艺术有专门要求时，也可采取暗敷方式，但其截面要加大一级。

(3) 建（构）筑物的金属构件，消防梯、钢柱等可作为引下线，但所有金属部件之间应连接成良好的电气通路。

(4) 采用多根引下线时，为了便于检查接地电阻以及检查引下线、接地线的连接状况，宜在各引下线距地面 1.8m 处设置断接卡。

(5) 易受机械损伤的地方，在地面上约 1.7m 至地下 0.3m 处的一段应加保护管。保护管可为角钢或塑料管。如用钢管则应顺其长度方向开一豁口，以免高频电流产生的磁场在其中引起涡流而导致电感量增大，加大了接地阻抗，不利于雷电流入地。

(6) 建（构）筑物过电压保护的接地电阻值应能符合要求，具体规定可见表 3-6。

表 3-6　　建（构）筑物过电压保护的接地电阻值

建（构）筑物类别		直击雷冲击接地电阻（Ω）	感应雷工频接地电阻（Ω）	接地电阻（Ω）	接地电阻（Ω）	接地电阻（Ω）
工业建筑	第一类	≤10	≤10		≤10	≤20
	第二类	≤10	与直击雷共同接地 ≤10		≤5	入户处 10 第 1 根杆 10 第 2 根杆 20 架空管道 10
	第三类	20～30		≤5		≤30
	烟囱	20～30				
	水塔	≤10				
民用建筑	第一类	5～10		1～5	≤10	第 1 根杆 10 第 2 根杆 30
	第二类	20～30		≤5	20～30	≤30

3.3 防雷装置的安装与维护

3.3.1 避雷针的装设规定与要求

为了防止雷直击于电气设备和建筑物，一般采用避雷针保护。

用避雷针进行直击雷保护时，应使需要保护的所有设备和建筑物都处于避雷针保护范围之内。

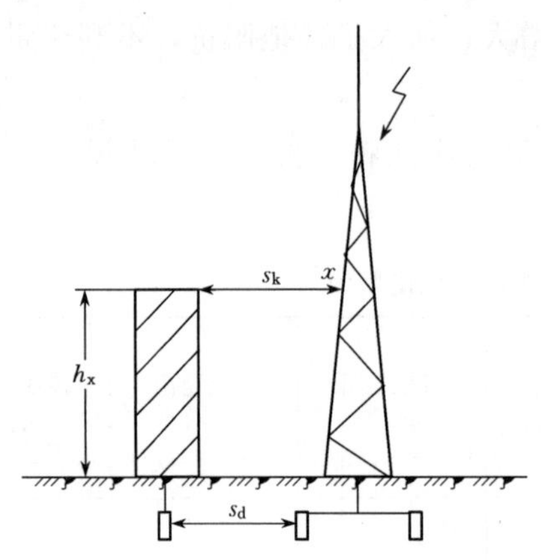

图 3-20 孤立避雷针与被保护设备间的距离

当避雷针受到雷击后，它的对地电压可能很高，若针与被保护设备之间的电气距离不够，就可能发生避雷针对被保护设备放电，这种情况我们称为反击（或逆闪络）。因此，还应采取措施，防止雷击避雷针时产生反击事故。

在确定避雷针的位置及安装时，应注意下列规定与要求：

（1）独立避雷针与被保护物之间应保持一定的空间距离 s_k，见图 3-20，以免雷击避雷针时，引起反击事故。在一般情况下，s_k 不应小于 5m。为了降低雷击避雷针时感应过电压的影响，在条件许可时，此距离宜适当增加。

（2）避雷针的接地体与被保护物的接地体之间也应保持一定的地中距离 s_d，见图 3-20，以免当避雷针上受雷击时在土壤中向被保护物接地体发生闪络。在一般情况下，s_d 不应小于 3m。

（3）35kV 及以下的配电装置，因为其绝缘水平较低，故其架构或房顶不宜装避雷针。在变压器的门型架构上，也不应装设避雷针、避雷线。

（4）对 60kV 及以上配电装置，因电气设备或母线绝缘水平较高不易造成反击，为了降低建设投资并便于布置，允许将避雷针装设在门型架构或房顶上，但不能装在主变压器的门型架构上。

（5）独立避雷针不应设在经常通行的地方，距道路应不小于 3m。

（6）为防止雷击避雷针时，雷电波沿线路侵入室内，危击安全，凡照明线、广播线、天线或电话线等严禁架设在独立避雷针上。

（7）若利用独立避雷针（线）构架安装照明灯时，照明灯电源线路必须采用铠装

或铅包电缆或是穿入金属管的导线，并要直接埋入地中 10m 长以上，然后才允许与 35kV 及以下配电装置的接地网相连接。

3.3.2 避雷针的制作及安装工艺

3.3.2.1 避雷针针尖的制作方法

避雷针通常由雷电接闪器（避雷针的针尖）、支持物和接地装置三部分组成。避雷针尖是由一根约 ϕ16mm，长 1～2m、顶端车削成尖形（70mm 长）的圆钢，或用顶部打扁并焊接封口的空心钢管（ϕ25mm 以上）制成，见图 3-21。通过避雷针针尖的作用，将雷电放电的通路引向自身，又经与它相连的引下线和接地装置把雷电流泄入大地，使被保护物免受直接雷击。所以避雷针实质上是引雷针，其针尖与引下线的连接工艺与尺寸如图 3-22 所示。

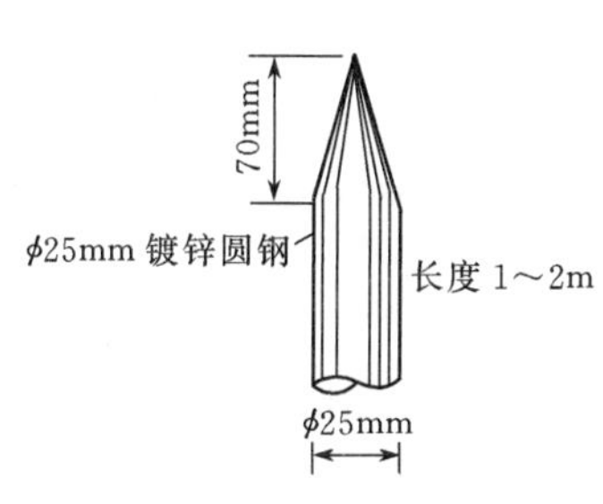

图 3-21 避雷针针尖做法

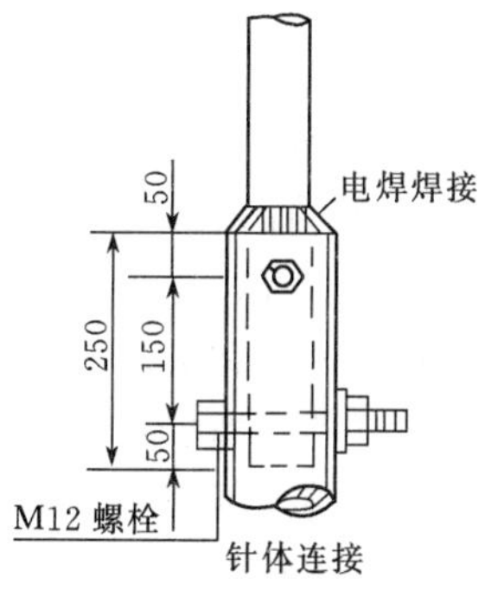

图 3-22 避雷针与引下线的连接（单位：mm）

3.3.2.2 避雷针的施工工艺

(1) 避雷针可安装在钢筋混凝土电杆、木杆或角钢、圆钢焊接而成的金属杆塔上，并用接地引下线将其与接地体相连。避雷针引下线的下端必须与接地装置焊接牢靠。

(2) 引下线如采用圆钢，直径不得小于 ϕ8mm，如采用扁钢则厚度不得小于 12mm×4mm。

(3) 当装在钢筋混凝土杆上时，也可采用其钢筋作接地引线；若装在金属杆上时也可利用金属杆本身作接地引线而不必设接地引线。

(4) 接地引线引至接地体应短而直，避免转弯

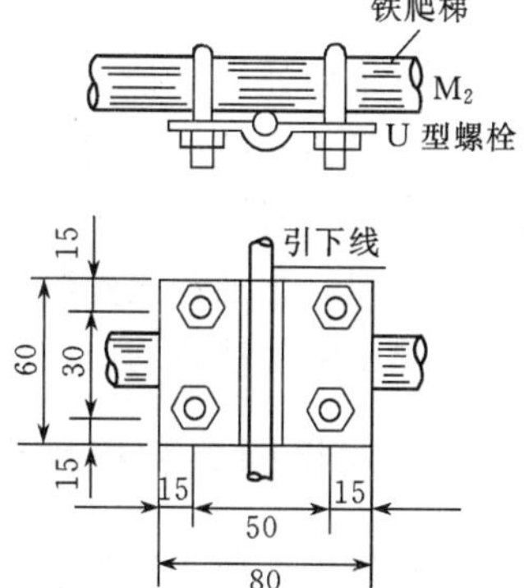

图 3-23 防雷接地体（极）的装设（单位：mm）

和穿越铁管等闭合结构，以减小其感抗；避雷针的引线安装要固定与可靠。

（5）避雷接地体的装设和引下线的固定方法，分别如图 3-23 和图 3-24 所示。

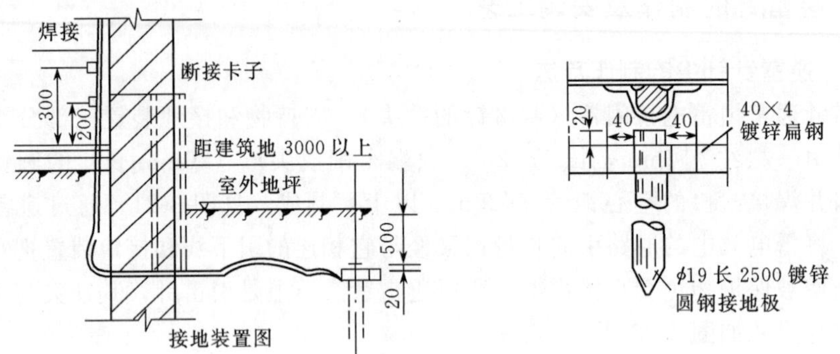

图 3-24 避雷针引下线的固定（单位：mm）

3.3.2.3 避雷针与有爆炸危险的易燃油储罐的安全距离

对有爆炸危险及可能波及变配电所内主要设备、严重影响供电的建（构）筑物，如制氢站、露天氢气储罐、氢气罐储存室、易燃油泵房、露天易燃油储罐、厂区内架空易燃油管道、装卸油台和天然气管道及露天天然气储罐等应采用独立避雷针保护，并要采取防止感应雷的措施。避雷针和它们之间的空间与地中距离除应符合前述之 s_k 和 s_d 值之间要求外，还应满足以下要求：

（1）避雷针与储罐呼吸阀的水平距离不应小于 3m，针尖要高出呼吸阀 3m 以上；避雷针的保护范围边缘要高出呼吸阀顶部 2m 以上；避雷针与 5000m^3 以上储罐呼吸阀的水平距离不应小于 5m，针尖要高出呼吸阀也不应小于 5m。

（2）在露天储罐周围应设置闭合环形接地体，且其接地电阻不应超过 30Ω，接地点不应小于两处，接地点间距不可大于 30m；架空管道每隔 20～25m 应接地一次，其接地电阻不应超过 30Ω。

（3）若金属罐体和管道的壁厚不小于 4mm 并已接地时，也可不在避雷针的保护范围内；但易燃油和天然气储罐及其管道必须在避雷针的保护范围。易燃油储罐的呼吸阀和热工测量装置均应实行重复接地，即与贮罐接地体另用金属线妥善连接。

3.3.3 对接闪器和接地装置的技术要求

（1）接闪器所用材料的尺寸应能满足机械强度和耐腐蚀的要求，还要有足够的热稳定性，以使其能承受雷电流的热破坏作用。

（2）避雷针一般用镀锌圆钢或钢管制成。针长 1m 以下者，圆钢不小于 ϕ12mm，

钢管不小于 ϕ20mm；针长 1～2m 者，圆钢与钢管分别不小于 ϕ16mm 和 ϕ25mm；装设在烟囱上方时，由于烟气有腐蚀作用，要求采用 ϕ20mm 以上的圆钢。

(3) 避雷线一般采用截面积不小于 35mm^2 的镀锌钢绞线。

(4) 避雷网和避雷带这类接闪器的制作材料可采用镀锌圆钢或扁钢。圆钢不得小于 ϕ8mm；扁钢不得小于 12mm×4mm。若装设在烟囱上方时，则圆钢不小于 ϕ12mm。

(5) 接地装置是防雷装置的重要组成部分。经它向大地泄放雷电流，以限制防雷装置的对地电压不致过高。它与一般接地装置的要求大体相同，仅所用材料的最小尺寸稍大一些：采用圆钢最小为 ϕ10mm（一般接地装置是 ϕ8mm）；扁钢最小为 25mm×4mm（一般接地装置为 12mm×4mm）；角钢最小厚度为 4mm；钢管壁厚为 3.5mm。

(6) 除独立避雷针外，在接地电阻值能满足要求的前提下，防雷接地装置可以和其他接地装置共用。

(7) 防雷接地电阻一般指冲击接地电阻。规定允许的接地电阻值，根据防雷种类建（构）筑物的类别而定，见表 3-6。防直击雷的接地电阻一般不得大于 10～30Ω；防静电感应的接地电阻不得大于 5～10Ω；防雷电侵入波的接地电阻一般不得大于 5～30Ω。

(8) 防雷接地装置应进行热稳定校验。热稳定包括两方面的要求：一是接地体应有足够表面积，以保证其周围土壤不致过热而使土壤电阻增大；二是钢质接地体本身要有足够的截面积，以保证其温度不致过高。

3.3.4 阀型避雷器的安装与使用

3.3.4.1 安装前的试验项目

避雷器运到现场后先要进行检查，验看瓷体上有无裂缝，瓷套底座和盖板之间封闭是否完好，用手轻轻摇动里面不应有响声。安装前应对阀型避雷器进行必要的电气试验，如工频交流耐压试验，直流泄漏电流测量和绝缘电阻定等。其测量值应满足要求，否则，避雷器将失去防雷保护作用，甚至造成避雷器爆炸事故，安装投运前，用户（或委托当地供电部门）一般应进行下列试验：

(1) 测量电导电流。在 20℃时，阀型避雷器电导电流允许值，对 FS 阀型避雷器不超过 10μA，FZ 阀型避雷器一般不超过 400μA 左右。

(2) 测量非线性系数。对非线性系数的相差值，规定允许为 0.15。

(3) 测量绝缘电阻。应使用 2500V 及以上的兆欧表，测量结果一般不应低于 2000MΩ，且与出厂试验结果应无明显变化。

(4) 测量 FS 型避雷器的工频放电压。其电压允许值可参见表 3-7（其他型号可另按制造厂的规定）。

表 3-7　FS 型避雷器的工频放电电压（kV）

额定电压		3	6	10
工频放电电压（kV）	新　品	9～11	16～19	26～31
	运行品	8～12	15～21	23～33

3.3.4.2 阀型避雷器的安装工艺

这里介绍 10kV 以下变配电所常用的国产 FS 型阀型避雷器的安装，这种避雷器体积较小，一般安装在墙上或电杆上。装在墙上时应有金属支架悬挂，装在电杆上则应有横担悬挂。安装前，应根据设计要求将金属支架或横担加工好，然后再装设避雷器，见图 3-25。

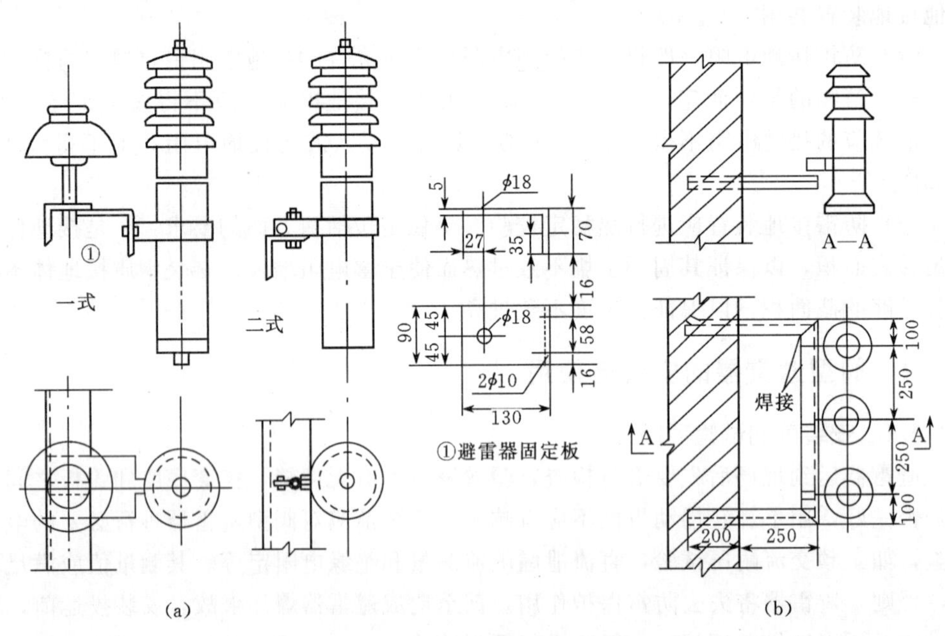

图 3-25　FS 型阀型避雷器安装方式
(a) 户外安装法；(b) 户内安装法

安装阀型避雷器的注意事项：

（1）阀型避雷器与被保护设备间的电气距离，原则上越近越好，以便被保护设备能得到有效地保护，一般不宜大于 5m。

（2）安装在变压器台上的避雷器，其上端引线（电源线）最好接在跌落式熔断器的下端。当跌落式熔断器合上后，避雷器和变压器同时投入运行；跌落式熔断器拉开

后，它们又同时停止运行，避免避雷器长期处于工频电压或操作过电压作用下。

(3) 避雷器必须垂直安装，倾斜应不大于15°。对周围物体的距离要求是：带电部分与相邻导线或金属构架的间距不小于0.35m；底座对地不小于2.5m。

(4) 避雷器的引线应连接牢靠，它与母线、导线的接头长度应不小于100mm。为防止松动，最好用弹簧垫圈或双螺母紧固。引线不应过松过紧，且不允许有接头。截面不得小于：铜线16mm^2，铝线25mm^2。

(5) 户外避雷器应用镀锌螺栓将其上部端子接到高压母线上，下部端子接至接地线。接地线要尽可能短而垂直，截面应合乎规定要求。

3.3.4.3 避雷器的使用及事故处理

1. 避雷器的投运及预防性试验

(1) 每年投入运行的时间，应根据当地雷电活动情况确定，一般由当地供电部门统一部署。通常是在每年2月中旬或3月初到10月底或11月中旬的这段时期内投入运行。雷雨季节过后应及时退出运行，以延长其使用寿命。

(2) 测定阀型避雷器的绝缘电阻值，可以发现避雷器内部缺陷。它是最简单的预防性试验要在每年雷雨季节前进行一次测定，测量时应选用2500V及以上兆欧表，FS型避雷器的绝缘电阻值一般应大于2000MΩ（最少不低于1000MΩ）。

(3) 试验测得的绝缘电阻值还应与前一次测量的结果及出厂时的测定结果相对比。若有显著下降，一般是由于密封破损致使受潮或火花间隙短路；如有显著增高，一般系弹簧不紧或内部元件分离等原因造成（对FZ型阀型避雷器还可能是由于并联电阻断裂或接触不良所致）。

2. 10kV、6kV避雷器不能混用

由于10kV避雷器的工频放电电压和残压均高于6kV电气设备的耐压水平，若将10kV避雷器用于6kV系统或设备上，则根本不能保护6kV系统及设备；反之，额定电压为6kV的避雷器同样也不能用于10kV系统或设备上。因为10kV系统的内过电压水平可高达23kV（指“相”对“地”），而6kV避雷器的工频放电电压约为15～21kV，灭弧电压仅为7.6kV。故在内过电压作用下便会引起误动作，且不能灭弧，势将导致避雷器爆炸。这就不仅不能作为外过电压保护，倒反而成为引发事故的根源。

3. 运行中避雷器突然爆炸的原因

(1) 中性点不接地系统中发生单相接地时，可能使非故障相的对电压升高到线电压。此时避雷器所承受的电压虽小于其工频放电电压，但在持续过电压作用下，也可能会引起爆炸。

(2) 电力系统发生铁磁谐振过电压时，可能会使避雷器放电（阀型避雷器是不允许在这种情况下动作的），从而烧损其内部元件而引起爆炸。

（3）当线路受到雷击、避雷器正常动作后，由于自身火花间隙灭弧性较差，工频续流要经几次过零时，电弧才能熄灭，这样，因电弧燃烧时间加长，间隙多次重燃，阀片电阻烧坏，从而引起避雷器爆炸。

（4）避雷器的阀片电阻不合格，残压虽然降低但续流却增大了，由于间隙不能灭弧，阀片会因长时间通过续流而烧损，进而引起爆炸。

（5）避雷器由于瓷套密封不良运行中容易受潮甚至进水等，也很可能引起爆炸。

4. 运行中发现瓷套管有裂纹的处理

巡视检查中若发现避雷器瓷套管有裂纹时，应根据现场实际情况分别作如下处理：

（1）向上级报告并申请停电，在得到批准并同时做好各项安全措施后，进行更换。

（2）暂无备品可供更换时，在不致威胁供电系统安全运行的前提下，可先采取防止受潮的临时措施（如在裂纹处涂漆或环氧树脂），同时应尽快安排在短期内更换新品。

（3）若发现时正值雷雨天气，则应尽可能不使其退出运行，待雷雨过后再行处理。

（4）若因裂纹引起放电但尚未导致接地现象时，应即设法先将故障相的避雷器停用，以免引起事故扩大。

3.3.5 防雷保护装置的检查和维护

3.3.5.1 避雷针（线、带、网）的检查与维护

（1）检查避雷针（线、带、网）各处明装导体是否有裂纹、歪斜与锈蚀，或因机械力损伤而发生折断现象，各导线部分的电气连接是否紧密牢固。发现接触不良或脱焊时应及时进行检修。

（2）检查接闪器有无因遭受雷击而发生熔化或折断情况；检查引下线是否短而直，引下线距地2m一段的保护有无破损情况；检查断接卡子有无接触不良情况。

（3）检查避雷线是否每基杆塔处都有可靠接地，以及有无与避雷器的接地线共同接地情况；检查接地装置周围的土壤有无沉陷情况，有无因挖土方敷设其他管道与种植树木等而挖断或损伤接地装置情况。

（4）检查有无由于修缮建筑物或建筑物本身的变形，而使防雷保护装置受到影响或发生变化；检查木质结构的接闪器支架有无腐朽现象。

3.3.5.2 保护间隙的检查与维护

（1）雷雨后应对保护间隙进行特殊巡视。由于保护间隙的灭弧性能较差，动作时

往往容易被烧坏，故发现损坏时必须及时维修或更换。

(2) 检查保护间隙的距离有无变动，如有变动，则必须及时加以调整。

(3) 检查间隙的电极是否烧伤、锈蚀或支持绝缘子是否发生闪络。如有严重烧伤或闪络现象，应及时更换或检修。

(4) 检查保护间隙有无被鸟巢或冰雪堆积而存在引发短路的可能，如有应立即清理。

(5) 检查导线及接地引下线是否有断股或接触不良情况，如有要及时处理。

(6) 在测试线路绝缘子时，对支持保护间隙电极的绝缘子亦应进行测试。若发现不合格时，应及时更换。

3.3.5.3 管型避雷器在运行中的检查与维护

管型避雷器是分散安装在线路的杆塔上的，因此凡是安装在变电所进线段终端杆上的管型避雷器（F2），最好由变电所值班人员在巡视其他设备时一起进行检查；而安装在线路上的，则应由巡线人员进行巡视和检查。一般每次雷雨以后，当线路发生了遮断而自动重合时，应进行一次特殊巡视，这时要特别注意雷击点附近的杆塔上所装管型避雷器是否已经动作以及管型避雷器本身有无损坏等情况。巡视检查管型避雷器时，应注意以下几个方面：

(1) 避雷器动作指示器是否已动作？或所包的纱布有没有破？

(2) 避雷器的固定和外部火花间隙的情况。

(3) 避雷器外部有无闪络、烧伤和破裂？

(4) 间隙和固定避雷器金具的情况。

(5) 接地引下线的情况。

有下列情况之一时，应该利用线路停电机会登杆对管型避雷器进行一次检查：

(1) 凡冬季不拆下的避雷器，在每年雷雨季投入运行前。

(2) 当发现避雷器有损坏或安装情况不良时。

(3) 避雷器动作三次以上。

管型避雷器的主要检查项目如下：

(1) 外部间隙的数值。

(2) 避雷器的表面状况。

(3) 避雷器固定的牢固程度。

(4) 塑料管型避雷器的管体是否有裂纹？

(5) 避雷器的终端和外部间隙电极上有无熔化的痕迹。

(6) 动作指示器的状态。

没有动作过的和表面绝缘漆层良好的管型避雷器，可以在冬季不拆卸。但为了防止在冬季由于内过电压而发生误动作，应在雷季后将外间隙的电极拉开。一般管型避雷器每三年至少应拆下进行一次检修。

管型避雷器拆下后，首先应检查管内是否有污物或昆虫堵塞。如有堵塞时，可抽出棒形电极，用特制的通条清除。

管型避雷器的纤维管内壁在每次动作后均被电弧燃烧剥落，而使内径增加太大时，对避雷器的消弧性能会发生影响，所以必须注意检查管的内径。检查时应采用一套特制的量隙规。

对棒形电极也应进行检查，如果烧伤的痕迹不太严重，可用钢锉加以修整。如烧伤较严重，则应将它换掉，但必须使内部间隙的电极距离符合额定数值（110kV 和 35kV 管型避雷器允许误差为±5mm，3～10kV 的允许误差为±3mm）。

对管型避雷器开口端板形电极的星形齿烧损情况也应进行检查，它应和纤维管的内孔刚好对正或只能比管的内孔小 1～2mm。通常因电弧把管的内径烧大，使星形齿孔小于管孔太多时，应用圆锉锉掉。如果星形齿口太大，则当避雷器动作时喷出的气体可能把纤维管推出来，这时应把星形齿焊接。

由于管型避雷器本身结构上的特点，对它进行电气试验只能起参考作用，并不能作为决定管型避雷器能否继续使用的惟一依据，所以管型避雷器没有一定的电气试验项目和试验标准。主要依靠检查来决定，根据其内径烧损变大和内部间原烧损情况以及外皮绝缘漆层完好的情况，才能作出正确的判断。

如果管型避雷器外皮的绝缘漆层显著损坏或已被电弧烧伤较严重，都应拆下进行检修。即使漆层有很小的裂纹、发黑或起皱纹，也应该认为是不宜再运行，需拆下重新徐漆检修。在涂漆前除去原有漆层的过程中，如因部分胶木脱落而使管的外径比原来外径小 10%以上时，该避雷器就应淘汰。

3.3.5.4　阀型避雷器的检查与维护

（1）检查避雷器瓷套管表面是否污秽。若发现瓷套管表面污秽时，必须及时清扫。

（2）检查避雷器引线及接地引下线有无烧伤痕迹、断股现象以及放电记录器是否烧坏。这类检查最易发现避雷器的隐性事故。因避雷器动作后，接地引下线和记录器中只通过幅值不大（约 80A 以下）时间很短（约 0.01s）的工频续流，不会产生烧伤痕迹。若避雷器内部阀片存在缺陷或不能灭弧时，则通过工频续流的幅值与时间都将增大，接地引下线连接点上便会产生烧伤痕迹或使放电记录器内部烧黑与损坏。当发生上述情况时，应即设法将避雷器退出运行，进行详细检查，以免引起事故。

（3）检查避雷器的瓷套管有无裂纹、破损及放电痕迹；避雷器上端引线处的瓷套与法兰连接处的水泥缝密封是否良好，以免密封不良会进水受潮而引起事故；避雷器

的构架、遮栏是否牢固完整，基础是否下沉；要结合停电机会，检查阀型避雷器上法兰泄水孔是否畅通。

(4) 检查避雷器与被保护物的电气距离是否符合要求。避雷器至接地装置的接地引线要求短而且直且不允许套入铁管中。因雷电流经接地线泄入大地时，会在铁管中产生磁感电势，造成环流，由此产生磁通而阻止磁场变化，增大了波阻抗，也就相当于增大了接地电阻。

(5) 雷电后应检查雷电记录器的动作情况，避雷器表面有无闪络放电痕迹，避雷器引线及接地引下线是否松动和本体有无摇动。此外，为了能及时发现阀型避雷器内部的隐形缺陷，应在每年当地雷雨季节到来之前进行一次预防性试验。

(6) 当阀型避雷器存在下列缺陷时，应及时安排进行检修与试验。

1) 瓷套表面有裂纹或密封不良（应进行解体检查与检修)。

2) 瓷套表面有轻微碰伤（应经泄漏及工频耐压试验，合格后方能投入运行)。

3) 瓷套表面有严重污染（应及时进行清扫和试验)。

4) 瓷套及水泥结合处有裂纹、法兰盘和橡皮垫有脱落。

5) 检查放电记录器，发现避雷器动作次数过多。

6) 检查泄漏电流、工频放电电压大于或小于标准值。

7) 对于 FZ 和 FCD 型避雷器，泄漏电流小于允许标准值。

为了能及时发现阀型避雷器内部的隐形缺陷，应该在每年雷雨季节之前进行一次预防性试验。

3.3.5.5 防雷接地装置的检查与维护

接地装置是过电压保护装置一个重要组成部分，正确地进行检查和维护，经常保持它的合格与良好状态，是保证安全运行的重要环节。由于接地装置埋设在地下，除了检查其外观和接地引下线的连接情况外，主要靠测量接地电阻的结果来进行判断。

(1) 定期进行外观检查的主要内容包括：

1) 接地引下线每年的完整性和锈蚀程度，接地体附近地面有否挖开或出现异常情况。

2) 接地引下线每年在雷雨季节前应检查一次，埋入地下 50cm 深度以上的一段较易发生腐蚀，必要时应挖开地面进行检查，以观察其腐蚀情况。尤其对含重酸、碱、盐或金属矿岩等土壤地带的接地装置，一般每 5 年应开挖局部地面检查一次。

(2) 测量接地装置的接地电阻周期一般为：

1) 电厂和变电所的总接地网，每年测量一次。

2) 电厂和变电所的独立避雷针的接地装置，以及架构上所安装避雷针的集中接地装置，每年 3～5 年至少测量一次。

3）电厂和变电所内阀型避雷器的集中接地装置，每 1～2 年至少测量一次。

4）架空送电线路杆塔的接地电阻，每 5 年至少测量一次（测量时应将接地引下线与杆塔分开）；对于变电所进线段避雷线的接地电阻，一般每 2 年测量一次。

5）对架空配电线路上接地电阻，每 2～3 年测量一次。

6）一般工业建（构）筑物及民用建筑物，每隔 2～3 年至少测量一次。

7）暗装避雷网或利用钢筋作引下线的工程，由于设计规定与要求常很可靠，但每隔 5～6 年必须由顶部明装避雷线的地方或在首层配电屏接地端子处测量一次。

（3）测量接地电阻要在雷雨季节前、土壤电阻率相对较大的季节内进行，即夏季土壤最干燥时期或冬季土壤冰冻最甚时期，以保证所测接地电阻的代表性与准确性。

（4）根据检查情况，若发现有不合格的地方，应及时进行补救处理。如接地引下线的断续卡接触不良就应除锈拧紧；当导体腐蚀达 30%以上时则应更换导体等。应注意，对电气设备或建筑物的防雷接地装置进行修理或补救处理时，必须按原设计图纸要求施工。

3.3.6　防止雷击伤人

3.3.6.1　防止雷击伤人应注意的问题

（1）雷雨时雷云会直接对人体放电。雷电流泄入大地时产生的对地电压，或是发生二次放电时，都可能会造成人身伤亡事故。

（2）雷雨时除工作必须外，应尽量少在户外或野外逗留。在户外或野外最好穿塑胶雨衣或使用竹柄油布伞。有条件时应避进有宽大金属构架或防雷设施的建筑物内，尽量不要站、靠或下蹲在露天地里，尤其应远离电杆、大树等凸出物 5m 以外。

（3）雷雨时尽量不要站在高处，要离开小山、小丘以及湖滨、河边、池塘。还应尽量离开铁丝网、其他金属线、凉衣铁丝、烟囱、高杆以及孤独树木等。

（4）在室内应注意雷电侵入波的危害。雷雨时要离开电灯线、电源线、电话线、广播线、引入室内的电视机天线等 1m 以外，以防止这类线路对人身二次放电造成伤害。

3.3.6.2　防止球形雷造成危害的方法

雷雨时有时会出现球形雷，它不同于线形雷或片形雷，外观呈发红光或白光的火球。它大都由特殊的带电气体形成，直径一般为 0.2～10m，滚动速度约 2m/s。雷雨时若出现了球形雷，则它很可能会从门、窗或烟囱等通道侵入车间或室内。为此，雷雨时必须迅速关好门窗，以防止可能出现的球形雷对人体房屋及设备造成危害。

3.3.6.3　雷雨时值班电工要暂停露天巡视

由于变配电所周围常架设高大的避雷针，避雷针上有接地引下线与地下的接地极

相连。在雷雨天若避雷针上一旦落雷时，该避雷针接地极周围的相当范围内便会形成一个电位分布区，且其电位通常很高，这种情况下若值班人员进行露天设备巡视，两脚之间将会受到危险的跨步电压作用而引起触电。所以雷雨时，变配电所的值班电工及有关人员均不宜在露天进行设备巡视等作业，应等待雷雨过后再进行。

3.3.6.4 对遭受雷击伤害者的紧急处理

一旦有人遭雷击后，切不可惊惶失措，应冷静而迅速处置。除非受雷击者已有明显死亡症状外，对于一般不省人事、处于昏迷状态甚或“假死”状态的伤害者，应不失时机地进行正确的紧急救护。具体救护方法，与对一般触电者施行的急救方法相仿，且同样注重及时、对症、正确、坚持等要点，尽力抢救雷击伤害者的生命。

思　考　题

3-1　某电厂烟囱，高 100m，顶端直径 5m，上有一根避雷针高出烟囱 3m，烟囱曾被雷击坏。试验算其保护的有效性，并提出改进措施。

3-2　设有 4 根高度均为 27m 的避雷针，布置在边长为 40m 的正方形面积的 4 个顶点上。画出它们对于 10m 高物体的保护范围。

3-3　大气过电压有哪几种形式？

3-4　感应雷过电压是怎样产生的？它会危害哪些电压等级的电气设备绝缘？

3-5　防雷装置的作用是什么？

3-6　简述普通阀型避雷器的工作原理。

3-7　为什么额定电压低于 35kV 的线路一般不装设避雷线？

3-8　进线保护段的作用是什么？

3-9　简述变配电所的防雷保护措施。

3-10　确定独立避雷针的位置及安装时有哪些规定与要求？

3-11　阀型避雷器的检查内容有哪些？运行中若发现避雷器瓷套管有裂纹应如何处理？

3-12　作为电气值班人员，应怎样防止雷击伤人？

第 4 章

变配电所的安全运行

4.1 变配电所规章制度和值班要求

4.1.1 变配电所的一次与二次系统

工厂企业等用户的变配电所是全厂的电力供应枢纽或动力枢纽，也是系统电网与工厂或单位内各种用电设施相联系的重要环节。担负工厂变配电所值班工作的电气人员，常统称为变配电值班电工，凡属高压用户的，又俗称高配值班电工。

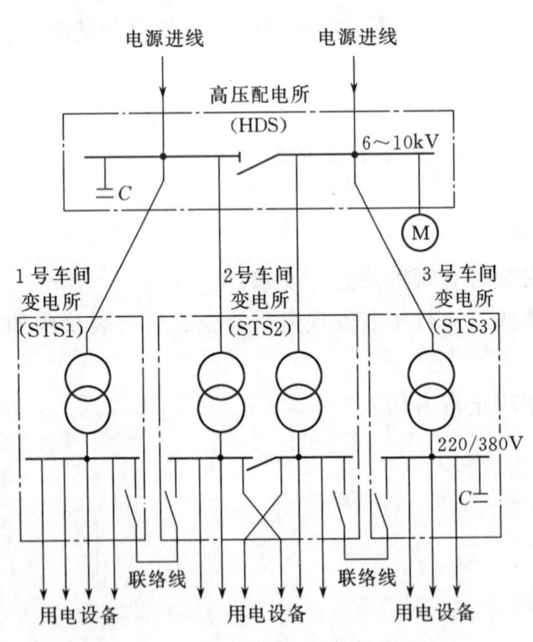

图 4-1 中型工厂供电系统的系统图

变配电所内有着众多功用与性能不同、型号和规格各异的电气设备。但总的可划分为一次设备及二次设备两大类。凡担负电力传输（包括变电与配电）任务或承受传输电压的电气设备，统称为一次设备也叫主设备。如电力变压器、断路器、隔离开关、电压互感器与电流互感器、电抗器及避雷器等。运行时，它们大都承受着高电压与大电流。由各种电气主设备的图形符号和连接线所组成的、表示接受与分配电能关系的电路图，称为一次回路或一次系统图，习惯上叫作电气主结线图，见图 4-1。为保障主设备正常、可靠的运行，凡担负对

主设备进行测量、监视、控制和保护任务的设备，均称为二次设备。按照设计要求及保护方式，用细芯导线及控制电缆将二次设备（包括所需的操作电源）连接起来，便构成了低电压、小电流的二次回路（也称二次接线）。显然，它反映与监视一次系统的工作状态，控制与操动主设备尤其是开关设备的闭合与断开，并在其发生异常情况时及时地发出相应信号，以引起值班人员警觉和进行迅速处理；或直接操动控制故障电路的开关，使故障部分立即从系统中退出（切除），防止故障或事故扩大；改变主系统运行方式，尽可能多地保障对工厂企业内各车间或部门的正常供配电。

可见，变配电所内的二次系统（各二次回路的总称）直接为承担变配电的任务的主设备服务，给变配电设备的正常运行与安全运行提供保障。变配电所内的二次设备，主要有电气测量仪表，继电保护装置，信号装置（包括位置信号、事故信号、警告信号、保护或自动装置动作信号）以及各种自动装置（如自动重合闸、备用电源投入、自动按频率减载装置及故障录波器等）。各种不同功能的二次回路，按其作用大致可划分为测量监视回路、信号回路、开关设备操作回路、继电保护和自动装置回路。

4.1.2 变配电所常用的继电保护方式

4.1.2.1 继电保护装置的任务和作用

在电力系统中，由于绝缘损坏、运行人员的误操作而发生短路故障或不正常工作状态，都会破坏电力系统电力用户的正常生产。为了保证电气设备的安全运行，防止破坏电力用户的正常工作，在电力系统中均装有各种具有保护作用的起动装置，这种装置称为继电保护装置。

继电保护装置的主要作用是当电力系统中（包括用户变配电所及其供电设备）发生故障或不正常工作状态时，它会立即起反应并动作，迅速地将故障部分与系统自动断开，以保证电力系统的正常运行并缩小故障范围，避免事故扩大。它的第二个作用是在系统内设备处于不同的异常运行状态时（如过负荷或变压器中的油分解成轻瓦斯气体等），分别向运行人员发出警报信号，或经过一定的时限以后自动断开故障设备，以保障供电安全。

4.1.2.2 对继电保护装置的基本要求

根据继电保护装置所担负的任务，它必须满足供电系统运行实践中所提出的一系列技术要求，其基本要求有四项：

（1）选择性。当供电系统某部分发生故障时，要求保护装置只将故障部分切除，以保证无故障部分继续运行。保护装置的这种动作特性称为选择性，见图 4-2。现说明如下：当 d_1 点发生短路时，继电保护装置动作只应使断路器 QF_1 跳闸，切除故障电动机 M，而其他断路器都不应跳闸，当 d_3 点短路时，只应由断路器 QF_3 跳闸切除故障线路。

然而动作要有选择性，并不是说就不要后备保护了。例如当电动机 M 处的 d_1 点短路时，如果由于某种原因断路器 QF_1 拒绝动作，则 QF_3 处的保护装置应动作，使 QF_3 跳闸。此时 QF_3 处的保护即为后备保护，它在这种情况下的动作也应认为是有选择性的。

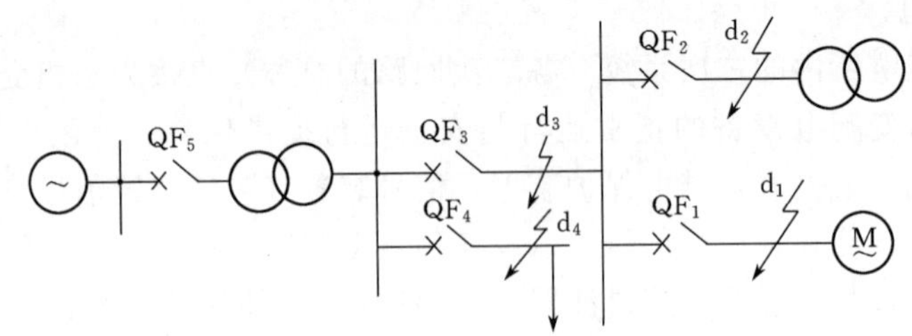

图 4-2　继电保护装置动作选择性示例电路

为了保证继电装置的动作有选择性，上、下两级保护除了整定值上要进行配合（即上级断路器保护整定值应比串联的下级断路器保护的整定值大 1.1 倍以上）外，在动作时限上还应有一个时间级差，通常取 0.5～0.7s。

（2）快速性。在可能情况下，保护装置应力求动作迅速。例如当网路发生短路故障时，引起电源母线电压降低，其余非故障网路上电动机工作的恢复与故障切除时间的长短关系很大。如果故障能在 0.2s 内切除，一般正在工作的电动机就不会停转。此外，快速切除可以减少故障回路电气设备的破坏程度，缩小故障影响的范围，以保证供电系统的可靠性与稳定性。由于故障切除时间是继电保护装置动作时间和断路器跳闸时间之和，因此，为了保证速动，既要采取快速动作的继电保护装置，又要采用快速动作的断路器。目前常用的油断路器跳闸时间约为 0.1～0.5s，最快速的保护装置动作时限可达 0.02～0.04s。

在某些情况下，快速性与选择性是有矛盾的。这时，应在保证选择性的前提下力求保护装置的速动性。

要特别指出的是，有些作为反映电力系统不正常工作状态的保护装置，并不要求快速动作。如过负荷保护等，都是具有较长动作时限的装置。

（3）灵敏性。保护装置的灵敏性是指对被保护电气设备可能发生的故障和不正常运行方式的反应能力。它可用灵敏系数来衡量。下面以过流保护为例，其灵敏系数的计算公式为：

$$K_L = \frac{I_{dmin}}{I_{DZ}}$$

式中 K_L——过电流保护的灵敏系数；

I_{dmin}——系统在最小运行方式时，保护区末端的短路电流；

I_{DZ}——保护装置一次侧的动作电流。

对不同的保护装置和保护设备，灵敏系数的要求也不相同。根据我国电力设计技术规范的规定，保护装置的灵敏系数不得低于表4-1所列数值。

表4-1　保护装置最低灵敏系数

被保护元件	保护装置名称	最低灵敏系数 K_L
所有元件 （包括线路、变压器等）	过电流保护 电流速断 后备保护	1.25～1.50 1.25～2.0 1.2
变压器	差动保护 低压侧零序电流保护	2 1.25～1.50
3～10kV电缆线路 3～10kV架空线路	零序电流保护	1.25 1.50
3～35kV架空线路	零序或负序方向保护	2

（4）可靠性。投入运行的保护装置应经常处于准备动作状态。在供电系统发生事故时，相应的保护装置应能可靠动作而不拒动，否则将造成被保护对象的损坏；其他保护装置不应误动，以免造成用户不必要的停电。为了使得保护装置动作可靠，除正确选用保护方案、计算整定值及选用优质继电器等电气元件外，还应对继电保护装置进行定期校验和维护，并加强对继电保护的运行管理工作。

4.1.2.3 继电器及继电保护装置的分类

继电保护装置中的主要电器是继电器，继电器的种类很多，按其动作原理、构造形式和用途可分为以下几类。

（1）依照动作原理分电磁式、感应式、电动式、螺线管式、热力式等多种。

（2）依照反应量的变化特性分过量继电器（当反应量的数值增加时，继电器动作）和欠量继电器（当反应量的数值减小时，继电器动作）。

（3）依照作用不同分主继电器（直接反映电量变化的继电器，如电流、电压、电力、周波继电器）和辅助继电器（用于继电保护接线回路中作为产生时限、增加主继电器触点数目，如时间继电器、中间继电器等）。

（4）依照其接入被保护电路的方式分一次式继电器（其反应机构直接接在被保护

设备的一次电路中，即继电器的线圈与被保护电路串联）和二次式继电器（其反应机构是接在电流互感器或电压互感器的二次侧）。

继电保护装置大都是由几种及多个继电器组合而成的自动装置。按其组成原理常可分为：电流保护装置（当预先规定的电流若超过某一固定数值时，它便动作）、电压保护装置（当预先规定的电压若降低或超过某一固定的数值时，它便动作）、差动保护装置（当两个或几个相互比较的电流的差值达到一定数值时，它便动作）、电力方向保护装置、距离保护及高频保护装置等。

4.1.2.4 变配电所内常用的继电保护方式

主要指对其进线、出线及电力变压器所采用的继电保护方式。现分述如下：

（1）电力路线的保护。其中：

1）电流保护在线路发生故障时，短路电流超过继电保护装置的整定值时即引起动作。其保护范围受运行方式的影响较大。

2）接地保护当出现接地故障时，接地继电器动作。对于中性点接地系统动作于跳闸，对于中性点不接地系统一般动作于信号。

3）功率方向保护常与电流保护配合使用。当线路发生故障时，短路电流超过整定值且功率流向为保护方向时便即动作。

4）距离保护根据线路电压和电流来判定是否有故障。当保护装置安装处到故障点间的电气距离若在整定距离内时，保护装置便动作跳闸。这种保护装置的保护范围受运行方式的影响小。

5）高频保护利用高频载波通道将故障时线路两端的电流流向（或相位）、或者是功率流向相互送到对方端，经检测后，若故障是在本线路段内，则两端保护装置便即同时动作跳闸，加速切除故障。

（2）电力变压器的保护。其中：

1）瓦斯保护。浸于变压器油中的绕组、铁芯过热或绕组等发生故障时，会使油分解并产生气体（瓦斯）。根据故障严重程度，气体继电器将发出信号或直接动作跳开关以切除变压器。

2）差动保护。变压器绕组发生短路故障，高低压绕组电流之和超过规定限额时即动作，从而防止故障扩大。

3）过负荷保护。变压器过负荷保护会使绕组过热以致烧毁，所以当负荷电流或绕组温度超过限额时，过负荷保护经过一定时限动作于信号。

4）变压器后备保护。变压器外部相间短路而引起变压器过电流时，可采用过电流保护、负序电流保护。外部接地短路引起过电流时，可装设零序电流保护。后备保护在本元件瓦斯保护和差动保护拒动时起后备作用。

4.1.3 变配电所规章制度和值班要求

1. 变配电所的各项规章制度

变配电所应建立必要的规章制度，主要有：

(1) 电气安全工作规程（包括安全用具管理）。

(2) 电气运行操作规程（包括停、限电操作程序）。

(3) 电气事故处理规程。

(4) 电气设备维护检修制度。

(5) 岗位责任制度。

(6) 电气设备巡视检查制度。

(7) 电气设备缺陷管理制度。

(8) 调荷节电管理制度。

(9) 运行交接班制度。

(10) 安全保卫及消防制度。

2. 值班人员必须具备的条件

变配电所值班人员应具备一定的变电运行知识与操作技能，并需考试合格，经有关部门批准后方能担任值班工作。值班员一般必须具备下列条件：

(1) 熟悉变配电所的各项规程与制度，并熟知电网内常用的操作术语及其含义，见表4-2。

表4-2　电网内常用的操作术语及其含义

操作术语	操作内容
操作命令	值班调度员对其所管辖的设备进行变更电气结线方式和事故处理而发布倒闸操作的命令
操作许可	电气设备在变更状态操作前，由变电所值班员提出操作项目，值班调度员许可其操作
合环	在电气回路内或电网上开口处经操作将开关或闸刀合上后形成回路
解环	在电气回路内或电网上某处经操作后将回路解开
合上	把开关或刀闸放在接通位置
拉开	将开关或刀闸处于断开位置
倒母线	××（线或主变）由正（副）母倒向副（正）母
强送	设备因故障跳闸后，未经检查即送电
试送	设备因故障跳闸后，经初步检查后再送电

续表

操作术语	操　作　内　容
充电	不带电设备接通电源，但不带负荷
验电	用校验工具验明设备是否带电
放电	高压设备停电后，用工具将电荷放尽
挂（拆）接地线（或合上、拉开接地倒闸）	用临时接地线（或接地刀闸）将设备与大地接通（或断开）
短接	用临时导线将开关或刀闸等设备跨接旁路
××设备××保护从起用改为信号（或从信号改为起用）	××保护跳闸压板改为信号（或从信号改为起用跳闸压板）
××设备××保护更改定值	将××保护电压、电流、时间等以××值改为××值
××开关改为非自动	将开关直流控制电源断开
××开关改为自动	恢复开关的直流操作回路
放上或取下熔丝	将熔丝放上或取下
紧急拉路	事故情况下（或超计划用电时）将供向用户用电的线路切断停止送电
限电	限制用户用电

（2）掌握本变配电所内各种运行方式的操作要求与步骤。

（3）懂得本变配电所内主要设备的一般构造与工作原理，并掌握它们的技术要求及其允许负荷。

（4）能够正确地执行安全技术措施和安全组织措施。

（5）掌握本变配电所各种继电保护装置的整定值与保护范围。

（6）能独立进行有关操作，并能分析、查找及处理设备的异常情况与事故情况。

3. 值班人员的职责及注意事项

（1）值班人员的岗位职责：

1）按时巡查设备运行情况并正确作好记录。

2）记录与处理好当值内上级下达的任务，并及时向有关方面汇报联系。

3）记录当值时间内设备的运行状态，包括设备操作，设备异常及故障情况、检修工作等，填好运行日志。

4）管理好各种安全用具及仪表工具，并完成规定的定期测试或维护保养等工作。

5）搞好值班维护地段的设备清洁与环境卫生工作。

6）认真进行接班工作并细致填写交班记录。

（2）变配电运行日志内容。变配电所值班人员在工作中应熟悉并如实而及时地正确填写“运行日志”中相关的各项内容。运行日志的内容主要包括：

1）一、二次系统的电压、电流、功率、有功与无功电量的小时记录、功率因数和负荷率等的记录。

2）各路出线的定时负荷记录。

3）主设备的温度监视记录，冷却系统运行及充油设备的油位指示记录。

4）异常现象的事故处理（包括故障处理记录及停、送电时间）记录。

5）接令与发令等操作任务记录。

认真填写好运行日志十分重要，通过对运行日志的分析，可掌握如下情况：

1）根据负荷记录资料了解设备的利用率，指导变配电设备的负荷调整，提出并调整（经批准后）变压器的运行方式，以提高负荷率和设备利用率，努力实现经济运行。

2）根据运行日志提出并确定电气设备的检修内容，适时安排检修及试验工作，以达到预期的安全经济效果。

3）对于工厂变配电所，可以藉此提出调整工厂生产工艺流程的建议并付诸实施，以合理开停设备，做到既增产又节电。

4）根据有功、无功功率的比例（$\cos\varphi$值）提出并确定补偿设备的容量和具体补偿部位，从而既可提高电压质量又减少电能损耗。

5）根据负荷记录可汇总制定发展规划，使之更加切合实际，并对现有运行状态中的不合理与不完备处进行合理的技术改造。

（3）值班工作注意事项：

1）变配电所值班人员必须不断地认真学习，结合实际，熟悉现场所有电气设备及各项规程与规章制度。

2）坚守岗位，严守纪律，服从调度，执行命令。值班时不闲谈、不喝酒、不做任何与值班无关的事情。

3）果断正确地处理出现的异常情况与故障或事故，及时记录并向上级汇报与请示。

4）35kV及以上的工厂变电所一般应有两人以上值班，负责人值班或单独的值班人员应具备相当的实际工作经验与应变能力。

5）值班时认真监视各种仪表，按时进行巡回检查，切勿疏忽或稍有懈怠。

6）根据生产及季节特点，在高峰负荷及雷雨或冰雪天气，应特别加强监视与巡视。

7）据现场实际情况和以往经验教训，积极做好事故预想，认真做好反事故措施。

8）严格变配电所出入制度，及时登记进出人员姓名、职务、事由与时间。

4.2　变配电所的倒闸操作

4.2.1　设备的操作状态与判别方法

倒闸操作是指按预定实现的运行方式，对现场各种开关（断路器及隔离开关）所进行的分闸或合闸操作。它是变配电所值班人员的一项经常性的、复杂而细致的工作，同时又十分重要，稍有疏忽或差错，都将造成严重事故，带来难以挽回的损失。

要正确地进行倒闸操作，避免因错误操作而造成事故，就必须清楚地了解设备的操作状态，即正确地判断隔离开关和断路器的位置。

1. 设备操作状态的分类

电气设备的工作状态通常可分为以下四种：

（1）“运行中”隔离开关和油断路器已经合闸，使电源和用电设备连成电路，则设备是在“运行中”。

（2）“热备用”某设备（例如变压器）的电源由于断路器的断开已停止运行，但油断路器两端的隔离开关仍接通，则该设备处于“热备用”。

（3）“冷备用”某设备的所有隔离开关和油断路器均已断开，则该设备便为处于“冷备用”。

（4）“检修中”设备的所有隔离开关和断路器已经全部断开，并挂牌和设遮栏、接好地线，则该设备是在“检修中”。

2. 操作状态的判别方法

区分变配电装置中各种电气设备究竟是处于带电还是断电状态，通常可以采用下列方法进行判断：

（1）开关所处状态有明显断开点的开关从其“分闸”或“合闸”状态即可区分清楚。凡油断路器可从操作机构的指示牌上看出其实际位置，但有时指示牌因松动等原因也会造成指示错误。所以还要结合相关隔离开关所处的状态进行综合判断。

（2）有无电压指示从电压表的指示可以判别电气设备到底是否带电。但要注意仪表及其接线应完好正确，以避免因仪表失灵而误以为无电。

（3）信号灯显示情况由表明通电或是断电的灯光信号显示来进行判别，也是判断装置或设备是否带电的一种辅助方法。

（4）验电器测试反应，必要时也用相应电压等级且完好的验电器（或验电笔）进行直接测试，以判断电气装置或设备究竟是否处于带电状态。

4.2.2 倒闸操作的要求及步骤

1. 对倒闸操作的具体要求

(1) 变配电所的现场一次、二次设备要有明显的标志，包括命名、编号、铭牌、转动方向、切换位置的指示以及区别电气相别的颜色等。

(2) 要有与现场设备标志和运行方式相符合的一次系统模拟图，继电保护和二次设备还应有二次回路的原理图和展开图。

(3) 要有考试合格并经领导批准的操作人和监护人。

(4) 操作时不能单凭记忆，应在仔细检查了操作地点及设备的名称编号后，才能进行操作。

(5) 操作人不能依赖监护人，而应对操作内容完全做到心中有数。否则，操作中容易出问题。

(6) 在进行倒闸操作时，不要做与操作无关的工作或闲谈。

(7) 处理事故时，操作人员应沉着冷静，不要惊惶失措，要果断地处理事故。

(8) 操作时应有确切的调度命令、合格的操作票或经领导批准的操作卡。

(9) 要采用统一的、确切的操作术语。

(10) 要用合格的操作工具、安全用具和安全设施。

2. 正常或事故情况下的倒闸操作

正常情况下应严格执行“倒闸操作票”制度，它是防止误操作的可靠措施。值班人员接受倒闸操作命令后，应严格按程序执行操作。

事故情况下可按照事故处理的倒闸操作规定进行，不必填写倒闸操作票。但必须在事后将操作的原因及过程详细记录在操作记录本或值班记录本内。

3. 倒闸操作的步骤

变配电所的倒闸操作可参照下列步骤进行：

(1) 接受主管人员的预发命令。值班人员接受主管人员的操作任务和命令时，一定要记录清楚主管人员所发的任务或命令的详细内容，明确操作目的和意图。在接受预发命令时，要停止其他工作，集中思想接受命令，并将记录内容向主管人员复诵，核对其正确性。对枢纽变电所重要的倒闸操作应有两人同时听取和接受主管人员的命令。

(2) 填写操作票。值班人员根据主管人员的预发令，核对模拟图，核对实际设备，参照典型操作票，认真填写操作票，在操作票上逐项填写操作项目。填写操作票的顺序不可颠倒，字迹清楚，不得涂改，不得用铅笔填写。而在事故处理、单一操作、拉开接地刀闸或拆除全所仅有的一组接地线时，可不用操作票，但应将上述操作记入运行日志或操作记录本上。

（3）审查操作票。操作票填写后，写票人自己应进行核对，认为确定无误后再交监护人审查。监护人应对操作票的内容逐项审查。对上一班预填的操作票，即使不在本班执行，也要根据规定进行审查。审查中若发现错误，应由操作人重新填写。

（4）接受操作命令。在主管人员发布操作任务或命令时，监护人和操作人应同时在场，仔细听清主管人员所发的任务或命令，同时要核对操作票上的任务与主管人员所发布的是否完全一致。并由监护人按照填写好的操作票向发令人复诵。经双方核对无误后在操作票上填写发令时间，并由操作人和监护人签名。只有这样，这份操作票才合格可用。

（5）预演。操作前，操作人、监护人应先在模拟图上按照操作票所列的顺序逐项唱票预演，再次对操作票的正确性进行核对，并相互提醒操作的注意事项。

（6）核对设备。到达操作现场后，操作人应先站准位置核对设备名称和编号，监护人核对操作人所站立的位置、操作设备名称及编号应正确无误。检查核对后，操作人穿戴好安全用具，取立正姿势，眼看编号，准备操作。

（7）唱票操作。监护人看到操作人准备就绪，按照操作票上的顺序高声唱票，每次只准唱一步。严禁凭记忆不看操作票唱票，严禁看编号唱票。此时操作人应仔细听监护人唱票，并看准编号，核对监护人所发命令的正确性。操作人认为无误时，开始高声复诵，并用手指编号，做操作手势。严禁操作人不看编号瞎复诵，严禁凭记忆复诵。在监护人认为操作人复诵正确、两人一致认为无误后，监护人发出“对，执行”的命令，操作人方可进行操作，并记录操作开始的时间。

（8）检查。每一步操作完毕后，应由监护人在操作票上打一个“√”号。同时两人应到现场检查操作的正确性，如设备的机械指示、信号指示灯、表计变化情况等，以确定设备的实际分合位置。监护人认可后，应告诉操作人下一步的操作内容。

（9）汇报。操作结束后，应检查所有操作步骤是否全部执行，然后由监护人在操作票上填写操作结束时间，并向主管人员汇报。对已执行的操作票，在工作日志和操作记录本上作好记录。并将操作票归档保存。

（10）复查评价。变配电所值班负责人要召集全班，对本班已执行完毕的各项操作进行复查、评价并总结经验。

4.2.3　倒闸操作的方法和注意事项

1. 隔离开关的操作方法及注意事项

（1）在手动合隔离开关时必须迅速果断，在合到底时不能用力过猛，以防合过头和损坏支持瓷瓶。在合隔离开关时如发生弧光或误合时，则应将隔离开关迅

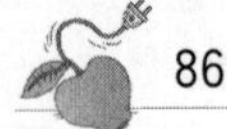

速合上。隔离开关一经合上，不得再行拉开，因为带负荷拉开隔离开关会使弧光扩大，使设备损坏更加严重。误合后只能用断路器切断该回路，才允许将隔离开关拉开。

(2) 在手动拉开隔离开关时、应按“慢—快—慢”的过程进行。刚开始时应慢，其目的是：操作连杆一动即要着清是否为要拉的隔离开关，再看触头刚分开时有无电弧产生。若有电弧则应立即合上，防止带负荷拉隔离开关；若无电弧，则接着就应迅速拉开。在切断小容量变压器的空载电流、一定长度架空线路和电缆线路的充电电流、少量的负荷电流以及用隔离开关解环操作时，均会有小电弧产生，此时应迅速将隔离开关拉开，以利灭弧。当隔离开关快要全部拉开时，又应稍慢些，以防不必要的冲击损坏瓷瓶。

(3) 隔离开关装有电气（电磁）联锁装置或机械联锁装置的，若装置未开、隔离开关不能操作时，不可任意解除联锁装置硬进行分、合闸，应查明原因后才能进行操作。

(4) 隔离开关经操作后，必须检查其“开”、“合”位置。因有时会由于操作机构有故障或调整得不好，而可能出现操作后未全部拉开或未全部合上的现象。

2. 断路器的操作方法及注意事项

(1) 在一般情况下，断路器不允许带负荷手动合闸。这是因为手动合闸速度慢，易产生电弧而使触头损坏。特殊需要的情况则例外。

(2) 遥控操作断路器时，扳动控制开关不要用力过猛，以免损坏控制开关。控制开关返回也不要太快，以防断路器来不及合闸。

(3) 断路器经操作后，应查看有关的信号装置和测量仪表的指示，判别断路器动作的正确性。但不能只以信号灯及测量仪表的指示来判别断路器的分、合状态，还应到现场检查断路器的机械位里指示装置来确定其实际所处的分、合位。

(4) 当断路器合上、控制开关返回后，合闸电流表应指在零位，以防止因合闸接触器打不开而烧毁合闸线圈。

3. 高压熔断器的操作方法与顺序

高压熔断器有安装在隔离开关附近，也有单独使用的。操作高压熔断器多采用绝缘杆单相操作。分或合高压熔断器时，不允许带负荷。如发生误操作，产生的电弧会威胁人身及设备的安全。现将其操作过程中的情况分析如下：

在拉开第一相的大多数情况与断开并联回路或环路差不多，其上仍保持有电压，因此都不会发生强烈电弧。而在带负荷拉开第二个单相时，就会产生强电弧，致使相邻各相发生弧光短路。所以要根据第一相断开时的弧光情况，慎重地判断是否误操作，然后再决定是继续操作，还是重新合上已拉开的第一相。

为防止可能发生的弧光短路事故，高压熔断器的操作顺序为：拉开时应先拉中间相，后拉两边相（且其中先拉下风相）；合闸时应先合两边相（且其中先合上风相），再合中间相。

4. 母线的操作

母线的投运和停用，以及双母线接线设备在两条母线之间、改变运行方式的操作，都属于母线操作的范围。进行母线操作前应作好充分准备，操作时必须严格按预定顺序进行。同时要注意下列几点：

（1）备用母线有母联开关时，应以母联开关向母线充电。母联开关的保护应在投入状态，必要时将保护整定时间调整为零。这样，如果备用母线存在故障，便可由母联开关迅速切除，以防止事故扩大。

（2）当母联开关合上后进行母线倒闸时，母联开关的操作电源应切除，以防止母联开关误跳闸而影响隔离开关的操作安全。

（3）对于双母线接线设备，将某一设备倒换母线时，应在母联开关合闸；且保护停用的条件下进行。操作时，应先合后拉。

5. 变压器的操作

（1）主变压器的停电与送电。具体如下：

1）仅一台主变压器且二次侧无总断路器或负荷开关的，停电时应先拉开负荷侧各条配电线路的断路器或开关，送电时则应在变压器投运后，再合上各条配电线路的断路器或开关。

2）10kV少油断路器合闸后，若发现托架或拉杆瓷瓶折断，则不能再继续操作。应将断路器保护停用，并迅速汇报，等候处理。

3）更换并列运行的变压器或进行可能使相位发生变动的工作时，必须经过核相器核对，正确无误后，方可并列运行。

4）变压器充电要利用有保护的电源断路器进行，保护整定应能保证变压器充电时不动作。如变压器有故障，应能保证其迅速跳闸而不致引起上一级开关动作。

（2）电压互感器的起用与停用。具体如下：

1）起用三相五柱或三只单相电压互感器组时，投运前应先合上一次侧的中性点接地刀闸。

2）电压互感器停用时，要先充分考虑有无影响表计指示与计量，以及会否引起有关继电器保护和自动装置发生拒动或误动的情况，并提前采取正确有效的预防措施。

6. 变配电所整流设备的操作

（1）整流器送电时应先合交流电源，再合直流输出，停用时则相反。

(2) 无蓄电池的变配电所，停用整流器时必须经主管技术的领导批准。

7. 断路器与隔离开关的倒闸操作顺序

倒闸操作步骤为：合闸时应先合隔离开关（也称隔离刀闸，简称刀闸或闸刀），再合断路器；拉闸时应先拉开断路器，然后再拉开隔离开关。

这是因为隔离开关由于构造及性能上的限制，一般不能接通或切断负荷电流。否则将引起很大电弧，容易烧坏触头，甚至造成相间短路或伤害操作人员。而断路器是用来“接通”或“切断”带负荷电路用的，它内部具有专门的灭弧装置能够“通、断”负荷电流并熄灭通断时所产生的较大电弧，故不致引起上述事故而造成恶果。

8. 发生带负荷拉刀闸后的处理方法

高压隔离开关在电网内常称隔离刀闸，习称刀闸。“带负荷拉刀闸”是原水电部明令禁止的六大恶性事故之一。由于隔离开关本身没有专门的灭弧装置，故严禁带负荷或故障负荷进行操作。操作时，一旦发生了带负荷误操作（拉开或合上刀闸），切不可慌乱，而应沉着处理。具体办法是：

(1) 错拉隔离开关。若隔离开关刚一离开静触头且仅产生了少量电弧，这时应立即合上，便可（灭弧）避免事故；若隔离开关已全部拉开，则绝不允许将误拉的隔离开关再次重新合上！如果是单极隔离开关，在操作一相后发现错拉，则不应再对其他两相继续操作，同时要立即采取措施即操作断路器，以切断负荷。

(2) 错合隔离开关。既已合错，或在合闸时产生了较大电弧，也决不准再往回拉开！因为若再带负荷拉隔离开关，又将会产生强烈电弧甚至造成相间弧光短路。故一旦发生了错合隔离开关的情况，同样也应立即操作断路器来切断负荷。

4.2.4 保障正确进行倒闸操作的措施

4.2.4.1 严格执行操作票制度

在 1kV 以上的设备上进行倒闸操作时，必须得到电气负责人命令或根据工作票内容与要求，按规定格式正确地填写倒闸操作票。操作票应填写清楚、具体、明确，必要时应画出接线图。

1. 填写操作票的注意事项

(1) 倒闸操作票必须用钢笔或圆珠笔填写，保持清晰，不得涂改或损坏。

(2) 操作票应编号并按顺序使用。作废的操作票应盖“作废”字样的图章加以注明，已操作的操作票应盖“已执行”字样的图章加以注明。

(3) 使用过的操作票必须保存 3 个月，以备查用。

(4) 每一张操作票只允许填写一个操作任务。

2. 操作票的内容在操作票上不仅要填写断路器和隔离开关的操作步骤，还应填写下列检查内容：

(1) 检查接地线是否拆除。

(2) 在拉开或合上断路器及隔离开关后，应检查实际的分、合位置。

(3) 切断或合上并列设备或环路时，应根据表计指示检查负荷分配情况，以防止设备过负荷而引起过电流保护动作。

(4) 进行验电，检查需要装设临时接地线的设备确已无电。

(5) 安装或拆除控制回路及电压互感器回路的熔断器。

(6) 切换保护回路或改变整定值。

4.2.4.2 严肃认真地进行操作

在倒闸操作过程中，要严肃认真地按照前述有关隔离开关和断路器等设备的正确操作方法进行操作。

4.2.4.3 牢记倒闸操作的注意事项

进行倒闸操作应牢记并遵守下列注意事项：

(1) 倒闸操作前必须了解运行、继电保护及自动装置等情况。

(2) 在电气设备送电前，必须收回并检查有关工作票，拆除临时接地线或拉下接地隔离开关，取下标示牌，并认真检查隔离开关和断路器是否在断开位置。

(3) 倒闸操作必须由两人进行，一人操作一人监护。操作中应使用合格的安全工具，如验电笔、绝缘手套、绝缘靴等。

(4) 变配电所上空有雷电活动时，禁止进行户外电气设备的倒闸操作；高峰负荷时要避免倒闸操作；倒闸操作时得不进行交接班。

(5) 倒闸操作前应考虑继电保护及自动装置整定值的调整，以适应新的运行方式。

(6) 备用电源自动投入装置及重合闸装置，必须在所属主设备停运前退出运行，所属主设备送电后再投入运行。

(7) 在倒闸操作中应监视和分析各种仪表的指示情况。

(8) 在断路器检修或二次回路及保护装置上有人工作时，应取下断路器的直流操作保险，切断操作电源。油断路器在缺油或无油时，应取下油断路器的直流操作保险，以防系统发生故障而跳开该油断路器时发生断路器爆炸事故（因油断路器缺油时灭弧能力减弱，不能切断故障电流）。

(9) 倒母线过程中拉或合母线隔离开关、断路器旁路隔离开关及母线分段隔离开关时，必须取下相应断路器的直流操作保险，以防止带负荷操作隔离开关。

(10) 在操作隔离开关前，应先检查断路器确在断开位置，并取下直流操作保险，

以防止操作隔离开关过程中出现因断路器误动作而造成带负荷操作隔离开关的事故。

在继电器保护故障情况下，应取下断路器的直流操作保险，以防止断路器误动作。

4.2.5 送电和停电的操作步骤

1. 送电操作

变配电所送电时，一般从电源侧的开关合起，依次合到负荷侧的各开关。按这种步骤进行操作，可使开关的合闸电流减至最小，比较安全。如果某部分存在故障，该部分合闸，便会立即出现异常情况，故障容易被发现。

现以某用户的10kV变配电所（见图4-3）为例加以说明：送电时，应先进行检查，确知变压器上无人工作后，撤除临时接地线和“禁止合闸！”的标示牌；再投入电压互感器TV（闭合两组隔离开关），检查进线有无电压和电压是否正常；如进线电压正常，就再闭合高压断路器QF；这时主变压器投入。如未发现异常，就可闭合低压主开关QS1和QS2，使低压母线获电。如电压正常，则可分路投入各低压出线开关。但要注意，低压刀开关除带有灭弧罩的以外，一般是不能带负荷操作的，因此仅装设未带灭弧罩刀开关的线路，应先切除负荷后才能合闸送电。

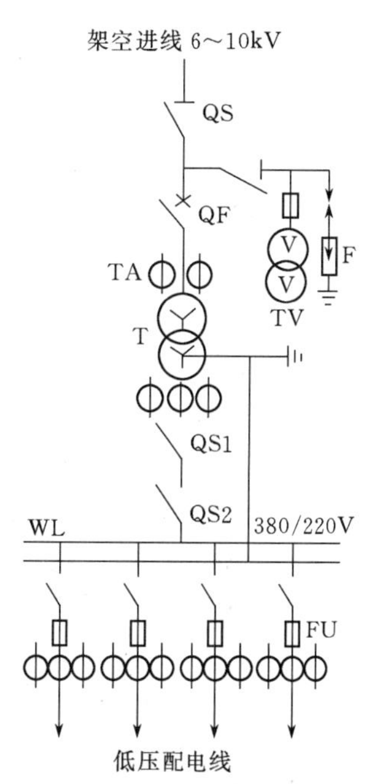

图4-3 某10kV变电所主接线图

如果变电所是在事故停电以后恢复送电，则操作步骤与变电所装设的开关型式有关。假如变电所高压侧装设的是高压断路器，当变电所发生短路时，高压断路器自动跳闸。在消除短路故障后恢复送电时，可直接闭合高压断路器。假如变电所高压侧装设的是负荷开关，则恢复送电时，可以直接闭合负荷开关，因为负荷开关也能带负荷操作。假如变电所装设的是高压隔离开关加熔断器或跌落式熔断器，一则在恢复送电前，应先将变电所低压主开关或所有出线开关断开，然后才能闭合高压隔离开关或跌落式熔断器，最后再将低压主开关或所有出线开关合上，恢复供电。

变配电所在运行过程中进线突然没有电压时，多数是因外部电网暂时停电。这时总开关不必拉开，但出线开关应该全部拉开，以免突然来电时各用电设备同时起动，造成过负荷和电压骤降，影响供电系统的正常运行。当电网恢复供电后，再依次合上各路出线开关恢复送电。

变配电所的厂内出线发生故障使开关跳闸时，如开关的断流容量允许，可以试合一次，争取尽快恢复供电。由于许多故障属暂时性的，所以多数情况下可试合成功。如果试合失败，开关再次跳闸，说明线路上故障尚未消除，这时应对故障线路进行隔离检修。

2. 停电操作

变配电所停电时，应将开关拉开，其操作步骤与送电相反，一般先从负荷侧的开关拉起，依次拉到电源侧开关。按这种步骤进行操作，可使开关分断电流减至最小，比较安全。仍以图 4-3 为例进行说明：停电时，先拉低压侧各路出线开关。如果刀开关或熔断器式刀开关未带灭弧罩时，则还应先断开相关的负荷开关。所有出线开关断开后，就可相继拉开低压和高压主开关。若高压主开关是高压断路器或负荷开关，紧急情况下也可直接拉开高压断路器或负荷开关以实现快速停电。假如高压侧装设的是隔离开关加熔断器或跌落式熔断器，则停电时只有断开所有低压出线开关和低压主开关之后，才能拉开高压隔离开关或跌落式熔断器。

线路或设备停电以后，考虑到检修线路和设备人员的安全，在断路器的开关操作手柄上应悬挂“有人工作，禁止合闸!”的标示牌，并在停电检修的线路或设备的电源侧（如可能两侧来电时，应在其两侧）装设临时接地线。装设临时接地线时，应先接接地端，再接线路端或设备端。

3. 停送电操作时拉合隔离开关的次序

操作隔离开关时，绝对不允许带负荷拉闸或合闸。故在操作隔离开关前，一定要认真检查断路器所处的状态。为了在发生错误操作时能缩小事故范围，避免人为扩大事故，停电时应先拉线路侧隔离开关，送电时应先合母线侧隔离开关。这是因为停电时可能出现的误操作情况有：断路器尚未断开电源而先拉隔离开关，造成了带负荷拉隔离开关；断路器虽已断开，但在操作隔离开关时由于走错间隔而错拉了不应停电的设备。

若断路器尚未断开电源时误拉了隔离开关，如先拉了母线侧隔离开关，弧光短路点将在断路器内侧，造成母线短路；如是先拉线路侧隔离开关，则弧光短路点在断路器外侧，断路器保护动作跳闸，便能切除故障，缩小事故范围。所以，停电时应先拉线路侧隔离开关。

送电时，若断路器误在合闸位置便去合隔离开关，此时如是先合线路侧隔离开关、后合母线侧隔离开关，则等于用母线侧隔离开关带负荷合闸。一旦发生弧光短路，便会造成母线故障，就人为地扩大了事故范围。如先合母线侧隔离开关、后合线路侧隔离开关，则等于用线路侧隔离开关带负荷合闸，一旦发生弧光短路断路器保护便会动作跳闸、切除故障，从而缩小了事故范围。所以，送电时应先合母线侧隔离开关。

4.3 变配电所的运行维护

4.3.1 变配电设备的巡视及其规定

1. 巡视的重要性

变配电设备包括变电设备（主变压器）和配电装置。对它们的运行维护工作至关重要，因变配电设备的正常运行，是保证对外安全可靠地供配电的关键。

主变压器是变电所内的核心设备，通过对它的监视检查，可以监督其运行情况，随时了解变压器的运行状态，及时发现变压器存在的缺陷或所出现的异常情况，从而采取相应措施来防止事故的发生或扩大，以保证安全可靠地供电。

配电装置担负着受电和配电任务，是配电所的重要组成部分。对配电装置同样也应进行定期的巡视检查，以便及时发现运行中出现的设备缺陷或故障，并设法采取措施予以消除。

2. 巡视期限

对变配电设备（尤其是户外装置部分）的巡视期限，一般有如下规定：

(1) 有人值班的变配电所，应每日巡视一次（或夜间再巡视一次）。35kV 及以上的变配电所，则要求每班（三班制）巡视一、二次。

(2) 无人值班的变配电室（通常容量较小），应在每周的高峰负荷时间巡视一次（或再夜巡一次）。

(3) 在雷雨、暴风雨、雨夹雪及浓雾等恶劣天气时，应对室外装置进行白天或夜间的特殊巡视。

(4) 对处在多尘或含腐蚀性气体等不良环境中的变配电设备，巡视次数要适当增加。无人值班的，每周巡视不应少于两次并应作夜间巡视。

(5) 变配电设备或装置在出现异常或发生事故后，要及时进行特殊巡视检查，以密切监视变化。

3. 巡视路线

确定巡视路线的原则是：根据室内外变配电设备与装置的具体布局，应能够巡视到全部设备而没有（或少有）重复路线。为提高工效，巡视路线要以最短为宜。

4. 巡视注意事项

(1) 值班人员在巡视检查时，要以高压部分及重点设备为主，但也不能放过低压部分与一般设备的细微变化。

(2) 巡视高压设备，行进时要注意路面高低、沟坑或电缆沟盖板的破损处。巡视中进出高压室时，必须随手将门关上并锁好；高压室的钥匙至少应有 3 把，由值班人员负责保管，按值移交。

（3）巡视电气设备时，人体与带电导体间的距离应大于安全距离。不同电压下的最小安全距离规定是：10kV 及以下高压为 0.7m，35kV 为 1m，110kV 为 1.5m。

（4）巡视只许在遮栏外边进行，禁止移开或越过遮栏。遮栏距带电导体的最小安全距离规定是：10kV 及以下高压为 0.35m，35kV 为 0.6m，110kV 为 1.5m。

（5）巡视时不得对设备进行任何操作或工作，且禁止接触高压电气设备的绝缘部分。雷雨天气需要巡视室外高压设备时，应穿绝缘靴并不得靠近避雷针和避雷器。

4.3.2 附属设备的巡视检查

1. 正常的巡视检查

（1）变压器（见图 4-4）油枕内和充油套管内的油色、油面高度是否正常，外壳

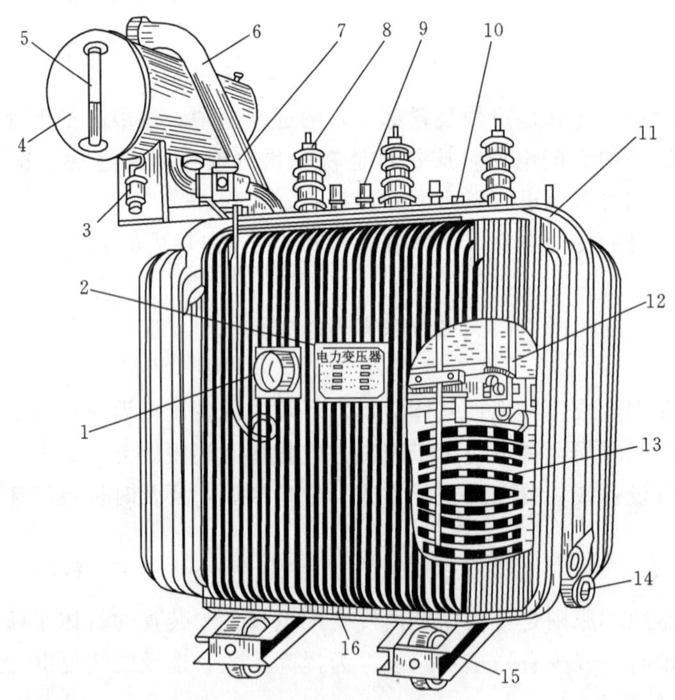

图 4-4 三相油浸式电力变压器

1—信号式温度计；2—铭牌；3—吸湿器；4—储油柜；5—油位计；6—安全气道；7—气体继电器；8—高压套管；9—低压套管；10—分接开关；11—油箱；12—铁芯；13—绕组及绝缘；14—放油阀门；15—小车；16—接地螺栓

有无渗、漏油现象，并检查气体继电器内有无气体。

(2) 变压器套管是否清洁，有无破损、放电痕迹及其他异常现象。

(3) 变压器的声音有无异常及变化。

(4) 检查变压器的上层油温（一般不高于85℃）并作好记录。

(5) 防爆管的隔膜是否完整，玻璃上面是否有油。

(6) 散热器风扇是否有不正常响声或停转现象，各散热器的闸门应全部开启。

(7) 呼吸器内的硅胶是否已吸潮至饱和状态（变色）。

(8) 外壳接地是否良好，接地线有无裂开科锈蚀现象。引线接头、电缆、母线应无发热现象。

(9) 对强抽风冷的变压器应检查油冷却器内的油压是否大于水压。放水检查应无油迹，冷却水池中不应有油。对强油风冷的变压器应检查强油泵和风扇运转是否正常。

(10) 室内安装的变压器，应检查门、窗是否完整，房屋是否漏雨，一照明和温度是否适宜，通风是否良好。

2. 变压器的特殊巡查

(1) 大风时检查变压器高压引线接头有无松动，变压器顶盖及周围有无杂物。

(2) 雾天、阴雨天应检查套管、瓷瓶有无电晕、闪络、放电现象。

(3) 暴雨后应检查套管、瓷瓶有无闪络放电痕迹，避雷器及保护间隙动作情况。

(4) 雪天应检查套管积雪是否熔化，并检查其熔化造度。

(5) 夜间应检查套管引线接头有无发红、发热现象。

(6) 大修及新安装的变压器投运几时后，应检查散热器排管的散热情况。

(7) 天气突然变冷，应检查油面下降情况。

(8) 变压器在气体继电器发生信号时，应检查继电器动作的原因。

3. 变压器在运行中的监视

(1) 油温和温升的监视。变压器上层油温超过55℃时，应开动风扇。上层油温一般不宜超过85℃，最高不得超过95℃。这是因为变压器绕组采用的是A级绝缘材料，其最大允许温度为95～105℃。并且规定：绕组（包括铁芯）对油的温升定为10℃，如上层油温是85℃，则绕组的温度就是95℃；如上层油温是95℃，则绕组的温度是105℃。

运行中油浸式电力变压器最高层的油温规定，见表4-3所示。

当上层油温或温升超过规定值时，应即报告上级和调度并及时采取措施予以处理。

表 4-3　油浸式变压器最高上层油温规定

冷却方式	冷却介质最高温度（℃）	最高层油温度（℃）
自然循环、自冷、风冷	40	95
强迫油循环风冷	40	85
强迫油循环水冷	30	70

（2）变电负荷的监视。具体有：

1）应经常监视变压器一次电压，其变化范围应在±5%额定电压以内，以确保二次电压质量。如一次电压较长期过高或过低，应通过调整变压器的分接开关，使二次电压趋于正常。

2）对于安装在室外的变压器，若无计量装置时，应测绘负荷曲线。对于有计量装置的变压器，应记录小时负荷，并画出日负荷曲线。

3）测量三相电流的平衡情况。对 Y,yn0 接线的三相四线制变压器，中线电流不应超过低压线圈额定电流的 25%，超过时应调节每相的负荷，尽量使各相趋于平衡。

变压器在不损害绝缘和降低使用寿命的条件下，允许短时间过负荷运行。若超过规定时，应报告调度，并进行相应处理。

（3）变压器的过负荷运行。正常运行时，变压器负荷一般不应超过其额定容量。但特殊情况下，它也可以在规定的范围内超负荷（正常称过负荷）运行。过负荷运行包括正常过负荷和事故过负荷两种。

1）正常过负荷。实际运行中，一变压器的负荷和环境温度是经常变化的。轻负荷和环境温度低时，绝缘材料老化减缓；过负荷和环境温度高时，绝缘材料老化就会加速。因此，环境温度低时，允许适当过负荷运行；环境温度高时，则应适当减负荷运行。这样彼此补偿，还可不至于影响变压器的使用寿命。根据这一道理，变压器可以根据需要和条件在高峰负荷和冬季时适当过负荷运行。变压器的允许过负荷曲线如图 4-5 所示。

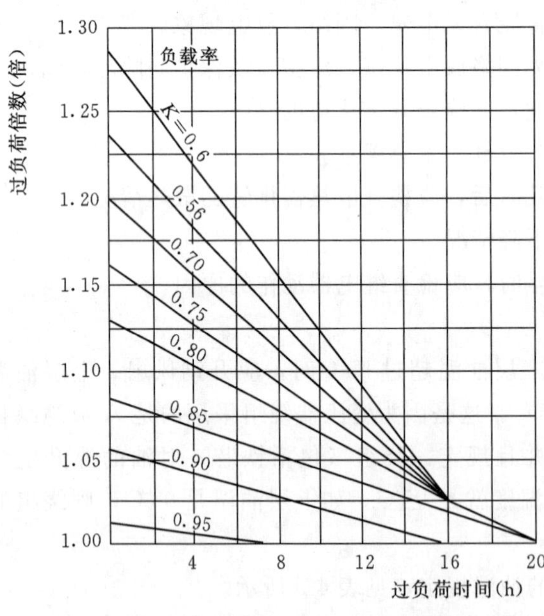

图 4-5　变压器的允许过负荷曲线
（在负荷率低于 1 时）

2）事故过负荷。并列运行的变压器，如果其中一台发生故障必须退出运行，而又无备用变压器时，其余各台变压器允许在短时间内程度较大地过负荷。这种在发生事故情况下承担的过负荷运行称为事故过负荷，但它对变压器的寿命是有一定影响的。

4.3.3 高压配电设备的巡视检查

4.3.3.1 油断路器的巡视检查

1. 油断路器的运行

油断路器在运行中应符合下列规定：

(1) 严禁将拒绝跳闸的断路器投入运行。

(2) 电动合闸时，应监视直流屏放电电流表的摆动情况，以防烧坏合闸线圈。

(3) 电动跳闸后，若发现绿灯不亮而红灯已灭时，应立即拔掉该断路器的操作小保险，以防烧坏跳闸线圈。

(4) 在带电的情况下，严禁用千斤顶进行缓慢合闸。

(5) 断路器的负荷电流一般应超过其额定值。在事故情况下，断路器过负荷也不得超过10%，时间不得超过4h。

(6) 断路器在事故跳闸后，应进行全面、详细检查。如排气管、安全阀是否完好，是否有喷油情况等。油断路器一般在遮断短路故障4～6次以后，必须进行内部检修；遮断4次短路故障后，应停用重合闸。对短路容量较小的变配电所，允许增加需要检修的跳闸次数，但应根据实际情况编入现场规程中。

(7) 断路器在检修后，应进行继电保护和自动装置的整组传动试验，以保证分、合良好，信号正确。

2. 油断路器正常运行时的巡视检查

(1) 检查油面是否在油位监督线左右，油色是否正常；接点示温腊片是否熔化，外壳是否漏油；对少油断路器，则要求不渗油。

(2) 套管、拉杆绝缘子、支持绝缘子等瓷质部分是否脏污，有无破损、裂纹及闪络痕迹。

(3) 油箱内有无吱吱的放电声。

(4) 操作机构是否完整，有无锈蚀。

(5) 少油断路器的外壳接地是否良好。对少油断路器，应检查支架接地情况。

(6) 少油断路器操作后，应检查软铜片有无断裂情况。

3. 油断路器停电退出运行后（不检修）的检查

(1) 检查各部螺纹连接有无松动，开口销是否齐全。

（2）操作连杆是否完整（注意绝缘子或纤维板）。

（3）操作机构的灵活性及重合闸是否正常。

上述检查工作根据断路器停用情况，要每季度进行一次。

4.3.3.2　SF_6 断路器（S1－145型）的巡视检查

（1）操作机构箱内的分、合指示代表断路“分”或“合”，并应与断路器实际位置一致。

（2）操作机构箱内弹簧储能指示箭头指示弹簧压紧为“已储能”，箭头指示弹簧放松为“未储能”。

（3）操作机构箱内“就地/遥控选择开关”应放置在遥控位置。

（4）严密监视 SF_6 气体的压力变化，每次巡视需记录压力表数据并进行比较。压力表指示在绿色区为正常；指示在黄色区，须发出示警，此时虽可操作，但要安排停电检修，并查明漏点及时消缺；指示在红色区，应闭锁，电动亦闭锁，在这种情况下断路器为非自动不能进行操作，严禁手动操作，并紧急停电检修断路器，而停电的方式是切除电源。

（5）巡视检查断路器的计数器，并检查储能开关和加热器开关，均应合上。

（6）检查高压接头，应无发热现象，相色清楚，机构箱关妥，构架接地良好。

（7）没有不正常的信号出现。

4.3.3.3　隔离开关、母线、电抗器的巡视检查

（1）三相隔离开关每相接触紧密，有无弯曲及烧损现象。

（2）隔离开关、母线、电抗器套管及支持绝缘子是否清洁，有无裂纹及放电现象。

（3）各接点的示温腊片是否熔化，特别是对铜铝接头应仔细检查。在高峰负荷期间或对接点是否发热有怀疑时，应进行温度测量。

（4）母线接线处有无松动、脱落现象。

（5）隔离开关的传动机构是否正常。

（6）接地线是否良好。

4.3.3.4　仪用互感器的巡视检查

（1）检查油位、油色、示油管是否正常。

（2）油浸式互感器外壳有无渗油、漏油，是否清洁。

（3）接点示温腊片是否熔化，接点是否变色。

（4）套管和支持绝缘子是否清洁，有无裂纹及放电现象。

（5）有无不正常的响声。

（6）外壳接地是否良好和完整。

4.3.3.5 补偿电容器的巡视检查

电容器室应有良好的自然通风。如不能保证室温在40℃以下时，应增设人工通风。

1. 正常运行情况下电容器的投入与切除

电容器的投入与切除必须根据系统的无功分布及电压情况来决定，并按当地的调度规程执行。此外，当母线电压超过电容器额定电压的1.1倍、电流超过额定电流的1.3倍时，应将电容器切除。事故情况下，当发生下列情况之一时，应立即将电容器切除，并报告调度：①电容器爆炸；②接头严重过热或熔化；③套管发生严重放电闪络；④电容器严重喷油或起火；⑤环境温度超过40℃以上。

容量在600kvar以下时，电容器的投入与切除可使用负荷开关；容量在600kvar以上时，应使用高压断路器。应注意，控制电容器的高压断路器禁止装设重合闸。

2. 新装电容器的投入

新装电容器在投入运行前应做如下检查：

(1) 检查电容器是否完好，试验是否合格。

(2) 电容器组的接线是否正确，安装是否合格，三相电容之间的差值应不超过一相总电容的5%。

(3) 各部分的连接是否严密可靠，每个电容器外壳和构架要有可靠的接地。

(4) 放电电阻的容量是否符合设计要求，部件是否完好并试验合格。

(5) 电容器的各附件及电缆试验是否合格。

(6) 电容器组的保护与监视回路是否完整并全部投入。

(7) 电容器组的高压断路器是否符合要求（投入前应在断开位置）。装有接地刀闸的电容器组，应检查其接地刀闸是否在断开位置，接地线是否拆除。

3. 运行中电容器的巡视检查

(1) 检查三相电流是否平衡，各相之差应不大于10%（抄表时巡检）。

(2) 放电用电压互感器指示灯是否良好（每班巡视）。

(3) 电容器内部有无“吱吱”放电声；外壳有无变形及严重渗油（每班及停电时巡视）。

(4) 电容器的保护熔断器是否良好（停电时巡视）。

(5) 电容器外壳60℃示温腊片是否熔化（每班及停电时巡视）。

(6) 外壳接地是否良好及完整（停电时巡视）。

(7) 通风装置是否良好，室内温度是否高于40℃（停电、高温及用电高峰时巡视）。

注意电容器外壳，若有变形及严重渗油时应退出运行。熔丝熔断后，必须查明原因、经试验后再投入。

4.3.3.6　运行电缆的巡视检查

（1）每日巡视检查：①电缆终端头是否有油渗出；②接点示温片腊是否熔化，接头是否变色；③套管和支持绝缘子是否清洁，有无裂纹及放电声。

（2）检修时和每周巡视检查：电缆的外壳接地是否良好与完整。

4.3.3.7　变电所用变压器的运行巡视

除参照主变压器的巡视检查项目外，每班应巡视检查低压配电屏的指示是否正常，低压总开关及各相熔丝是否良好。

4.3.3.8　避雷器和避雷针的运行巡视检查

（1）每年应将投运的避雷器进行一次特性试验，并对接地网的接地电阻进行一次测量。接地电阻值应符合接地规程的要求，同时要按规定进行定期测量。

（2）保持避雷器瓷套的清洁。围栏内应无杂草。

（3）避雷针不应倾斜、锈蚀。避雷针的接地引下线应可靠、无断落和锈蚀现象。

4.3.4　控制、保护及自动装置的巡视检查

1. 继电保护、自动装置及二次回路的巡视检查

运行中，继电保护与自动装置不能任意投入、退出或变更整定值，只有在接到调度或有关上级的通知后才能按要求执行。凡带有电压的电气设备，不允许处于无保护的状态下运行。

遇到下列情况时，应根据设备管理分工，并经申请批准后，可将相应的保护装置退出运行：

（1）带电短接断路器。

（2）倒换有关的电压互感器。

（3）保护装置本身出现故障，有误动危险。

（4）检查保护装置或调整保护整定值时。

（5）带有交流电压回路的保护装置，当交流电压回路发生断线（如熔丝熔断等）时应将其退出运行。在交流电压回路恢复、经检查无问题后，才能重新投入。

发现保护及自动装置有异常情况时，应加强监视并汇报调度。对于可能引起事故的异常现象，值班人员要采取果断措施，立即处理。

2. 控制屏与保护屏的巡视检查

（1）检查高压开关柜和低压配电屏，见图 4-6，各表计指示是否正确，有无过负荷或超温现象，电压是否符合规定要求（每班抄表时巡视）。

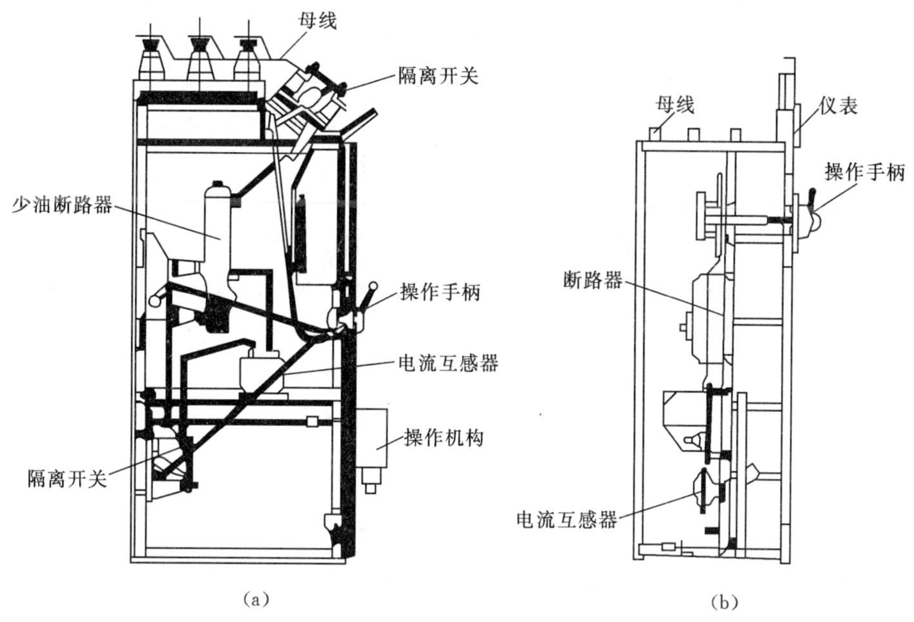

图 4-6　高压开关柜和低压配电屏（侧面）

（a）高压开关柜；（b）低压配电屏

（2）监视灯指示是否正确。

（3）光字牌是否良好。

（4）继电器盖及封印是否完整与良好。

（5）信号继电器是否掉牌（动作后巡视）。

（6）信号灯、警铃和蜂鸣器是否良好。

（7）继电器运行是否有异常现象。

（8）定期做重合闸试验。

4.3.5　电气接头温度的监视方法

变配电装置中有许多电气接头，如变压器与引流排、开关与引流排，以及汇流排本身的相接处（俗称母线接头）等。运行中由于有大量电流通过，且因其存在“接触电阻”的缘故，便会消耗一部分电能，进而转换成热量并使接头发热，温度上升。正常情况下，电气接头的发热程度（体现在温度高低上）都在允许限度以内。故电气接头的温度变化，除了能反映接头处的连接状况（安装质置及变化情况）外，还能在相当程度上表明电气装置是否过载或严重过载等。犹如人体测量体温那样，对电气接头进行温度监视，也是判断电气装置是否安全运行的一个重要方面。

为确保运行安全，一般规定允许运行温度为 70℃（当环境温度为 25℃时）。若母线接头的接触面采用超声波搪锡等方法而有锡覆盖层时，允许温度可提高到 85℃；如其触面处有银覆盖层时，则允许提高到 95℃；如果采用闪光焊接，其允许温度可以提高到 100℃。

判断运行中母线及其接头的发热状况，通常有下列方法：使用示温蜡片、涂变色漆，以及用半导体点温计（带电测温）或红外线测温仪。此外，雪天时还可通过观察接头处积雪熔化情况来判断接头是否发热或过热。现将使用示温蜡片与变色漆以监视温度的方法分述如下。

1. 示温蜡片监视法

在接头处或容易发热的部位粘贴示温蜡片。它在运行中形状会发生变化，运行值班人员可以从蜡片外形的变化来鉴别电气接头的发热情况，从而判断其运行是否正常。

（1）检查示温蜡片的棱角。图 4-7（a）所示为一个完整的示温蜡片，而图 4-7（b）是没有棱角的示温蜡片。这种没有棱角的示温蜡片是因为受导体和周围温度的影响，使示温蜡片软化，而后温度又降下来，因而破坏了示温蜡片的形状。出现这种情况时，说明该处曾经发过热。

（2）检查示温蜡片的位移。示温蜡片溶化是从贴在导体的部分开始的，即示温蜡片紧靠导体部分先溶化。当示温片粘贴在垂直或倾斜的导体上时，示温蜡片溶化时便会沿着导体向下方滑动，而离开了导体发热点。此时滑动着的示温蜡片便停止下滑，于是示温蜡片出现了位移。对带色的示温蜡片，还可从导体上看到移动的痕迹。出现这种情况，说明接头已经发热，见图 4-7（c）。

（3）检查示温蜡片是否下坠。就是指示温蜡片受到一定温度的影响后已经开始下坠，这说明示温蜡片已接近熔化点了，此处温度很高，见图 4-7（d）。

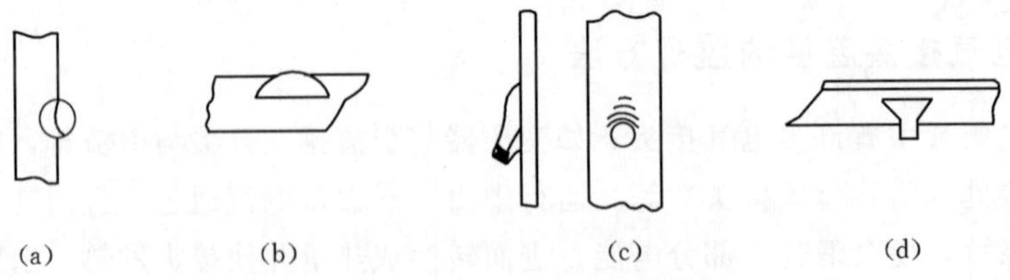

图 4-7 示温蜡片在不同温度下的外形

（a）完整的示温蜡片；（b）没有棱角的示温蜡片；
（c）示温蜡片出现位移；（d）示温蜡片开始下坠

(4) 检查示温蜡片的表面是否发亮。凡受热的示温蜡片，其表面一般是发亮的。运行值班人员发现这种情况时，应认为这是发热的先兆。

(5) 检查示温蜡片是否齐全。若发现示温蜡片没有了，应即检查是掉落的，还是熔化的。如发现粘贴示温蜡片位的周围是湿润的（有时还会附有不少灰尘），这很可能是熔化的蜡，说明接头处已经发热。

在电气接头处粘贴示温蜡片时应注意下列几点：

(1) 应贴在容易巡视检查的地方。

(2) 应贴在不易被雨水冲掉的地方。

(3) 应贴在不易因检修、试验和维护等工作碰掉的地方。

(4) 应避免贴在太阳直射处，以减少外界温度的影响。

(5) 应贴在一个接头的两个接触面的上面，而不应偏离较远。

(6) 如果一个接头的接触面较多，可考虑贴在中心部位。同时应考虑接触面的材料，若有铜与铜、铜与铝、铝与铝多种接触，则应贴在铜与铝接触面的接头上。

(7) 若导线上涂有相位漆，则应选用与相位漆颜色不同的示温蜡片，以便于检查。

(8) 粘贴示温蜡片的液剂，宜采用酒精调和的漆片溶液或用万能胶。不能使用普通胶水或糨糊。

(9) 粘贴时要对准欲贴的部位，并应粘贴牢靠。

(10) 为了安全起见，粘贴示温蜡片时需停电进行，或者使用专用的绝缘工具粘贴。

2. 变色漆监视法

在电气设备上，尤其是容易发热的接头附近可涂上变色漆。这是一种能随温度变化而改变颜色的漆（也称示温变色漆），可以用来显示电气设备该部位的温度高低以及发热情况。使用温度变色漆有如下优点：

(1) 安全。用变色漆后，电气设备的某些发热部位可以不必用手去摸试或采用其他测试手段，便可约知其温度高低，从而采取相应措施。这就能避免可能发生的触电危险。

(2) 醒目。对运行中的电气设备，只要观察变色漆所呈现的颜色，就可知道何处发热以及热到什么程度，且颜色的变化也容易引起值班人员的注意与警觉。据以判断设备运行状态是否正常，从而帮助发现故障。

(3) 方便。变色漆使用方便，且经久耐用。

使用变色漆时应注意：

1) 变色漆对于金属其有蚀性，并能与金属发生反应而失去其效用。所以使用前

应在金属表面先刷一层白磁漆，待其干燥后再涂上变色漆。

2）变色漆属于有毒物质，使用及处理时应谨慎小心，并注意工作完后一定要及时将手洗干净。

3）变色漆若久置凝结时，可以加入适量的香蕉水进行稀释后再使用。

示温变色漆一般有两类：

1）具有还原特性的变色漆。它在常温下呈黄色，超过 30℃时便开始变色；到 45℃左右为橙色，约 60℃时为橙赤色。温度越高，其色越深越红；而随着温度的下降，它又会逐渐恢复其本来的颜色。

2）不具有还原特性的变色漆。它在 50℃以下呈红色；50～60℃时为樱桃红色；到 80℃左右为深樱桃红色；达 100℃为深褐色；1h 内温度升高到 100℃或 100℃以上时则显现浅黄色。它在冷却后将不再还原显出本色，即仍呈浅黄色。

4.4　变配电所的事故处理

4.4.1　常见事故起因及处理原则

1. 常见的事故类别及其起因

变配电所发生的每一次事故都有其一定的原因，设计、安装、检修、运行中存在的问题和设备缺陷都会引起事故。除此以外，由于值班人员业务不熟悉或违反规章制度也会造成事故。整个变配电系统中，由于设备种类繁多，可能发生的故障类别也就较多。一般常见的事故或故障类别及其起因如下：

（1）断路。断路故障大都出现于运行时间较长的变配电设备中，原因是由于受到机械力或电磁力的作用，以及受到热效应或化学效应的作用等，使导体严重氧化而造成断线。断路故障可能发生在中性线或相线上，也会发生在设备或装置内部。

（2）短路。由于绝缘老化、过电压或机械作用等，都可能造成设备及线路的短路故障。因短路可能出现一相对地、相与相之间，以及设备内部匝间短路等故障。

（3）错误接线。错误接线故障绝大多数是由于工作人员过失而造成。在检查、修理、安装、调校等过程中，可能会发生接线错误。所以，在每次接线后都应注意进行仔细核对。常见的错误接线有相序接错、变压器一次侧接反或极性的错接等。

（4）错误操作。常见的错误操作，如对隔离开关的带负荷拉刀闸引起操作过电压等。凡出现误操作故障，大都是因为未能严格按照安全规程及措施（包括技术措施及组织措施）认真去做而引起的。

根据运行经验及事故统计，变配电所较严重的事故常有以下几种：

1）主要电气设备的绝缘损坏事故。

2）电气误操作事故。

3）电缆头与绝缘套管的损坏事故。

4）高压断路器与操作机构的损坏事故。

5）继电保护装置及自动装置的误动作或缺少这些必要的装置而造成的事故。

6）由于绝缘子损坏或脏污所引起的闪络事故。

7）由于雷电所引起的事故。

8）电力变压器故障而引发的事故。变配电值班人员对变配电所发生的各种故障或事故，应能正确分析及时处理。

2. 处理事故的原则与措施

（1）发生事故时，值班人员必须沉着、迅速、正确地进行处理。其原则是：

1）迅速限制事故的发展，寻找并消除事故根源，解除对人身及设备安全的威胁。

2）用一切可能的办法保持设备继续运行，对重要负荷应尽可能做到不停电，对已停电的线路及设备则要能及早地恢复供电。

3）改变运行方式，使供电尽早地恢复正常。

（2）处理事故时，除领导和有关人员以外，其他外来人员均不准进入或者逗留在事故现场。

（3）调度管辖范围内的设备发生事故时，值班员应将事故情况及时、扼要而准确地报告调度员，并依照当班调度员的命令进行处理。在处理事故的整个过程中，值班员应与调度员保持密切联系，并迅速执行命令、作好记录。

（4）凡解救触电人员、扑灭火灾及挽救危急设备等工作，值班员有权先行果断处理，然后报告有关领导及调度员。

（5）事故处理过程中，值班人员应有明确分工。处理完毕后要将事故发生的时间、情况和处理的全过程，详细填写在记录簿内。

（6）交接班时如发生事故，应由交班人员负责处理，接班人要全力协助，待处理完毕、恢复正常后再行交班。如果一时不能恢复，则要经领导同意后才可交接班。

4.4.2 变配电所常见事故的处理方法

4.4.2.1 单相接地故障的处理

35kV 及以下中性点不接地或经消弧线圈接地的系统发生单相接地后，允许短时间继续运行。

1. 接地时出现的现象

（1）接地光字牌亮，同时信号警铃响。

（2）发生完全接地时，绝缘监察电压表三相指示有所不同，接地相电压为零或接近于零，非接地相电压升高了$\sqrt{3}$倍，且持久不变。

（3）发生间隙接地故障时，接地相的电压时减时增，非故障相的电压则时大时小或者有时正常。

（4）发生弧光接地故障时，非故障相的相电压有可能升高到额定电压的 2.5～3 倍。

2. 寻找故障点的方法

（1）对变配电所的所有供出线路逐条进行拉闸试验。

（2）有重合闸装置的，可依次将各线路断路器拉开。若该线路无故障时，便可由重合闸装置随即送上。无重合闸装置的，可用人工操作。

（3）若在断开某条线路的断路器时，绝缘监察与仪表恢复正常，则说明是这条线路上发生了接地故障。

接地点查出后，对一般性负荷线路，应在切除后进行检修；对带主要负荷的线路又无法由其他线路供电时，应先通知有关部门或车间做好停电准备后再行切除和检修。

3. 处理接地事故时的注意事项

（1）发生接地故障时，应严密监视电压互感器，以防止其发热。

（2）不得用隔离开关断开接地点。

（3）在切除联络线或环状线路时，两侧断路器均应断开。但要注意在切除之后，不应使其他线路过负荷。

4.4.2.2 母线故障的处理

（1）母线断路器跳闸时，一般先检查母线，只有在消除故障后才能送电。严禁用母线断路器对母线强行送电，以防事故扩大。

（2）母线因后备保护动作而跳闸（一般因线路故障及线路的继电保护拒绝动作发生越级跳闸）时，应先判明故障元件并消除故障，然后再恢复对母线送电。

（3）母线断路器装有重合闸装置，在重合闸失败后，应立即倒换备用母线供电。

（4）如果跳闸前在母线上曾有人工作过，则更应对母线进行详细检查，以防止误送电而威胁人身与设备安全。

4.4.2.3 隔离开关故障的处理

1. 隔离开关接触部分发热

发热原因多是由于压紧弹簧或螺栓松动，或者是表面氧化所致。

（1）处理故障时，如果是双母线系统中有一组母线的隔离开关发热、应将发热的隔离开关切换到另一组母线上去；如是单母线系统的母线隔离开关发热，则应减轻负

荷，条件允许时，最好将隔离开关退出运行。若母线可以停电，应立即进行检修。因负荷关系而不能停电检修又不能减轻负荷时，必须加强监视。如发热且温度急剧上升，则应按规程规定断开相应的断路器。

（2）如是线路隔离开关接触部分发热，处理方法与单母线隔离开关发热的处理方法基本相同，所不同的是该隔离开关有串联的断路器，可以防止事故的发展。此时，隔离开关可以继续运行，但需加强监视，直到可以停电检修时为止。

2. 隔离开关拉不开

当隔离开关拉不开时，若是操作机构被冷结，可以轻轻摇动，并注意支持绝缘子及操作机构的每个部分，以便根据变形和变位情况，找出发生抗力的地方。如果妨碍拉开的抗力发生在刀闸的接触装置上，则不要强行拉开，否则支持绝缘子会受到破坏而引起严重事故。此时，惟一的办法是变更主接线的运行方式。

3. 母线和隔离开关的瓷瓶（包括穿墙套管）出现裂纹或崩缺

此种情况下，如暂不影响送电，则可先运行；如发现伴有放电现象，应报告上级后再进行停电处理。

4.4.2.4 变配电所全所停电的事故处理

1. 造成全所停电的几种情况

（1）单电源、单母线运行时发生短路事故。

（2）变配电所受电线路故障。

（3）上一级系统电源故障。

（4）主要电气设备故障。

（5）二次继电保护拒动，造成越级跳闸。

2. 全所停电的处理方法

（1）上一级电源故障。如果变配电所全所停电是由于上一级电源故障或受电线路故障而造成的，则向用户供电线路的出口断路器均不必切断。电压互感器柜应保持在投入状态，以便根据电压表指示和信号判明是否恢复送电。

（2）变压器故障。由于变压器内部故障使重瓦斯动作，主变压器两侧断路器全部断开，如是单台主变压器运行，即会造成全所停电。这时应将二次侧负荷全部切除，将一次侧刀闸拉开，待主变事故处理好后再恢复送电。

（3）越级跳闸。对于断路器拒动或保护失灵造成越级跳闸而使全所停电的事故，要根据断路器的合、分位置和事故征象，准确判断后即向调度汇报。根据调度命令将拒动断路器切除，或暂时停掉误动的继电保护装置，然后恢复送电。

4.4.2.5 配电线路的故障处理

配电线路故障跳闸时，应作如下检查与处理：

（1）供出线路故障跳闸后，应查明继电保护动作情况，并对开关作外部观察和检查。若无喷油、冒烟情况，可改为冷备用状态，并向值班长汇报。在查明情况后，根据跳闸原因，决定是否再进行试送电。

（2）故障跳闸的线路若强送成功后又转为单相接地故障时，应立即拉闸，以验证是否确系该线路接地。

（3）对配电线路进行试送电时，如果电流表指针到满刻度后 2s 内未返回，且保护装置未动作时，应立即拉闸断开电路。

（4）误拉或误碰开关引起掉闸时，如该开关控制的电路无并列电路，则可立即合上，再向值班长汇报；对有并列电路的，应汇报供电部门，并按调度员的命令进行处理。

（5）若误合备用中的断路器，可立即拉闸后再行汇报。如误拉或误合了隔离开关，应立即停止操作，检查设备是否受到损害，并立即向领导汇报。

4.4.2.6　需与供电部门协作处理的事故

发生下列情况时，应迅速报告供电部门并请协助处理：

（1）严重的设备损坏或影响系统送电的事故。

（2）油开关严重喷油冒烟，母线、隔离开关绝缘支持瓷瓶闪络引起单相接地、相间短路。

（3）发生全所停电事故。

（4）危急情况下操作进线断路器后。

（5）发生人身触电事故。

（6）设备发生严重缺陷或出现异常情况，原因不明。

（7）二次回路故障，继电保护失灵，越级跳闸，开关拒动等。

（8）计量设备出现故障，影响准确计量。

4.4.3　电气装置过载发热和油箱漏油

运行实践中，变配电所内电气装置出现过载发热和充油设备油箱渗漏油的情况也甚为多见。若不及时妥善处理，将会引发事故并带来严重后果。现将其产生原因与处理方法分述如下。

4.4.3.1　电气装置发生过载的原因

变配电所内各类电气装置的型式及规格很多，选用时必须根据实际负荷情况来确定其规格。对于变压器、油断路器、隔离开关、电动机等，与负荷有关的数据主要是额定电流或容量；而导线则以安全载流量为允许负荷的选择依据。如果所选用的电气装置的额定电流小于实际负荷，则运行时便会出现过载（即过负荷）现象。若不及时

解决就会酿成故障，甚至引发事故。

运行中电气装置发生过载的原因一般有：

（1）电力变压器的正常过负荷倍数和允许的持续时间是有一定限度的，经常超过这个限度就会形成长期过载。这种情况下，应换用与实际负荷大小相适应的变压器。

（2）油断路器和隔离开关的额定电流，往往在设计与选用时高于实际负荷，故正常情况下不易过载。若出现过载，多数是发生于系统中出现短路故障的时候。

（3）导线的实际负荷若大于该导线的安全流量时，应该更换较大截面的导线。

（4）电气装置的实际电压高于额定电压时也会出现过载，如补偿电容器的端电压高于其额定值时，就会引起过负荷。此外，高次谐波对补偿电容器也有严重影响，同样会造成电容器过负荷。由于高次谐波的作用，还会引起其绝缘击穿。因电容器外壳封闭很严密，绝缘击穿时所产生的气体将会使外壳膨胀，甚至使电容器发生爆炸。

变配电设备运行时，有时会出现不正常的发热现象。过载是引起电气装置发热的主要原因之一，还有一些其他原因也会造成电气设备的非正常发热，主要是：导线连接不牢固，使接触电阻过大、接触部位发热。长期发热，就能加速金属导体的氧化过程，大大增加接触电阻，使发热更剧烈。如此循环下去，将会使连接点的温度剧增。断路器的动、静触头接触不良，会引起接触部分的过热。隔离开关的夹紧部件松动，造成刀片和触头接触不良，也会引起过热，严重时甚至可能将刀片与触头熔接在一起。

4.4.3.2 电气装置油箱漏油的原因及处理

油断路器及变压器等充油设备，常会发生渗油甚至漏油现象。对轻微渗漏，可在停电检修时进行渗漏处理并补充绝缘油。但渗漏严重者，必须立即进行检修处理，否则会由于缺油而酿成重大设备事故。

产生渗漏油的原因和处理方法是：

（1）橡胶垫（或盘根）不耐油。应换用耐油橡胶。

（2）耐油橡胶垫加压太紧，使橡胶失去弹性。压紧时应掌握适当的压力，一般宜将橡胶垫压缩35％～40％左右。

（3）长久未检修橡胶垫或者是使用太久时，其弹性便会减弱，应及时予以更换。

（4）如用牛皮浸漆后制成密封垫，则在油漆未干便注入绝缘油时也会发生渗漏。应待其确实完全干后再行注油。

（5）由于过热使密封垫老化或焦化（一般多发生于油断路器），此时应及时更换，并查出过热原因，采取相应措施解决。

（6）若油标或放油阀门等处密封不严，也会出现绝缘油的渗漏现象，故应密封严实。

（7）油箱或油管等焊接质量不好，出现缝隙而造成渗漏油。若出现这种情况，应及时安排进行焊补。

思 考 题

4-1 何谓一、二次设备？分别包括哪些？二次回路的功用是什么？

4-2 值班人员应具备哪些基本条件？职责是什么？运行日志有何作用？

4-3 何谓倒闸操作？试述倒闸操作的要求及步骤。

4-4 如何进行断路器和隔离刀闸的操作？分别应注意些什么？

4-5 停送电时断路器与隔离刀闸的操作顺序如何？如果出现了带负荷拉刀闸，怎么办？

4-6 保障正确进行倒闸操作的具体措施有哪些？

4-7 变配电设备为什么要进行巡视？期限规定如何？试述巡视的注意事项。

4-8 简述对主变压器及高压配电设备的巡视检查要点。

4-9 怎样监视电气接头的温度？粘贴示温腊片应注意些什么？

4-10 变配电所的常见事故有哪几种？起因分别是什么？

第5章

电气安全工作制度

5.1 电气值班制度

为保证电气设备及线路的可靠运行，除在设备和线路回路上装设继电保护和自动装置以实现对其保护和自动控制之外，还必须由人工进行工作。为此，在变电所（发电厂）要设置值班员。值班主要任务是：对电气设备和线路进行操作、控制、监视、检查、维护和记录系统的运行情况，及时发现设备和线路的异常或缺陷，并迅速、正确地进行处理。尽最大努力来防止由于缺陷扩大而发展为事故。

值班员的工作是非常重要的，他们必须具备一定的业务水平和安全常识，才能胜任值班与巡视的工作。

5.1.1 值班工作的安全要求

5.1.1.1 值班调度员、值班长和值班员上岗的基本业务条件

(1) 值班调度员是电气设备和线路运行工作的总指挥者。应具有相当业务知识和丰富的现场指挥经验，熟知《电业安全工作规程》和《运行规程》，掌握本系统的运行方式；并能决策本系统的经济运行方式和任何事故下的运行方式。

(2) 值班长是电气设备和线路运行的值班负责人，执行值班调度员的命令，指挥值班人员完成工作任务，应具有中等技术业务知识和较丰富的现场工作经验，掌握《电业安全工作规程》和《运行规程》的有关内容，熟悉本系统的运行方式，能熟练地掌握和运用触电急救法。

(3) 值班员是值班与巡视工作的直接执行者。值班员必须熟悉电气设备的工作原理及性能，熟悉本岗位的《安全规程》和《运行规程》，熟悉本系统的电气主接线及其运行方式，能够熟练地进行倒闸操作和事故处理工作。

5.1.1.2　值班工作的组织系统

值班的组织系统是下级调度机构即变电所（发电厂）的值班员（值班调度员、值班长、值班员）接受上级值班调度员的命令。对所下达的命令必须进行复诵，校对无误后，立即执行。下级调度员一般不得拒绝或延迟执行上级值班调度员的命令。值班员对调度命令有疑问或认为不正确、不妥时应及时提出意见，但上级值班调度员仍重复他的命令时，值班人员必须迅速执行。当执行命令的确会危及人身和设备安全时，值班人员应拒绝执行，并拒绝执行的理由及改正意见报告上级值班调度员和本单位的直接领导人。对接受的命令或对命令的更改意见均要填入运行记录簿内。

5.1.1.3　室内高压设备设单人值班的条件及安全要求

1. 室内高压设备设单人值班必须具备的条件

（1）室内高压设备的隔离室设有 1.7m 以上的牢固而且是加锁的遮栏。这样可防止误碰带电部分和走错间隔。

（2）室内高压开关的操作机构用墙或金属隔板与该开关隔离，或装有远方操作机构。

这就防止了在操作时因事故而使操作者遭到电伤、电击或烧伤等危险。否则，高压开关无隔离装置，一旦操作时，发生开关爆炸等事故，单人值班者不仅会遭到电伤、烧伤等危险，而且无人救护，后果是严重的。所以单人值班要满足以上两个条件。

2. 安全要求

（1）单人值班不得单独从事修理工作，因无人监护的作业是不安全的。

（2）不论高压设备带电与否，值班人员不得单独移开或越过遮栏进行工作。若有必要移开遮栏时，必须有监护人在场，而且要对不停电的设备保持表 5-10 所规定的安全距离。这样规定是因为即便是不带电的设备也有突然来电的可能，一个人工作没有安全保障。

5.1.2　值班员的岗位责任及交接班工作制度

5.1.2.1　值班员的岗位责任

（1）在值班长的领导下，坚守岗位、集中精神，认真做好各种表计、信号和自动装置的监视。准备处理可能发生的任何异常现象。

（2）按时巡视设备，做好记录。发现缺陷及时向值班长报告。按时抄表并计算有功、无功电量，保证正确无误。

（3）按照调度指令正确填写倒闸操作票，并迅速正确地执行操作任务。发生事故时要果断、迅速、正确地处理。

（4）负责填写各种记录，保管工具、仪表、器材、钥匙和备品，并按值移交。

（5）做好操作回路的熔丝检查、事故照明、信号系统的试验及设备维护。搞好环境卫生，进行文明生产。

5.1.2.2 交接班的工作制度

（1）接班人员按规定的时间到班。未经履行交接手续，交班人员不准离岗。

（2）禁止在事故处理或倒闸操作中交接班。交班时若发生事故，未办理手续前仍由交班人员处理，接班人员在交班值班长领导下协助其工作。一般情况下，在交班前30min停止正常操作。

（3）交接内容：

1）运行方式。

2）保护和自动装置运行及变化情况。

3）设备缺陷及异常情况，事故处理情况。

4）倒闸操作及未完成的操作指令。

5）设备检修、试验情况，安全措施的布置，地线组数、编号及位置和使用中的工作票情况。

6）仪器、工具、材料、备件和消防器材等完备情况。

7）领导指示与运行有关的其他事项。

（4）交接班时必须严肃认真，要做到“交的细致，接的明白”，在交接过程中应有人监察。

（5）交班时由交班值班长向接班值班长及全体值班员做全面交待，接班人员要进行重点检查。

（6）交接班后，双方值班长应在运行记录簿上签字，并与系统调度通电话，互通姓名、核对时钟。

5.1.3 变配电所运行管理制度

5.1.3.1 巡视检查制度

（1）变配电所的值班人员对设备应经常进行巡视检查。巡视检查内容参见第4章第4.3节。巡视检查分为定期巡视、特殊巡视和夜间巡视三种，其含义是：

1）定期巡视。值班员每天按现场运行规程的规定时间和项目，对运行的和备用的设备及周围环境进行定期检查。

2）特殊巡视。对特殊情况下增加的巡视。如在设备过负荷或负荷有显著变化时，新装、检修或停运后的设备投入运行，运行中出现可疑现象及特殊天气时的巡视。

3）夜间巡视。其目的在于发现接点过热和绝缘污秽放电情况，一般在高峰负荷期和阴雨无月的夜间进行。

（2）巡视检查要精力集中，注意安全。巡视高压设备时，不得移开或越过遮栏，也不准进行其他工作。

（3）巡视中若发现设备有异常情况，不论电气设备带电与否，未得主管领导批准，值班人员不得擅自接近导体进行修理或维护工作。

（4）高压室的钥匙至少应有3把，由值班人员负责保管并按值移交；一把专供值班员使用，一把专供紧急时使用；剩余的可以借给许可单独巡视高压设备的人员和工作负责人使用，但必须登记签名，当日交回。

（5）巡视配电装置进行高压室时，应该随手将门关上并锁好。

（6）高压设备发生接地时，在室内不得接近故障点4m以内；在室外不得接近故障点8m以内。进入上述范围的人员必须穿绝缘鞋；接触设备外壳或构架时应戴绝缘手套。

（7）雷雨天气需巡视室外高压设备时，应穿绝缘鞋，同时不准靠近避雷针和避雷器。

（8）巡视中发现的缺陷要记入记录簿内，重大设备缺陷应立即向主管领导汇报。

5.1.3.2 日常维护制度

变配电所值班人员要严格坚持并认真做好变配电设备的日常维护工作。它包括以下各项内容：

（1）各载流接头（包括刀闸）应在高峰负荷时用蜡触试或用红外线测温仪测试接点温度。

（2）监视注油设备的油面，及时进行补油、放油及室外注油设备的检查。

（3）定期检查和试验安全工具。

（4）定期清扫和测试绝缘子。

（5）二次回路应定期摇测绝缘电阻值，使其保证在要求范围内之内。

（6）蓄电池定期测量、充放电及加电解液，经常清扫蓄电池室地面。

（7）主要变压器风机的维修，若呼吸器内吸潮剂变色应及时处理。

（8）所内系统的维护和所内照明的维修。

（9）清除设备区的杂草，并进行灭鼠工作。

（10）设备检修后的验收工作。

（11）上下水道的防冻与取暖保温工作。

（12）设备外壳清扫和室内外环境卫生工作。

5.1.3.3 定期试验切换制度

（1）为保证设备的完好性和备用设备完好的处在备用状态，应定期对备用设备及直流电源，事故照明、消防设施、备用切换装置等，进行试验和切换使用。

（2）各单位应针对自己的设备情况，制定定期试验切换的项目、要求和周期，并明确执行和监护人，经领导批准后实施。

（3）对运行设备影响较大的切换试验，应做好事故预测和制定完整对策，并及时将试验切换结果记入专用的记录本中。

5.1.3.4 运行分析制度

（1）为掌握设备的运行规律，及时采取措施消除隐患以确保安全，实现经济运行，变配电所应建立运行分析制度。

（2）运行分析的主要内容有以下几项：

1）设备的异常现象，如放电、发热、异音、油位变化、仪表指示异常、熔丝熔断、断路器和继电保护误动作等。

2）设备绝缘降低、绝缘油变化或色谱分析问题。

3）检修和试验中发现的问题。

4）执行规章制度及安全生产中出现的问题。

5）经济运行情况。

（3）通过运行分析，对所内设备应做到心中有数，便于对设备进行评级，不断提高设备的完好率。同时，也是提高运行人员技术水平的好方法。

（4）每次分析结果应记入运行分析记录本内。

5.1.3.5 设备缺陷管理制度

（1）设备缺陷管理制度要求全面掌握设备的良好状态，以便及时发现设备缺陷，并尽快补缺。保证设备长期处于良好的技术状态，是确保供电系统安全运行的重要环节，也是妥善安排设备检修、校验和试验工作的重要依据。

（2）运行中的设备缺陷根据其影响安全运行的程度分为以下三类：

1）一类缺陷是紧急缺陷。凡可能发生人身伤亡、大面积停电、主设备损坏，或造成有政治影响的停电事故的缺陷称为一类缺陷。这种缺陷性质严重，情况紧急，必须立即处理。

2）二类缺陷是重要缺陷。这类缺陷，设备尚可运行但情况严重，已经影响设备出力，不能满足系统正常运行的需要，短期内有发生事故的可能性或威胁安全运行。

3）三类缺陷是一般缺陷。对安全运行影响较小且发展较慢、可列入计划进行处理。

（3）发现一类缺陷应立即消除，并向本单位主管领导及供电局调度汇报；发现二类缺陷应及时安排计划消除；三类缺陷可结合定期检修有计划的消除。

（4）变配电所值班员应将发现的设备缺陷填写在设备缺陷记录本内。

5.1.4 变配电所倒闸操作制度

(1) 倒闸操作必须根据值班调度员或值班负责人命令，受令人复诵无误后执行。发布命令应准确、清晰、使用正规操作术语和设备双重名称，即设备名称和编号。发令人使用电话发布命令之前，应先和受令人互报姓名。发令全过程和听令报告时都要作好记录。倒闸操作由操作人填写操作票。单人值班者，操作票由发令人用电话向值班员传达，值班员应根据传达的命令，填写好操作票，复诵无误，并在“监护人”签名处填入发令人的名字。每张操作票只能填写一个操作任务。

(2) 停电拉闸操作必须按照开关、负荷侧刀闸、母线侧刀闸顺序依次操作，送电合闸的顺序与此相反。如变压器需要停电时，应先停低压，后停高压；送电时先送高压后送低压。严防带负荷拉合隔离开关（刀闸）。为防止误操作、高压电气设备都应加装防止误操作的闭锁装置。

(3) 下列项目应填入操作票内：①应拉合的开关和刀闸；②检查开关和刀闸的位置；③检查接地线是否拆除；④检查负荷分配；⑤装拆接地线；⑥安装或拆除控制回路、电压互感器回路的保险器；⑦切换保护回路和检验是否确无电压等。

(4) 操作票应用钢笔或圆珠笔填写，票面应清楚整洁，不得任意涂改。操作人和监护人应根据模拟图板或结线图核对所填写的操作项目并分别签名，然后经值班负责人审核签名。

(5) 操作前应核对设备名称、编号和位置，操作中应认真执行监护复诵制。必须按操作顺序操作，每操作完一项，作一个记号“√”，全部操作完毕后进行复查。

(6) 倒闸操作必须由两人执行，其中一人对设备较为熟悉者作监护。单人值班的变配电所倒闸操作可由一人执行。特别重要和复杂的倒闸操作，由熟练的值班员操作，值班负责人或主管负责人监护。

(7) 操作中发生疑问时，不准擅自更改操作票，不准随意解除闭锁装置。应立即向值班负责人或主管负责人报告，弄清楚后再进行操作。

(8) 用绝缘棒拉合刀闸或经传动机构拉合刀闸和开关，均应戴绝缘手套，雨天操作室外高压设备时，绝缘棒应有防雨罩，还应穿绝缘靴。接地网电阻不符合要求时，晴天也应穿绝缘靴；雷电时，禁止进行倒闸操作；凡登杆进行倒闸操作，操作人员应戴安全帽并使用安全带。

(9) 装卸高压可熔保险器，应戴护目眼镜和绝缘手套，必要时使用绝缘夹钳，并站在绝缘垫或绝缘台上。

(10) 电气设备停电后，即使是事故停电，在未拉开有关刀闸和做好安全措施以前，不得触及设备或进入遮栏，以防突然来电。

(11) 开关的遮断容量如不能满足电网要求，则必须将操作机构用墙或金属板与该开关隔开，并设远方控制，重合闸装置必须停用。

(12) 在发生人身触电事故时，为了解救触电者，可以不经许可，即行断开有关设备的电源，但事后必须立即报告上级。

(13) 下列各项工作可以不用操作票：①事故处理；②拉合开关的单一操作；③拉开接地刀闸或拆除全变配电所仅有的一组接地线。但上述操作均应记入操作记录簿内。

(14) 操作票应先编号，按照编号顺序使用。作废的操作票应注明“作废”字样，已操作的要注明（或盖章）“已执行”字样。上述操作票保存3个月。

5.2 电工安全用具

在电力系统中，根据各专业和工种的不同，人们要从事不同的工作和进行不同的操作，而生产实践又告诉我们，为了顺利完成任务而又不发生人身事故，操作工人必须携带和使用各种安全用具。如对运行中的电气设备进行巡视、改变运行方式、检修试验时，需要采用电气安全用具；在线路施工中，人们离不开登高用安全用具；在带电的电气设备上或邻近带电设备的地方工作时，为了防止工作人员触电或被电弧灼伤，需使用绝缘安全用具等。所以，安全用具是防止触电、坠落、电弧灼伤等工伤事故，保障工作人员安全的各种专用工具和用具，这些工具是人们作业中必不可少的。安全用具可分为绝缘安全用具和一般防护安全用具两大类。绝缘安全用具又分为基本安全用具和辅助安全用具两类。

1. 绝缘安全用具

(1) 基本安全用具。是指那些绝缘强度大、能长时间承受电气设备的工作电压，能直接用来操作带电设备或接触带电体的用具。属于这一类的安全用具有：高压绝缘棒、高压验电器、绝缘夹钳等。

(2) 辅助安全用具。是指那些绝缘强度不足以承受电气设备或线路的工作电压，而只能加强基本安全用具的保护作用，用来防止接触电压、跨步电压、电弧灼伤对操作人员伤害的用具。不能用辅助安全用具直接接触高压电气设备的带电部分。属于这一类的安全用具有绝缘手套、绝缘靴（鞋）、绝缘垫、绝缘台等。

2. 一般防护安全用具

一般防护安全用具是指那些本身没有绝缘性能，但可以起到防护工作人员发生事故的用具。这种安全用具主要用作防止检修设备时误送电，防止工作人员走错隔间、误登带电设备，保证人与带电体之间的安全距离，防止电弧灼伤、高空坠落等。这些安全用具尽管不具有绝缘性能，但对防止工作人员发生伤亡事故是必不可少的。属于这一类的安全用具有：携带型接地线、防护眼镜、安全帽、安全带、标示牌、临时遮栏等。此外，登高用的梯子、脚扣、站脚板等也属于这类安全用具的范畴。

5.2.1　基本安全用具

5.2.1.1　绝缘棒

绝缘棒又称绝缘杆、操作杆。绝缘棒用来接通或断开带电的高压隔离开关、跌落开关，安装和拆除临时接地线以及带电测量和试验工作。

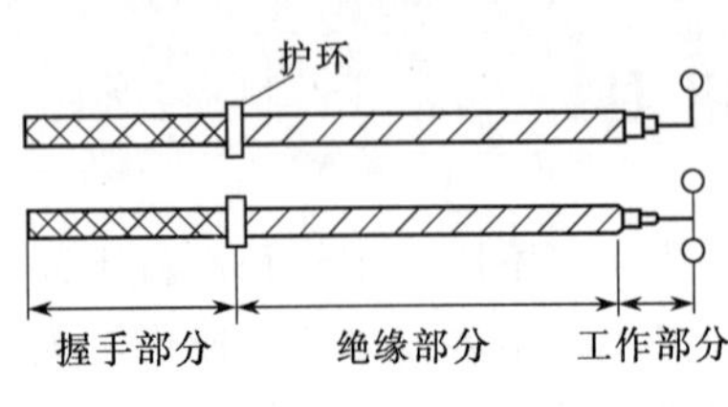

图 5-1　绝缘棒

绝缘棒的结构主要由工作部分、绝缘部分和握手部分构成，如图 5-1 所示。工作部分一般由金属制成，一般不宜过长。绝缘部分和握手部分是用浸过绝缘漆的木材、硬塑料、胶木等制成的，两者之间由护环隔开。为了便于携带和保管，往往将绝缘棒分段制作，每段端头有金属螺丝，用以相互镶接，也可用其他方式连接，使用时将各段接上或拉开即可。

使用绝缘棒时，工作人员应戴绝缘手套和穿绝缘靴（鞋），以加强绝缘棒的保护作用。在下雨、下雪天用绝缘棒操作室外高压设备时，绝缘棒应有防雨罩，以使罩下部分的绝缘棒保持干燥。使用绝缘棒时要注意防止碰撞，以免损坏表面的绝缘层。绝缘棒应存放在干燥的地方，以防止受潮。一般应放在特制的架子上或垂直悬挂在专用挂架上，以防弯曲变形。绝缘棒不得直接与墙或地面接触，以防碰伤其绝缘表面。

5.2.1.2　绝缘夹钳

绝缘夹钳是用来安装和拆卸高压熔断器或执行其他类似工作的工具，主要用于 35kV 及以下电力系统，如图 5-2 所示。

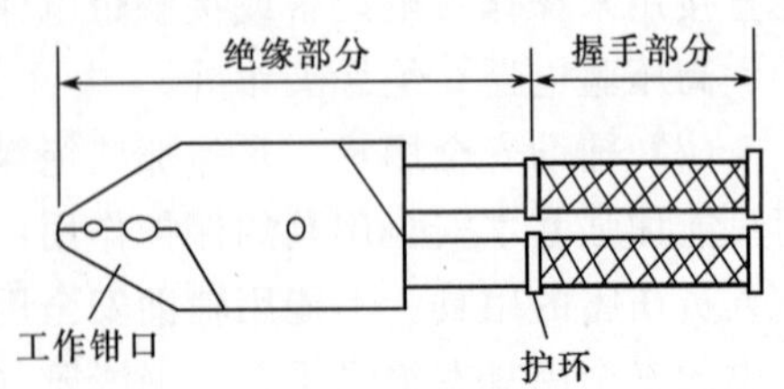

图 5-2　绝缘夹钳

绝缘夹钳由工作钳口、绝缘部分（钳身）和握手部分（钳把）组成。各部分所用材料与绝缘棒相同，只是它的工作部分是一个强固的夹钳，并有一个或两个管形的钳口，用以夹紧熔断器。它的绝缘部分和握手部分的最小长度不应小于表 5-1 数值，主要依电压和使用场所而定。

表 5-1　　绝缘夹钳的最小长度（m）

电压 (kV)	户内设备用		户外设备用	
	绝缘部分	握手部分	绝缘部分	握手部分
10	0.45	0.15	0.75	0.20
35	0.75	0.20	1.20	0.2

作业人员工作时，应带护目眼镜、绝缘手套和穿绝缘靴（鞋）或站在绝缘台（垫）上，手握绝缘夹钳要精力集中并保持平衡。绝缘夹钳上不允许装接地线，以免在操作时，由于接地线在空中游荡而造成接地短路和触电事故。在潮湿天气只能使用专用的防雨绝缘夹钳。绝缘夹钳要保存在专用的箱子里或匣子里，以防受潮和磨损。

5.2.1.3　高压验电器

验电器又称测电器、试电器或电压指示器，根据所使用的工作电压，高压验电器一般制成 10kV 和 35kV 两种。

验电器是检验电气设备、电器、导线上是否有电的一种专用安全用具。当每次断开电源进行检修时，必须先用它验明设备确实无电后，方可进行工作。

（1）验电器可分为指示器和支持器两部分，见图 5-3。具体如下：

1）指示器是一个用绝缘材料制成的空心管，管的一端装有金属制成的工作触头 1，管内装有一个氖灯 2 和一组电容器 3，在管的另一端装有一金属接头，用来将管接在支持器上。

2）支持器 4 是用胶木或硬橡胶制成的，分为绝缘部分和握手部分（握柄），在两者之间装有一个比握柄直径稍大的隔离护环 6。

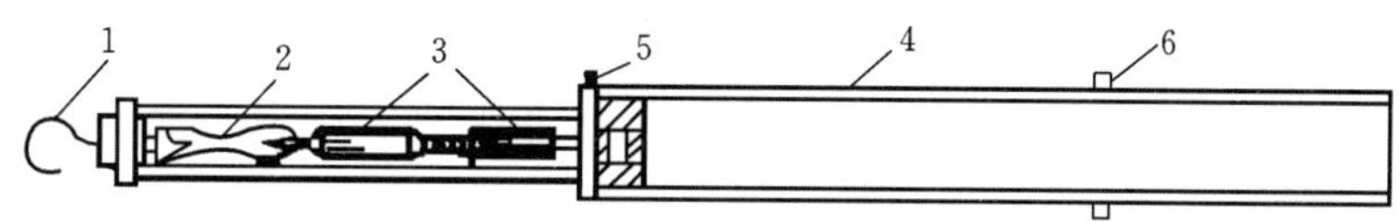

图 5-3　高压验电器

1—工作触头；2—氖灯；3—电容器；4—支持器；5—接地螺丝；6—隔离护环

（2）高压验电器的正确使用和注意事项：

1）必须使用电压和被验设备电压等级相一致的验电器。验电操作顺序应按照验电“三步骤”进行，即在验电前，应将验电器在带电的设备上验电，以验证验电器是否良好，然后再在设备进出线两侧逐相验电。当验明无电后再把验电器在带电设备上复核一下，看其是否良好。

2）验电时，应带绝缘手套，验电器应逐渐靠近带电部分，直到氖灯发亮为止，验电器不要立即直接触及带电部分。

3）验电时，验电器不应装接地线，除非在木梯、木杆上验电，不接地不能指示者，才可装接地线。

4）注意被测试部位各方向的临近带电体电场的影响，防止误判断。

5.2.1.4 低压验电器

低压验电器又称试电笔或验电笔。

这是一种检验低压电气设备、电器或线路是否带电的一种用具，也可以用它来区分火（相）线和地（中性）线。试验时氖管灯泡发亮的即为火线。低压验电器的结构如图 5-4 所示。在制作时为了工作和携带方便，常做成钢笔式或螺丝刀式。但不管哪种形式，其结构都类似，都是由一个高值电阻、氖管、弹簧、金属触头和笔身组成。

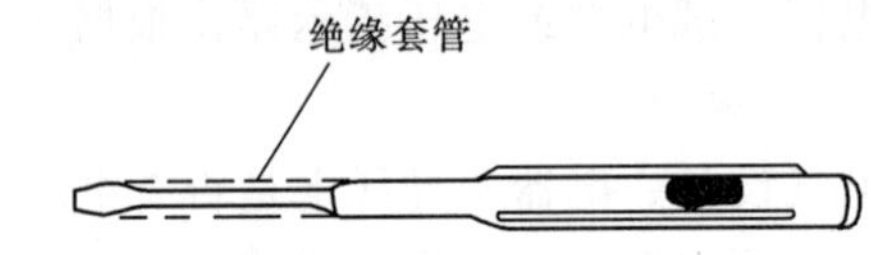

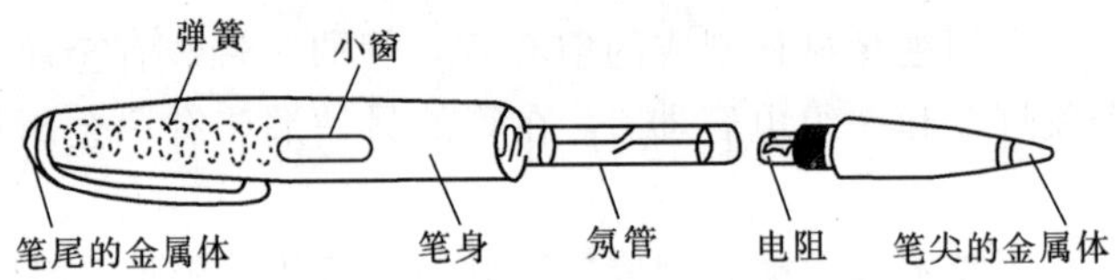

图 5-4 低压验电器

（1）使用时，手拿验电笔，用一个手指触及金属笔卡，金属笔尖顶端接触被检查的带电部分，看氖管灯泡是否发亮，见图 5-5，如果发亮，则说明被检查的部分是带电的，并且灯泡愈亮，说明电压愈高。

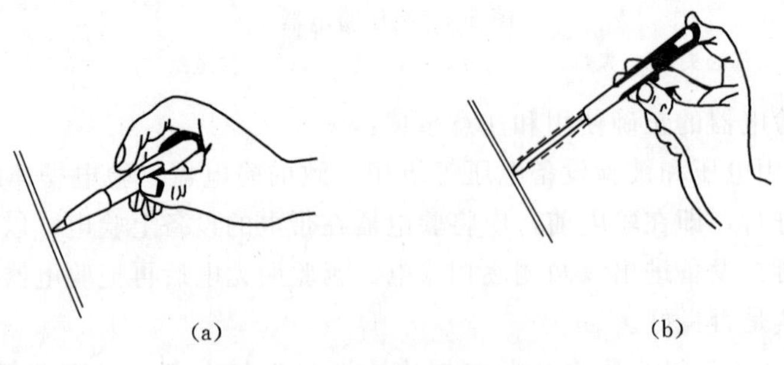

图 5-5 低压验电器的正确使用

(2) 低压验电笔在使用前、后也要在确知有电的设备或线路上试验一下，以证明其是否良好。

(3) 低压验电笔并无高压验电器的绝缘部分，故绝不允许在高压电气设备或线路上进行试验，以免发生触电事故，只能在100～500V范围内使用。

5.2.2 辅助安全用具

5.2.2.1 绝缘手套

绝缘手套是高压电气设备上进行操作时使用的辅助安全用具，如用来操作高压隔离开关、高压跌落开关、油开关等，如图5-6所示。在低压带电设备上工作时，把它作为基本安全用具使用，即使用绝缘手套可直接在低压设备上进行带电作业。绝缘手套可使人的两手与带电物绝缘，是防止同时触及不同极性带电体而触电的安全用品。

每次使用前应进行外部检查，查看表面有无损伤、磨损或破漏、划痕等。如有砂眼漏气情况，应禁止使用。检查方法是，将手套朝手指方向卷曲，当卷到一定程度时，内部空气因体积减小、压力增大，手指鼓起，为不漏气者，即为良好，见图5-7所示。使用绝缘手套时，里面最好戴上一双棉纱手套，这样夏天可防止出汗而操作不便，冬天可保暖，带手套时，应将外衣袖口放入手套的伸长部分里。绝缘手套使用手应擦净、晾干，最好洒上一些滑石粉，以免粘连。绝缘手套应存放在干燥、阴凉的地方，并应倒置在指形支架上或存放在专用的柜内，与其他工具分开放置，其上不得堆压任何物件。绝缘手套不得与石油类的油脂接触，合格与不合格的绝缘手套不能混放在一起，以免使用时拿错。

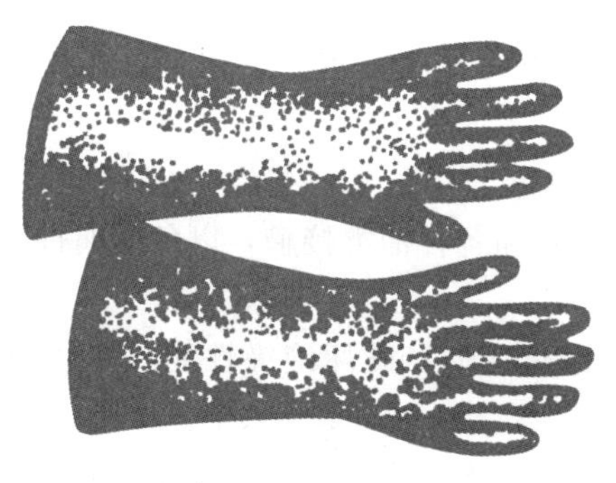

图5-6 绝缘手套

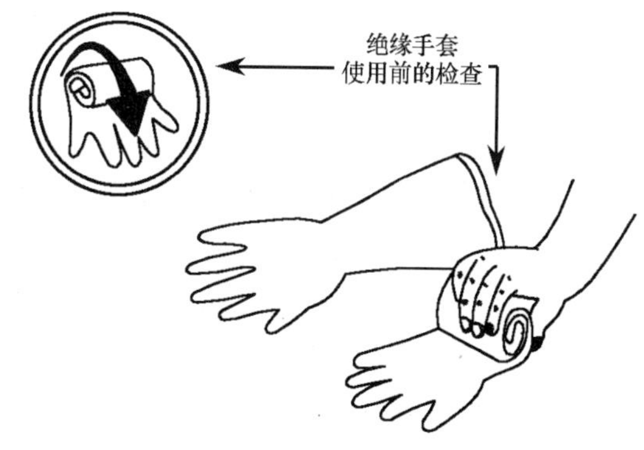

图5-7 绝缘手套的检查

5.2.2.2 绝缘靴（鞋）

绝缘靴（鞋）的作用是使人体与地面绝缘。绝缘靴是在进行高压操作时用来与地

保持绝缘的辅助安全用具，而绝缘鞋用于低压系统中，两者都可作为防护跨步电压的基本安全用具。绝缘靴（鞋）也是由特种橡胶制成的。绝缘靴通常不上漆，这是和涂有光泽黑漆的橡胶水靴在外观上所不同的，见图5-8。

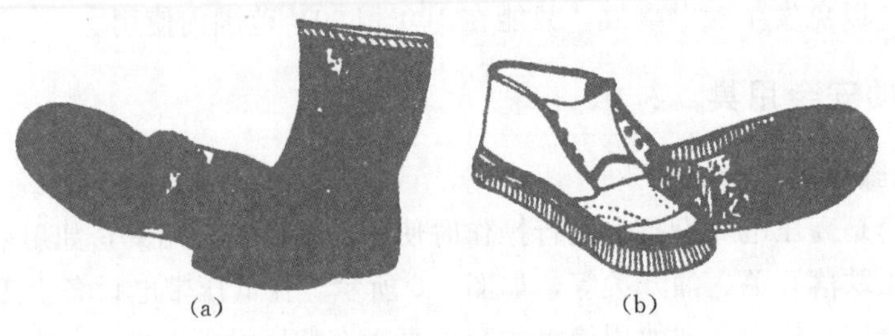

(a)　　　(b)

图5-8　绝缘靴

(a) 绝缘靴；(b) 绝缘鞋

绝缘靴（鞋）不得当作雨鞋或作其他用，其他非绝缘靴（鞋）也不能代替绝缘靴（鞋）使用。绝缘靴（鞋）在每次使用前应进行外部检查，查看表面有无损伤、磨损或破漏、划痕等。如有砂眼漏气，应禁止使用。绝缘靴（鞋）应存放在干燥、阴凉的地方，并应存放在专用的柜内，要与其他工具分开放置，其上不得堆压任何物件。不得与石油类的油脂接触，合格与不合格的绝缘靴（鞋）不能混放在一起，以免使用时拿错。

5.2.2.3　绝缘垫

绝缘垫可以增强操作人员对地绝缘，避免或减轻发生单相短路或电气设备绝缘损坏时，接触电压与跨步电压对人体的伤害；在低压配电室地面上铺绝缘垫，可代替绝缘鞋，起到绝缘作用，因此在1kV以下时，绝缘垫可作为基本安全用具，而在1kV以上时，仅作辅助安全用具。

使用绝缘垫的注意事项：

(1) 注意防止与酸、碱、盐类及其他化学药品和各种油类接触，以免受腐蚀后绝缘垫老化、龟裂或变粘，降低绝缘性能。

(2) 避免与热源直接接触使用，防止急剧老化变质，破坏绝缘性能。应在20～40℃空气温度下使用。

绝缘垫的试验与方法：绝缘垫定期每两年试验一次。试验标准是：使用在1000V以上者试验电压为15kV；使用在1000V以下者试验电压为5kV，试验时间2min。

5.2.2.4　绝缘台

绝缘台是在任何电压等级的电力装置中作为带电工作时使用的辅助安全用具。它的台面用干燥的、漆过绝缘漆的木板或木条做成，四角用绝缘瓷瓶作台脚。

绝缘台面的最小尺寸是0.80m×0.80m。为便于移动、清扫和检查，台面不要做得太大，一般不超过1.5m×1.0m。台面条板间的距离不得大于2.5cm，以免鞋跟陷入，台面不得伸出支持绝缘瓷瓶的边缘以外，以免工作人员站立在台面边缘时发生倾倒。绝缘瓷瓶的高度不小于10cm。绝缘台必须放在干燥的地方。用于户外时，要避免台脚陷入泥中造成台面触及地面，从而降低绝缘性能。

绝缘台定期试验，每年一次。试验标准为，不分使用电压等级，一律加交流电压40kV，持续时间为2min。定期试验是整体进行的即绝缘台瓷瓶上、下部应电气连通，电压加在上下部之间。试验过程中若发现有跳火花情况，或试完除去电压后用手摸瓷瓶有发热情况，则为不合格。

5.2.3 一般防护安全用具

为了保证电力工人在生产中的安全和健康，除在作业中使用基本安全用具和辅助安全用具以外，还应使用必要的防护安全用具，如安全带、安全帽、防护眼镜等，这些防护用具的作用是其他安全用具所不能替代的。

5.2.3.1 安全带

安全带是高空作业工人预防坠落伤亡的防护用品，它广泛用于发电、供电、火（水）电建设和电力机械修造部门。在发电厂进行检修时或在架空线路杆塔上和变电所户外构架上进行安装、检修、施工时，为防止作业人员从高空摔跌，必须使用安全带予以防护，否则就可能出事故。

安全带是由带子、绳子和金属配件组成的。根据作业性质的不同，其结构形式也有所不同，主要有围杆作业安全带、悬挂作业安全带两种，它们的结构如图5-9和图5-10所示。

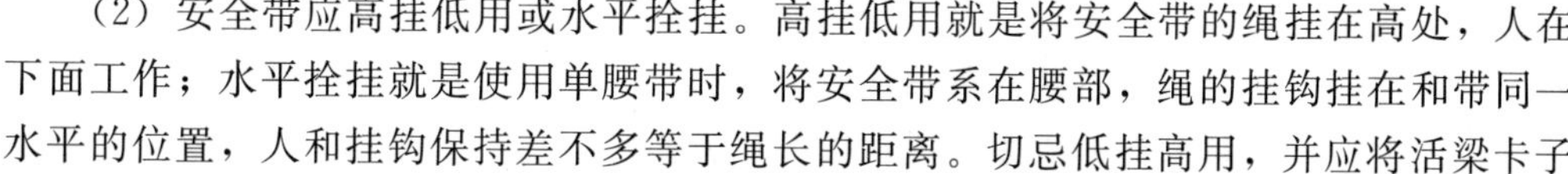

图5-9 围杆作业安全带

使用时的注意事项：

（1）安全带使用前，必须作一次外观检查，如发现破损、变质及金属配件有断裂者，应禁止使用，平时不用时也应一个月作一次外观检查。

（2）安全带应高挂低用或水平拴挂。高挂低用就是将安全带的绳挂在高处，人在下面工作；水平拴挂就是使用单腰带时，将安全带系在腰部，绳的挂钩挂在和带同一水平的位置，人和挂钩保持差不多等于绳长的距离。切忌低挂高用，并应将活梁卡子

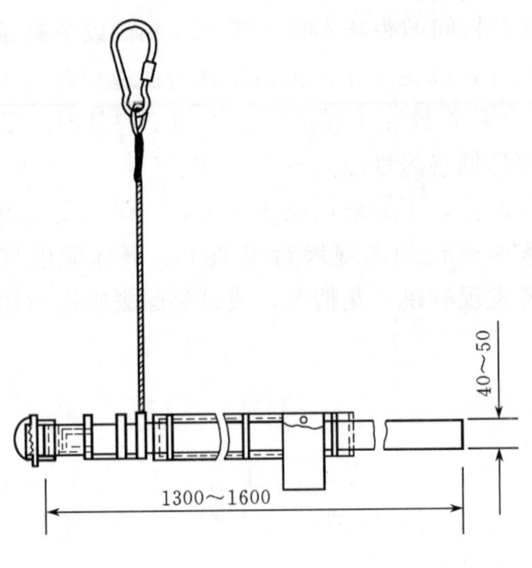

图 5-10 悬挂作业安全带

系紧。

(3) 安全带使用和存放时，应避免接触高温、明火和酸类物质，以及有锐角的坚硬物体和化学药物。

5.2.3.2 安全帽

安全帽是用来保护使用者头部或减缓外来物体冲击伤害的个人防护用品，广泛应用于电力系统生产、基建修造等工作场所，预防从高处坠落物体（器材、工具等）对人体头部的伤害。无论高处作业人员及地面上配合人员都应带安全帽。

(1) 安全帽对头颈部的保护基于两个原理：

1) 使冲击载荷传递分布在头盖骨的整个面积上，避免打击一点。

2) 头与帽顶空间位置构成一能量吸收系统，可起到缓冲作用，因此可减轻或避免伤害。

(2) 普通型安全帽的结构主要由以下几部分构成：

1) 帽壳。安全帽的外壳，包括帽舌、帽檐。帽舌位于眼睛上部的帽壳伸出部分；帽檐是指帽壳周围伸出的部分。

2) 帽衬。帽壳内部部件的总称，由帽箍、顶衬、后箍等组成。帽箍为围绕头围部分的固定衬带；顶衬为与头顶部接触的衬带；后箍为箍紧于后枕骨部分的衬带。

3) 下颏带。为戴稳帽子而系在下颏上的带子。

4) 吸汗带。包裹在帽箍外面的吸汗材料。

5) 通气孔。使帽内空气流通而在帽壳两侧设置的小孔。帽壳和帽衬之间有 2～5cm 的空间，帽壳呈圆弧形，其式样如图5-11所示。

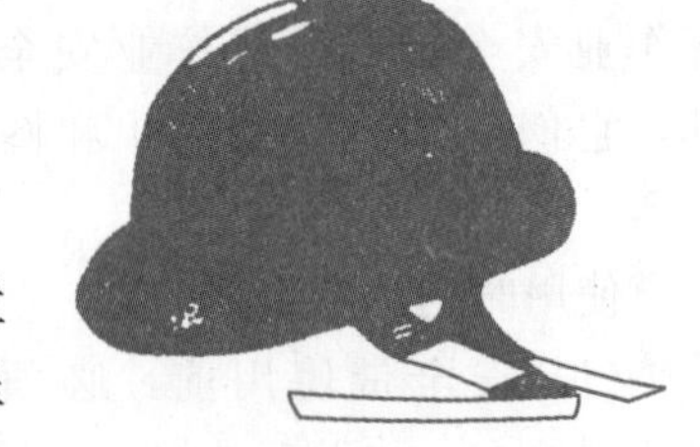
图 5-11 安全帽

帽衬做成单层的和双层的两种，双层的更安全。安全帽的重量一般不超过 400g（克）。帽壳用玻璃钢、高密度低压聚乙烯（塑料）制作，颜色一般以浅色或醒目的白色和浅黄色为多。

(3) 安全帽的技术性能主要体现在以下几方面：

1）冲击吸收性能。试验前按要求处理安全帽。用5kg重的钢锤自1m高度落下，打击木质头模（代替人头）上的安全帽，进行冲击吸收试验，头模所受冲击力的最大值不应超过4.9kN（500kgf）。

2）耐穿透性能。用3kg重的钢锥自1m高处落下，进行耐穿透试验，钢锥不与头模接触为合格。

3）电绝缘性能。用交流1.2kV试验1min，泄漏电流不应超过1.2mA。

此外，还有耐低温、耐燃烧、侧向刚性等性能要求。冲击吸收试验的目的是观察帽壳和帽衬受冲击力的变形情况；穿透试验是用来测定帽壳强度，以了解各类尖物扎入帽内时是否对人体头部有伤害。安全帽的使用期限视使用状况而定。若使用、保管良好，可使用5年以上。

5.2.3.3 携带型接地线

当对高压设备进行停电检修或进行其他工作时，接地线可防止设备突然来电和邻近高压带电设备产生感应电压对人体的危害，还可用以放尽断电设备的剩余电荷。接地线（见图5-12）装拆顺序的正确与否是很重要的。装设接地线必须先接接地端，后接导体端，且必须接触良好；拆接地线的顺序与此相反。

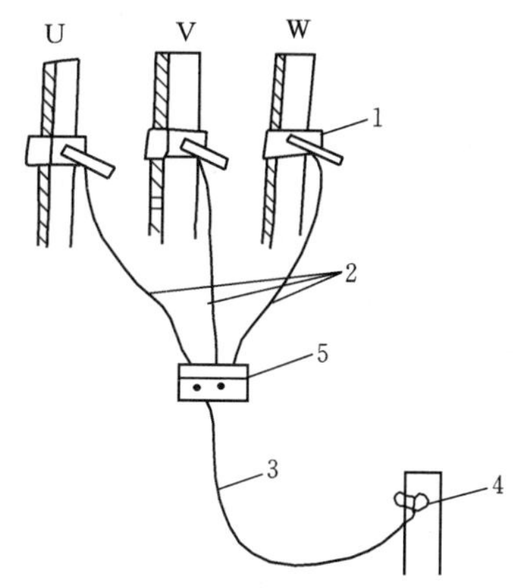

图5-12 接地线的组成

1，4，5—专用夹头（线夹）；2—三相短路线；3—接地线

使用时，接地线的连接器（线卡或线夹）装上后接触应良好，并有足够的夹持力，以当短路电流幅值较大时，由于接触不良而熔断或因电动力的作用而脱落。应检查接地铜线和三根短接铜线的连接是否牢固，一般应由螺丝拴紧后，再加焊锡焊牢，以防因接触不良而熔断。装设接地线必须由两人进行，装、拆接地线均应使用绝缘棒和戴绝缘手套。接地线在每次装设以前应经过详细检查，损坏的接地线应及时修理或更换，禁止使用不符合规定的导线作接地线或短路线之用。接地线必须使用专用线夹固定在导线上，严禁用缠绕的方法进行接地或短路。每组接地线均应编号，并存放在固定的地点，存放位置亦应编号。接地线号码与存放位置号码必须一致，以免在较复杂的系统中进行部分停电检修时，发生误拆或忘拆接地线而造成事故。接地线和工作设备之间不允许连接刀闸或熔断器，以防它们断开时，设备失去接地，使检修人员发生触电事故。

5.2.3.4　行灯、防毒面具和护目镜

1. 安全照明灯具

这里主要介绍行灯。它是电气工作及其他作业经常使用的手提照明灯。为防止触电事故，电业安全工作规程规定，禁止将 220V 电灯作为手提照明灯使用。在特别危险场所如锅炉、电缆沟、油箱等内部工作时，所用行灯的电压不可超过 36V。

过去制造的行灯也曾经造成过触电事故，这往往是由于连接行灯的绝缘导线破损漏电所造成的。因行灯常需移动，导线易受磨损。另外，行灯受潮、遇高热或被腐蚀等均会引起损坏漏电，造成触电事故。AD－2 型安全照明灯具的主要特点是体积小、重量轻。亮度大、便于携带、使用安全可靠，适于在电气检修及事故抢修中使用。

2. 防毒面具和护目眼镜

（1）防毒面具在变配电所及工厂的正常工作、事故抢修与灭火工作中，难免要接触有害气体时，必须使用防毒面具，以保障工作人员人身安全。要注意，使用防毒面具时应有人监护。

MP 型防毒面具属于过滤性防毒面具，在滤毒罐内装入不同的过滤剂，分别可使多种毒气被过滤吸收。过滤剂有一定的使用时间，一般为 30～100min，当它失去作用时，面具内便会有特殊气味，此时应更换过滤剂。

（2）护目眼镜在维护电气设备和进行检修工作时，为保护工作人员的眼睛不受电弧灼伤，以及防止灰尘，铁屑等脏杂物落入眼内，必须使用护目眼镜。护目眼镜应该是封闭型的；镜片玻璃要能耐热，又能压承受一定机械力的作用。

5.2.3.5　临时遮栏

这是用来防护工作人员意外碰触或过分接近带电体而造成人身触电事故的一种安全防护用具；也可作为工作位置与带电设备之间安全距离不够时的安全隔离装置，见图 5-13。

临时遮栏是用干燥的木材、橡胶或其他坚韧的绝缘材料制成的，不能用金属材料

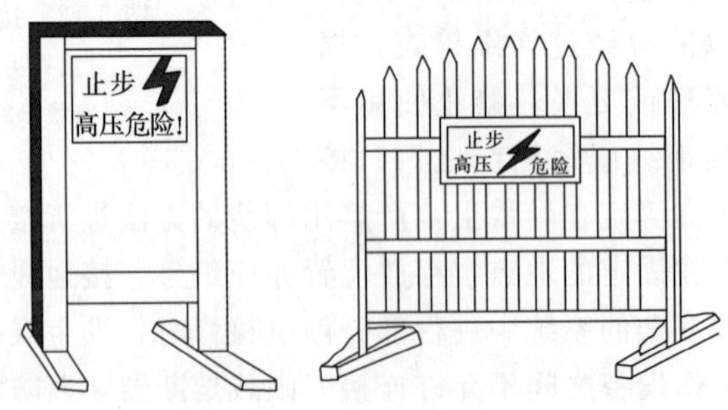

图 5-13　临时遮栏

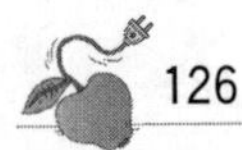

制作。临时遮栏上必须有“止步，高压危险！”字样，以提醒工作人员注意。

5.2.3.6 标示牌

标示牌用来警告工作人员，不得接近设备的带电部分，提醒工作人员在工人地点采取安全措施，以及表明禁止向某设备合闸送电，指出为工作人员准备的工作地点等。它的外形见图 5-14，式样见表 5-2。

图 5-14 标示牌

表 5-2 标 示 牌 式 样

序号	名 称	悬 挂 处 所	式样：尺寸（mm×mm）	式样：颜 色	式样：字 样
1	禁止合闸，有人工作！	一经合闸即可送电到施工设备的断路器（开关）和隔离开关（刀闸）操作把手上	200×100 和 80×50	白底	红字
2	禁止合闸，线路有人工作！	线路断路器（开关）和隔离开关（刀闸）把手上	200×100 和 80×50	白底	红字
3	在此工作！	室外和室内工作地点或施工设备上	250×250	绿底，中有直径 210mm 白圆圈	黑字，写于白圆圈中
4	止步，高压危险！	设备地点临近带电设备的遮栏上；室外工作地点的围栏上；禁止通行的过道上；高压试验地点；室外构架上；工作地点临近带电设备的横梁上	250×200	白底红边	黑字，有红色闪电符号
5	从此上下！	工作人员上下用的铁架、梯子上	250×250	绿底，中有直径 210mm 白圆圈	黑字，写于白圆圈中
6	禁止攀登，高压危险！	工作人员上下的铁架临近可能上下的另外铁架上，运行中变压器的梯子上	250×200	白底红边	黑字

根据用途，标示牌可分为：警告类、允许类、禁止类等三类共 6 种，标示牌的悬挂和拆除，必须按照电业安全工作规程的规定进行。

5.3 安全用具的检查和保管制度

电工安全用具是直接保护人身安全的，必须保持良好的性能。因此，使用前应对其进行外观检查，对使用和备用的电工安全用具，应妥为保管和运送，使之处于完好状态，不经修理即可使用。

5.3.1 电工安全用具在使用前的外观检查

(1) 安全用具是否符合规程要求。

(2) 检查安全用具是否完好，表面有无损坏和是否清洁等。有灰尘的应擦拭干净，损坏的和有炭印的不得使用。

(3) 安全用具中的橡胶制品，如橡胶绝缘手套、绝缘靴和绝缘垫，不得有外伤、裂纹、漏洞、毛刺、划痕等缺陷，发现有缺陷应停止使用并及时更换。

(4) 安全用具的瓷元件，如绝缘台的支持瓷瓶有裂纹或破损者不许使用。

(5) 检查安全用具的电压等级与拟操作设备的电压等级是否相符（安全用具的电压等级应等于或高于拟操作电气设备的电压等级）。

5.3.2 电工安全用具的存放

安全用具在使用完毕后，最好储存在专用的干燥通风的贮藏室内。

(1) 绝缘杆应离开墙壁垂直存放或吊在木架上；如平放，必须保证不致弯曲。

(2) 绝缘钳应存放在专用的台架上；且不得与墙壁接触。

(3) 验电器和钳形电流表应存放在盒子（箱子）内。

(4) 携带型接地线应悬挂在指定地点，并予以编号。

(5) 供随时取用的橡胶安全用具，应与一般工具分开存放在室内台架上、专用的橱柜或箱子内，室温应保持 0～25℃。橡胶安全用具不得与油脂、汽油和对橡胶有侵蚀作用的其他物质接触，也不得受太阳光的直接照射。储存这种用具的台架和箱柜不得靠近热源。

5.3.3 电工安全用具的定期检查

电工安全用具应定期进行检查和试验，主要是进行耐压试验和泄漏电流试验。除几种辅助安全用具要求做两种试验外，一般只要求做耐压试验。试验不合格者不允许

使用。试验合格的安全用具应有明显的标志，在标志上注明试验有效日期。登高安全用具如安全带等也应定期进行拉力试验。一些使用中的安全用具的试验内容、标准和周期可参考表5-3和表5-4（以上二表未列出的安全用具，可参照《安全用具试行导则》进行试验）。对于一些新的安全用具，要求应严格一些。例如，新的绝缘手套，试验电压为12kV（泄漏电流为12mA），新的绝缘靴，试验电压为20kV（泄漏电流为10mA），都高于表中的要求。

表5-3　　安全用具试验标准

名称		电压(kV)	试验标准			试验周期(年)
			耐压试验(kV)	耐压持续时间(min)	泄漏电流(mA)	
绝缘杆		≤35	3倍线电压 但不得低于40	5		1
绝缘挡板、绝缘罩		35	80	5		1
绝缘手套		高压 低压	8 2.5	1	≤9 ≤2.5	0.5
绝缘靴		高压	15	1	≤7.5	0.5
绝缘鞋		≤1	3.5	1	≤2	0.5
绝缘绳		高压	105/0.5m	5		0.5
绝缘垫		>1 ≤1	15 5	以2～3m/s的速度拉过	≤15	2
绝缘站台		各种电压	40	2	≤5	3
绝缘柄工具		低压	3	1		0.5
高压验电器		≤10 ≤35	40 105	5		0.5
钳形电表	绝缘部分	≤10	40	1		1
	铁芯部分	≤10	20	1		1

表 5-4　　提高安全用具试验标准

名　称		试验静拉力（kg）	试验周期	外表检查周期	试验时间（min）	附　注
安全带	大皮带	225	半年一次	每月一次	5	
	小皮带	150				
安全绳		225	半年一次	每月一次	5	
升降板		225	半年一次	每月一次	5	
脚　扣		100	半年一次	每月一次	5	
竹（木）梯			半年一次	每月一次	5	试验荷重 180kg

5.4　电气安全作业制度

为了确保电气工作中的人身安全，《电业安全工作规程》规定，在高压电气设备或线路上工作，必须完成工作人员安全的组织措施和技术措施；对低压带电工作，也要采取妥善的安全措施后才能进行。本节将介绍在电气设备上作业时保证安全的组织措施，即工作票制度、工作许可制度、工作监护制度、工作间断、转移和终结制度。至于在线路上作业时，相应的工作制度条文，请参阅原能源部颁发的《电业安全工作规程》(电力线路部分)。

5.4.1　工作票制度

工作票是准许在电气设备或线路上工作的书面命令，是明确安全职责、向作业人员进行安全交底、履行工作许可手续、实施安全技术措施的书面依据，是工作间断、转移和终结的手续。因此，在电气设备或线路上工作时，应按要求认真使用工作票或按命令执行。

工作票和操作票制度，是指进行全部停电、部分停电或带电作业时，根据不同任务、不同设备条件，填写工作票和操作票，由操作人和监护人按操作票进行唱票操作，最后对工作票结果进行验收和注销。

1. 工作票的种类及使用范围

工作票依据作业的性质和范围不同，分为第一种工作票和第二种工作票两种，其格式见表 5-5 和表 5-6。

(1) 第一种工作票的使用范围是：

1) 在高压设备上工作需要全部停电或部分停电者。

表 5-5　　　　**第一种工作票格式**　　　　编号：

发电厂（变电所）第一种工作票

（1）工作负责人（监护人）：________ ________班组：________

（2）工作班人员：________共________人

（3）工作内容和工作地点：________

（4）计划工作时间：　自　年　月　日　时　分

　　　　　　　　　　至　年　月　日　时　分

（5）安全措施：

下列由工作票签发人填写	下列由工作许可人（值班员）填写
应拉断路器和隔离开关，包括填写前已拉断路器和隔离开关（注明编号）	已拉断路器和隔离开关（注明编号）
应装接地线（注明确实地点）	已装接地线（注明接地线编号和装设地点）
应设遮栏、应挂标示牌	已设遮栏、已挂标示牌（注明地点）
	工作地点保留带电部分和补充安全措施
工作票签发人签名 收到工作票时间：　年　月　日　时　分 值班负责人签名：	工作许可人签名： 值班负责人签名：

（发电厂值长签名：　　　　）

（6）许可开始工作时间：________年________月________日________时________分

工作许可人签名：________工作负责人签名________

（7）工作负责人变动：

原工作负责人________离去，变更________为工作负责人。

变动时间：________年________月________日________时________分

工作票签发人签名：________

（8）工作延期，有效期延长至：________年________月________日________时________分

工作负责人签名：________值长或值班负责人签名：________

（9）工作终结：

工作班人员已全部撤离，现场已清理完毕。

全部工作于________年________月________日________时________分结束

工作负责人签名：________工作许可人签名：________

接地线共________组已拆除

值班负责人签名：________

（10）备注：________

表 5-6　　第二种工作票格式　　编号：

发电厂（变电所）第二种工作票

（1）工作负责人（监护人）：　　　　班组：
工作班人员：________________

（2）工作任务：________________

（3）计划工作时间：自______年______月______日______时______分
至______年______月______日______时______分

（4）工作条件（停电或不停电）：
____

（5）注意事项（安全措施）：________________

工作票签发人签名：________

（6）许可开始工作时间：______年______月______日______时______分
工作许可人（值班员）签名：________工作负责人签名：________

（7）工作结束时间：______年______月______日______时______分
工作负责人签名________工作许可人（值班员）签名：________

（8）备注：________________

2）在高压室内的二次和照明等回路上的工作，需要将高压设备停电或做安全措施者。

3）在停电线路（或在双回线路中的一回停电线路）上的工作。

4）在全部或部分停电配电变压器台架上，或配电变压器室内的工作（全部停电系指供给该配电变压器台架或配电变压器室内的所有电源线路均已全部断开者）。

（2）第二种工作票的使用范围是：

1）带电作业和在带电设备外壳上的工作。

2）控制盘和低压盘、配电箱、电源干线上的工作。

3）二次结线回路上的工作，无需将高压设备停电者。

4）转动中的发电机、同期调相机的励磁回路或高压电动机转子电阻回路上的工作。

5）非当值值班人员用绝缘棒和电压互感器定相或用钳形电流表测量高电压回路的电流。

6）带电线路杆塔上的工作。

7）在运行中的配电变压器台架上，或配电变压器室内的工作。

此外，其他工作可口头或电话命令，如事故抢修工作，不用填写工作票，但值班员要将发令人、工作负责人及工作任务详细记入操作记录簿中。无论口头还是电话命令，内容必须清楚正确，受令人要向发令人复诵，核对无误后方可执行。

2. 工作票的填写与签发

工作票要用钢笔或圆珠笔填写，一式两份，应正确清楚，不得任意涂改，个别错漏字需要修改时应字迹清楚。工作负责人可以填写工作票。工作票签发人应由工区、变电所熟悉人员技术水平、熟悉设备情况、熟悉安全规程的生产领导人、技术人员或经主管生产领导批准的人员担任。工作许可人不得签发工作票。工作票签发人员名单应当面公布。工作负责人和允许办理工作票的值班员（工作许可人）应由主管生产的领导当面批准。工作票签发人不得兼任所签发任务的工作负责人。工作票签发人必须明确工作票上所填写的安全措施是否正确完备，所派的工作负责人和工作班人员是否合适和足够，精神状况是否良好。

一个工作负责人只能发给一张工作票。工作票上所列的工作地点，以一个电气连接部分为限（指一个电气单元中用刀闸分开的部分）。如果需作业的各设备属于同一电压，位于同一楼层，同时停送电，又不会触及带电体时，则允许在几个电气连接部分（如母线所接各分支电气设备）共用一张工作票。在几个电气连接部分依次进行不停电的同一类型的工作，如对各设备依次进行校验仪表的工作，可签发一张（第二种）工作票。若一个电气连接部分或一个配电装置全部停电时，对与其连接的所有不同地点的设备的工作，可发给一张工作票，但要详细写明主要工作内容。几个班同时进行工作时，工作标可发给一个总负责人，在工作班成员栏内只填明各班的工作负责人，不必填写全部工作人员名单。建筑工、油漆工等非电气人员进行工作时，工作票发给监护人。

3. 工作票的使用（执行）

所填写并经签发人审核签字后的一式两份工作票中的一份必须经常保存在工作地点，由工作负责人收执，另一份由值班员收执，按值移交。值班员应将工作票号码、工作任务、许可工作时间及完工时间记入操作记录簿中。在开工前工作票内标注的全部安全措施应一次做完；工作负责人应检查工作票所列的安全措施是否正确完备和值班员所做的安全措施是否符合现场的实际情况。工作票必须经工作许可人签字后方可使用，即执行工作许可制度。

第二种工作票应在工作前一日交给值班员，若变电所离工区较远或因故更换新的工作票不能在工作前一天将工作票送到，工作票签发人可根据自己填好的工作票用电话全文传达给变电所的值班员，值班员应做好记录，并复诵核对。若电话联系有困难，也可在进行工作的当天预先将工作票交给值班员。临时工作可在工作开始以前直接交给值班员。第二种工作票应在进行工作的当天预先交给值班员。第一、二种工作票的有效时间，以批准的检修期为限。第一种工作票至预定即计划时间，工作尚未完成时，应由工作负责人办理延期手续。延期手续应由工作负责人向值班负责人申请办理；主要设备检修延期要通过值班长办理。工作票有破损不能继续使用时，应填补新的工作票。

需要变更工作班的成员时，须经工作负责人同意。需要变更工作负责人时，应由工作票签发人将变动情况记录在工作票上。若扩大工作任务，必须由工作负责人通过工作许可人，并在工作票上填入增加的工作项目。若需变更或增设安全措施，必须填写新的工作票，并重新履行工作许可手续。

执行工作票的作业，必须有人监护。在工作间断、转移时执行间断、转移制度。工作终结时，执行终结制度。

5.4.2 工作许可制度

为了进一步确保电气作业的安全进行，完善保证安全的组织措施，对于工作票的执行，规定了工作许可制度。就是未经工作许可人（值班员）允许不准执行工作票。

1. 工作许可手续

工作许可人（值班员）认定工作票中安全措施栏内所填的内容正确无误且完善后，去施工现场具体实施。然后，会同工作负责人在现场再次检查所做的安全措施，并以手触试，证明欲检修的设备确无电压，同时向工作负责人指明带电设备的位置及工作中的注意事项。工作负责人明确后，工作负责人和工作许可人在工作票上分别签名。完成上述手续后，工作班方可开始工作。

2. 工作许可应注意的事项

线路停电检修，必须将可能受电的各方面都拉闸停电，并挂好接地线，再将工作班（组）数目、工作负责人姓名、工作地点和工作任务记人记录簿内。才能发出许可工作的命令；许可开始工作的命令，必须通知到工作负责人。可采用当面通知、电话传达或派人传达；严禁约时停、送电；工作许可人、工作负责人任何一方不得擅自变更安全措施；值班人员不得变更有关检修设备的运行结线方式，工作中如有特殊情况需要变更时，应事先取得对方的同意。

5.4.3 工作监护制度

执行工作监护制度的目的是使工作人员在工作过程中必须受到监护人一定的指导和监督，以及时纠正不安全的操作和其他的危险误动作。特别是在靠近有电部位工作

及工作转移时，监护工作更为重要。

1. 监护人

工作负责人同时又是监护人。工作票签发人或工作负责人，应根据现场的安全条件、施工范围、工作需要等具体情况，可增设专人进行监护工作，并指令被监护的人数。专职监护人不得兼做其他工作。

工作负责人（监护人）在全部停电时，可以参加工作班的工作。在部分停电时，只有在安全措施可靠，人员集中在一个工作地点，不致误碰导电部分的情况下，才能参加工作。工作期间，工作负责人若因故必须离开工作地点时，应指定能胜任的人员临时代替监护人的职责，离开前将工作现场情况向指定的临时监护人交待清楚，并告知工作班人员。原工作班负责人返回工作地点时，也要履行同样的交接手续。若工作负责人需要长时间离开现场，应由原工作票签发人变更新工作负责人，并进行认真交接。

2. 执行监护

完成工作许可手续后，工作负责人（监护人）应向工作班人员交待现场的安全措施、带电部位和其他注意事项。工作负责人（监护人）必须始终在工作现场，对工作班人员的安全认真监护，及时纠正违反安全的动作，防止意外情况的发生。

分组工作时，每小组应指定小组负责人（监护人）。线路停电工作时，工作负责人（监护人）在班组成员确无触电危险的条件下，可以参加工作班工作。

监护人应明确工作班的人员（包括自己）不许单独留在高压室和室外变电所高压区内。若工作需要一个人或几个人同时在高压室内工作，如测量极性、回路导通试验等工作时，必须满足两个条件：一是现场的安全条件允许；二是所允许工作的人员要有实践经验。监护人在这项工作之前要将有关安全注意事项作详细指示。

值班人员如发现工作人员违反安全规程或发现有危及工作人员安全的任何情况，均应向工作负责人提出改正意见，必要时暂时停止工作，并立即向上级报告。

5.4.4 工作间断、转移和终结制度

工作间断制度是指当日工作因故暂停时，如何执行工作许可手续、采取哪些安全措施的制度。转移制度是指每转移一个工作地点，工作负责人应采取哪些安全措施的制度。工作终结制度是指工作结束时，工作负责人、工作班人员及值班员应完成哪些规定的工作内容之后工作票方告终结的制度。认真执行终结制度，主要的目的是防止向还有人在工作的设备上错误送电和带地线送电等恶习性事故的发生。

1. 工作间断

工作间断时，工作班人员应从工作现场撤离，所有安全措施保持不变，工作票仍由工作负责人执存，间断后继续工作，无需通过工作许可人许可即可复工。每日收工，应清扫工作地点，开放已封闭的道路，所有安全措施保持不变，将工作票交回值班员。次日复工时，应得到值班员许可，取回工作票，工作负责人必须重新认真检查安全措施是否与工作票的要求相符之后方可进行工作。若无工作负责人或监护人带领，工作人员不得进入工作地点。白天工作间断时，工作地点的全部接地线仍保留不动。如果工作班须暂时离开工作地点，则必须采取安全措施和派人看守，不让人、畜接近挖好的基坑或接近未竖立稳固的塔杆以及负载的起重和牵引机械装置等。恢复工作前，应检查接地线等各项安全措施的完整性。

在工作中遇雷、雨、大风或其他任何情况威胁到工作人员的安全时，工作负责人或监护人可根据情况，临时停止工作。

填用数日内工作有效的电力线路第一种工作票，每日收工时如果要将工作地点所装的接地线拆除，次日重新验电装接地线恢复工作，均须得到工作许可人许可后方可进行。对经调度允许的连续停电、夜间不送电的线路，工作地点的接地线可以不拆除，但次日恢复工作前应派人检查。

在未办理工作票终结手续以前，变配电所值班员不准将施工设备合闸送电。

在工作间断期间内，若紧急需要合闸送电时，值班员在确认工作地点的工作人员已全部撤离，报告工作负责人或上级领导人并得到他们的许可后，可在未交回工作票的情况下合闸送电。但在送电之前应采取下列措施：

(1) 拆除临时遮栏、接地线和标志牌，恢复常设遮栏，换挂“止步，高压危险!”的标志牌。

(2) 必须在所有通路派专人守候，以便告诉工作班人员“设备已经合闸送电，不得继续工作”，守候人员在工作票未交回之前，不得离开守候地点。

2. 工作转移

在同一电气连接部分用同一工作票依次在几个工作地点转移工作时，全部安全措施由值班员在开工前一次做完，不需再办理转移手续。但工作负责人在转移工作地点时，应向工作人员交待带电范围、安全措施和注意事项。

3. 工作终结

全部工作完毕后，工作班应清扫、整理现场。工作负责人应先周密检查，待全体工作人员撤离工作地点后，再向值班人员讲清所修项目、发现的问题、试验的结果和存在的问题等，并与值班员共同检查设备状况，有无遗留物件，是否清洁等，然后在工作票上填明工作终结时间。经双方签名后（对于第二种工作票），工作票方告终结。

而对第一种工作票来说，值班员除会同工作负责人完成上述工作外，值班员还要拆除工作地点的全部接地线，双方签名后，工作票方告终结。已结束的工作票保存三个月，以便于检查和交流经验。

检修工作结束以前，若需将设备试加工作电压，可按下列条件进行：

(1) 全体工作人员撤离工作地点。

(2) 将系统的所有工作票收回，拆除临时遮栏、接地线和标示牌，恢复常设遮栏。

(3) 应在工作负责人和值班员进行全面检查无误后，由值班员进行加压试验。

对于电力线路检修，工作许可人在接到所有工作负责人（包括用户）的完工报告后，并确知工作已经完毕、所有工作人员已由线路上撤离、接地线已经拆除并与记录簿核对无误后，方可下令拆除变配电所线路侧的安全措施，向线路恢复送电。对于变配电所设备检修，只有在同一停电系统的所有工作票结束，拆除所有接地线、临时遮栏和标志牌，恢复常设遮栏，并得到值班调度员或值班负责人的许可命令后，执行操作票制度进行合闸送电。

5.5 农村电工安全作业制度

目前，农电体制改革已基本完成，供电所全部移交市（县）供电企业直管。但原来的供电所普遍存在以下的问题，以及对发生的安全用电事故的统计表明，农村电工在进行电气作业时，安全问题尤为突出。

(1) 管理水平低。由于许多供电所一直没有很好地实行行业管理，许多工作尚未理顺，规章制度不健全，制度执行起来马虎松散，企业管理水平相对低下。

(2) 产权不清。在农电体制改革过程中，由于任务重、时间短，造成在农电资产移交时，手续不全，维护分界点不清楚，给日后农电工作带来极大的隐患。

(3) 设备陈旧。农村供电线路陈旧，电能损耗严重。

(4) 维护范围大。农村用电的特点是用户分散，农村电力设备面广、点多、线长。

(5) 人员素质低。农村电工和部分农电职工，普遍存在思想和行为的自由散漫，业务知识水平低下。

为了认真贯彻“安全第一，预防为主”的方针，实行“国家监察、行政管理、群众监督”相结合的安全管理制度，加强农村安全用电管理，保障人民生命财产安全，使电力更有效地为农业生产、农村经济和人民生活服务，应加强对农村电工的技术培训和安全管理工作。

5.5.1 乡村电工和安全工作职责

凡用电的乡、村及所属企事业单位，必须配备专职电工（以下称乡村电工）。乡村电工在乡电管站的统一管理下，开展农村安全用电工作。

（1）乡村电工应具备下列基本条件：

1）身体健康，无妨碍工作的病症。事业心强，服从领导，不谋私利，群众拥护。

2）具有初中及以上文化程度的中青年。

3）熟悉有关电力安全、技术法规，熟练掌握操作技能。熟练掌握人身触电紧急救护法。

4）必须经县级电力部门培训考试合格，发给“电工证”，方能从事电气工作。

（2）乡村电工的安全工作职责。乡村电工是乡村安全用电管理的基层责任者，负责辖区内的设备运行维护和安全用电工作。乡村电工必须遵守《农村电工服务守则》，认真做好本职工作。努力学习专业技术，接受培训和年度考核。工作成绩突出者，电力部门和乡（镇）政府予以奖励，对严重违章违纪者给予批评教育、处分直至辞退。

5.5.2 农村电工的电气安全作业

（1）电气操作必须根据值班负责人的命令执行，执行时应由两人进行，低压操作票由操作人填写，每张操作票只能执行一个操作任务。

下列电气操作应使用低压操作票：

1）停、送总电源的操作。

2）挂、拆接地线的操作。

3）双电源的解、并列操作。

（2）电气操作前，应核对现场设备的名称、编号和开关的分、合位置。操作完毕后，应进行全面检查。

（3）电气操作顺序：停电时应先断开开关，后断开刀开关或熔断器；送电时与上述顺序相反。

（4）合刀开关时，当刀开关动触头接近静触头时，应快速将刀开关合上，但当刀开关触头接近合闸终点时，不得有冲击；拉刀开关时，当动触头快要离开静触头时，应快速断开，然后操作至终点。

（5）开关、刀开关操作后，应进行检查。合闸后，应检查三相接触是否良好，连动操作手柄是否制动良好；拉闸后，应检查三相动、静触头是否断开，动触头与静触

头之间的空气距离是否合格，连动操作手柄是否制动良好。

(6) 操作时如发现疑问或发生异常故障，均应停止操作，待问题查清、处理后，方可继续操作。

5.5.3 在低压电气设备上工作，保证安全的组织措施

1. 工作票制度

凡是低压停电工作均应使用低压第一种工作票，见表5-7。凡是低压间接带电作业，均应使用第二种工作票，见表5-8。不需停电进行作业，如刷写杆号或用电标语等，可按口头指令执行，但应记载在值班记录中。紧急事故处理可不填写工作票，但应履行许可手续，做好安全措施，执行监护制度。

2. 工作许可制度

工作负责人未接到工作许可人许可工作的命令前，严禁工作。工作许可人完成工作票所列安全措施后，应立即向工作负责人逐项交待已完成的安全措施。工作许可人还应以手背触试，以证明要检修的设备确已无电。对临近工作点的带电设备部位，应特别交待清楚。当交待完毕后，签名并发出许可工作的命令。每天开工与收工，均应履行工作票中的手续。严禁约时停、送电。

3. 工作监护制度和现场看守制度

工作监护人由工作负责人担任，当施工现场用一张工作票分组到不同的地点工作时，各小组监护人可由工作负责人指定。工作期间，工作监护人必须始终在工作现场，对工作人员的工作认真监护，及时纠正违反安全的行为。

4. 工作间断制度

在工作中如遇雷、雨等威胁工作人员安全的情况，工作许可人可下令临时停止工作。工作间断时，工作地点的全部安全措施仍应保留不变。工作人员在离开工作地点时要检查安全措施，必要时应派专人看守。任何人不得私自进入现场进行工作和碰触任何物件。恢复工作前，应重新检查各项安全措施是否正确完整，然后由工作负责人再次向全体工作人员说明，方可进行工作。

5. 工作终结、验收和恢复送电制度

全部工作完成后，工作人员应清扫、整理现场。在对所进行的工作实施竣工检查后，工作负责人方可命令所有工作人员撤离工作地点，向工作许可人报告全部工作结束。工作许可人接到工作结束的报告后，应会同工作负责人到现场检查验收任务完成情况，确无缺陷和遗留的物件后，在工作票上填明工作终结时间，双方签字，工作票即告终结。工作票终结后，工作许可人即可拆除所有安全措施，然后恢复送电。

表 5-7　　低压第一种工作票（停电作业）　　编号：

(1) 工作单位及班组：
(2) 工作负责人：
(3) 工作班成员：
(4) 停电线路、设备名称（双回路应注明双重称号）：

(5) 工作地段：(注明分、支线路名称，线路起止杆号)：

(6) 工作任务：

(7) 应采取的安全措施（应断开的开关、刀开关、熔断器和应挂的接地线，应设置的围栏、标示牌等）：

保留的带电线路和带电设备：

应挂的接地线：

线路设备及杆号				
接地线编号				

(8) 补充安全措施：
工作负责人填：
工作票签发人填：
工作许可人填：

(9) 计划工作时间：

自＿＿年＿＿月＿＿日＿＿时＿＿分至＿＿年＿＿月＿＿日＿＿时＿＿分

工作票签发人：＿＿签发时间：＿＿年＿＿月＿＿日＿＿时＿＿分

(10) 开工和收工许可：

开工时间（日 时 分）	工作负责人（签名）	工作许可人（签名）	开工时间（日 时 分）	工作负责人（签名）	工作许可人（签名）

(11) 工作班成员签名：
(12) 工作终结：
现场已清理完毕，工作人员已全部离开现场。
全部工作于＿＿年＿＿月＿＿日＿＿时＿＿分结束。
工作负责人签名：＿＿工作许可人签名：＿＿
(13) 需记录备案内容（工作负责人填）：
(14) 附线路走径示意图：

注　此工作票除注明外均由工作负责人填写。

表 5-8　　低压第二种工作票（不停电作业）　　编号：

（1）工作单位：________

（2）工作负责人：________

（3）工作班成员：________

（4）工作任务：________

____

（5）工作地点与杆号：________

____

____

（6）计划工作时间：自____年____月____日____时____分

至____年____月____日____时____分

工作票签发人：________签发时间：____年____月____日____时____分

（7）注意事项（安全措施）：________

____

____

（8）工作票签发人（签名）：____年____月____日____时____分

工作负责人（签名）：（开工）____年____月____日____时____分

（终结）____年____月____日____时____分

工作许可人（签名）：（开工）____年____月____日____时____分

（终结）____年____月____日____时____分

（9）现场补充安全措施（工作负责人填）：________

____

工作许可人填：________

（10）备注：________

____

____

（11）工作班成员签名：

____

注　此工作票除注明外均由工作负责人填写。

5.6　电工安全作业措施

停电作业即指在电气设备或线路不带电的情况下，所进行的电气检修工作。停电作业分为全停电和部分停电作业。前者系指室内高压设备全部停电（包括进户线），通至邻接高压室的门全部闭锁，以及室外高压设备全部停电（包括进户线）情况下的作业。后者系指高压设备部分停电，或室内全部停电，而通至邻接高压室的门并未全部闭锁情况下的作业。无论全停电还是部分停电作业，为保证人身安全都必须执行停电、验电、装挂接地线、悬挂标示牌和装设遮栏等四项安全技术措施后，方可进行停电作业。

5.6.1　停电

5.6.1.1　工作地点必须停电的设备或线路

（1）要检修的电气设备或线路必须停电。

（2）与电气工作人员在进行工作中正常活动范围的距离小于表 5-9 规定的设备必须停电。

表 5-9　工作人员正常工作中活动范围与带电设备的安全距离

电压等级（kV）	安全距离（m）
≤10	0.35
20～35	0.6
44	0.9
60～110	1.5

表 5-10　设备不停电时的安全距离

电压等级（kV）	安全距离（m）
≤10	0.7
20～35	1.0
44	1.2
60～110	1.5

（3）在 44kV 以下的设备上进行工作，上述距离虽大于表 5-9 但又小于表 5-10 的规定，同时又无安全遮栏措施的设备也必须停电。

（4）带电部分在工作人员后面或两侧无可靠安全措施的设备，为防止工作人员触及带电部分，必须将它停电。

（5）对与停电作业的线路平行、交叉或同杆的有电线路，有色及停电作业的安全，而又不能采取安全措施时，必须将平行、交叉或同杆的有电线路停电。

5.6.1.2　停电的安全要求

（1）对停电作业的电气设备或线路必须把各方面的电源均完全断开：

1）对与停电设备有电气连接的变压器、电压互感器，应从高低压两侧将开关、刀闸全部断开（对柱上变压器，应取下跌落式熔断器的熔丝管），以防止向停电设备或线路反送电。

2）对与停电设备有电气连接的其他任何运行中的星形接线设备的中性点必须断开，以防止中性点位移电压加到停电作业的设备上而危及人身安全。这是因为在中性点不接地系统不仅在发生单相接地时中性点有位移电压，就是在正常运行时，由于导线排列不对称也会引起中性点位移。例如35～60kV线路其位移电压可达1000V左右。这样高的电压若加到被检修的设备上是极其危险的。

（2）断开电源不仅要拉开开关，而且还要拉开刀闸，使每个电源至检修设备或线路至少有一个明显的断开点。这样，安全的可靠性才有保证。如果只是拉开开关，当开关机构有故障、位置指示失灵的情况下，开关完全可能没有全部断开（触头实际位置看不见）。结果，由于没有把刀闸拉开而使检修的设备或线路带电。因此，严禁在只经开门关断电源的设备或线路上工作。

（3）为了防止已断开的开关被误合闸，应取下开关控制回路的操作直流保险器或者关闭气、油阀门等。

（4）对一经合闸就有可能送电到停电设备或线路的刀闸，其操作把手必须锁住。

5.6.2 验电

对已经停电的设备或线路还必须验明确无电压并放电后，方可装设接地线。

验电的安全要求有以下几点：

（1）应将电压等级合适的且合格的验电器在有电的设备上试验，证明验电器批示正确后，再在检修的设备进出线两侧各相分别验电。

（2）对35kV及以上的电气设备验电，可使用绝缘棒代替验电器。根据绝缘棒工作触头的金属部分有无火花和放电的“噼啪”声来判断有无电压。

（3）线路验电应逐相进行。同杆架设的多层电力线路在验电时应先验低压，后验高压；先验下层，后验上层。

（4）在判断设备是否带电时，不能仅用表示设备断开和允许进入间隔的信号以及经常接入电压的表的指示为无电压的依据；但如果指示有电则为带电，应禁止在其上工作。

5.6.3 装设接地线

当验明设备确无电压并放电后，应立即将设备接地并三相短路。这是保护工作人员在停电设备上工作，防止空然来电而发生触电事故的可靠措施；同时接地线还可使停电部分的剩余静电荷放入大地。

5.6.3.1 装设接地线的部位

（1）对可能送电后反送电至停电部分的各方面，以及可能产生感应电压的停电设备或线路均要装设接地线。

（2）检修 10m 以下的母线，可装设一组接地线；检修 10m 以上的母线，视具体情况适当增设。在用刀闸或开关分成几段的母线或设备上检修时，各段应分别验电、装设接地线。降压变电所全部停电时，只需将各个可能来电侧的部分装设接地线，余之分段母线不必装设接地线。

（3）在室内配电装置的金属构架上应有规定的接地地点。这些地点的油漆应刮去，以保证导电良好，并画上黑色“±”记号。所有配电装置的适当地点，均应设有接地网的接头。接地电阻必须合格。

5.6.3.2 装设接地线的安全要求

（1）装设接地线必须由两进行，若是单人值班，只使用接地刀闸接地或使用绝缘棒拉合接地刀闸。

（2）所装设的接地线考虑其可能最大摆动点与带电部分的距离应符合表 5-11 的规定。

表 5-11　　接地线与带电设备的允许安全净距离（cm）

电压等级（kV）	户内/户外	允许安全距离	电压等级（kV）	户内/户外	允许安全距离
1～3	户内	7.5	20	户内	18
6	户内	10	35	户内	29
				户外	40
10	户内	12.5	60	户内	46
				户外	60

（3）装设接地线必须先接接地端，后接导体端，必须接触良好；拆除时顺序与此相反。装拆接地线均应使用绝缘棒和绝缘手套。

（4）接地线与检修设备之间不得连有开关或保险器。

（5）严禁使用不合格的接地线或用其他导线做接地线和短路线，应当使用多股体裸铜线，其截面应符合短路电流要求，但不得小于 25mm；接地线须用专用线夹固定在导体上，严禁用缠绕的方法接地或短路。

（6）带有电容的设备或电缆线路应先放电后再装设接地线，以避免静电危及人身安全。

(7) 对需要拆除全部或部分接地线才能进行工作的（如测量绝缘电阻，检查开关触头是否同时接触等），要经过值班员许可（根据调度员命令装设的，须经调度员许可），才能进行工作。工作完毕后应立即恢复接地。

(8) 每组接地线均应有编号，存放位置亦应有编号，两者编号一一对应。即对号入座。

5.6.4 悬挂标示牌和装设遮栏

在部分停电工作，当工作人员正常活动范围与未停电的设备间距小于表 5-9 中规定的距离时，未停电设备应装设临时遮栏。临时遮栏与带电体的距离不得小于表5-10 中规定的距离，并挂“止步，高压危险!”的标示牌。35kV 以下的设备，如特殊需要也可用合格的绝缘挡板与带电部分直接接触来隔离带电体。

在室外地面高压设备上工作，应在工作地点四周用绝缘做围栏。在围栏上悬挂适当数量的“止步，高压危险!”的标示牌。

在一经合闸即可送电到工作地点的开关和刀闸的操作把手上，均应悬挂“禁止合闸，有人工作!”的标示牌。

如果线路上有人工作，应在线路开关和刀闸操作把手上悬挂“禁止合闸，线路有人工作!”的标示牌。标示牌的悬挂和拆除应按命令执行。

在室内高压设备上工作，应在工作地点两旁间隔和对面间隔的遮栏上及禁止通行的过道上悬挂“止步，高压危险!”的标示牌。

在室外地面高压设备上工作，应在工作地点四周用绳子做好围栏，围栏上悬挂适当数量的“止步，高压危险!”的标示牌。标示牌必须朝向围栏里面。

在工作地点，要悬挂“在此工作!”的标示牌。

在室外构架上工作，一则应在工作地点邻近带电部分的横梁上，悬挂“止步，高压危险!”的标示牌。此项标示牌应在值班人员的监护下，由工作人员悬挂。在工作人员上下用的铁架或梯子上，应悬挂“从此上下!”的标示牌。在邻近其他可能误登的带电构架上，应悬挂“禁止攀登，高压危险!”的标示牌。

严禁工作人员在工作中移动或拆除遮栏及标示牌。

5.6.5 电缆作业安全要求

(1) 电力电缆停电工作应填用第一种工作票，不需停电的工作应填用第二种工作票。工作前必须详细核对电缆名称，标示牌是否与工作票所写的符合，安全措施正确可靠后，方可开始工作。

(2) 挖掘电缆工作，应由有经验人员交待清楚后才能进行。挖到电缆保护板后，应由有经验的人员在场指导，方可继续工作。

挖掘电缆沟前，应做好防止交通事故的安全措施。在挖出的土堆起的斜坡上，不得摆放工具、材料等杂物。沟边应留有走道。

(3) 挖掘出的电缆或接头盒，如下面需要挖空时，必须将其悬吊保护，悬吊电缆应每隔约 1.0～1.5m 吊一道。悬吊接头盒应平放，不得使接头受到拉力。

(4) 敷设电缆时，应有专人统一指挥。电缆走动时，严禁用手搬动滑轮，以防压伤。移动电缆接头盒一般应停电进行。如带电移动时，应先调查该电缆的历史记录，由敷设电缆有经验的人员，在专人统一指挥下平正移动，以防止绝缘损伤或爆炸。

(5) 锯电缆以前，必须与电缆图纸核对是否相符，并确切证实电缆无电后，用接地的带木柄的铁钎钉入电缆芯后，方可工作。扶木柄的人应戴绝缘手套并站在绝缘垫上。

(6) 熬电缆胶工作应有专人看管，熬胶人员应戴帆布手套及鞋盖。搅拌或掐取熔化的电缆胶或焊锡时，必须使用预先加热的金属棒或金属勺子，以防止落入水分而发生溅爆烫伤。

(7) 进电缆井前，应排除井内浊气。在电缆井内工作时，应戴安全帽，并做好防火、防水及防止高空落物等措施，电缆井口应有专人看守。

(8) 制作环氧树脂电缆头和调配环氧树脂过程中，应采取有效的防毒和防火措施。

5.6.6　线路作业时变电所的安全措施

线路的停送电须按值班调度员的命令或有关单位的书面指令执行操作票，严肃执行操作命令。不得约时停送电，以防止工作人员发生触电事故。停电时必须先将该线路可能来电的所有开关、线路刀闸、母线刀闸全部拉开，用验电器验明确无电压后，在所有线路上可能来电的各端的负荷侧装设接地线，并在刀闸的操作把手上挂“禁止合闸，线路有人工作!”的标示牌。

值班调度员必须将线路停电检修的工作班组、工作负责人姓名、工作地点和工作任务记入检修记录簿内。当检修工作结束时，应得到检修工作负责人的竣工报告，确认所有工作班组均已完成任务，工作人员全部撤离，现场清扫干净，接地线已拆作，并与检修记录簿核对无误后，再下令拆除变电所内的安全措施，向线路送电。

用户管辖的线路的停电，必须由用户的工作负责人书面申请经允许后方可停电。并做好安全措施；恢复送电必须接到原申请人的通知后方可进行。

5.6.7 低压带电作业的安全规定

低压带电作业是指在不停电的低压设备或低压线路（设备或线路的对地电压在250V及以下者为低压）上的工作。与停电作业相比，不仅使供电的不间断性得到保证，同时还具有手续简化、操作方便、组织简单、省工省时等优点，但对作业者来说触电的危险性较大。

对于工作本身不需要停电和和没有偶然触及带电部分危险的工作时，或作业者使用绝缘辅助安全用具直接接触带电体及在带电设备的外壳上工作，均可以进行带电作业。在工企系统中电气工作者的低压带电作业是相当频繁的。为防止触电事故发生，带电作业者必须掌握并认真执行各种情况下带电作业的安全要求和规定。

在低压设备上和线路上带电作业的安全要求如下：

（1）低压带电工作应设专人监护，即至少有两人作业，其中一人监护，一人操作。采取的安全措施是：使用有绝缘柄的工具，工作时站在干燥的绝缘物上进行，工作者要戴两副线手套、戴安全帽，必须穿长袖衣服工作，严禁使用锉刀、金属尺和带有金属物的毛刷等工具。这样要求的目的：一是防止人体直接触碰带电体；二是防止超长的金属工具同时触碰两根不同相的带电体造成相间短路或同时触碰一根带电体和接地体造成对地短路。

（2）高低压同杆架设，在低压带电线路上工作时，应检查与高压线间的距离，作业人员与高压带电体至少要保持足够的安全距离。并采取防止误碰高压带电体的措施。

（3）在低压带电裸导线的线路上工作时，工作人员在没有采取绝缘措施的情况下，不得穿越其线路。

（4）上杆前应先分清哪相是低压火线，哪相是中性（零线），并用验电笔测试，判断后，再选好工作位置。在断开导线时，应先断开火线，后断开中性线；在搭接导线时，顺序相反。因为，在三相四线制的低压线路中，各相线与中性线间都接有负荷，若在搭接导线时，先将火线接上，则电压会加到负荷上的一端，并由负荷传递到将要接地的另一端，当作业者再接中性线时，就是第二次带电接线，这就增加了作业的危险次数，故在搭接导线时，先接中性线，后接火线。在断开或接续低压带电线路时，还要注意两手不得同时接触两个线头，这样会使电流通过人体，即电流自手经人体至手的路径通过，这时即使站在绝缘物上也起不到保护作用。

（5）严禁在雷、雨、雪天以及有六级以上大风时在户外带电作业。也不应在雷电时进行室内带电作业。

（6）在带电的低压配电装置上工作时，应采取防止相间短路和单相接地的绝缘隔离措施。也应防止人体同时触及两根带电体或一根带电体与一根接地体。

（7）在潮湿和潮气过大的室内，禁止带电作业。工作位置过于狭窄时，禁止带电作业。

5.6.8 继保和电试工作的安全措施

在继电保护与电气仪表等二次回路上工作，以及进行高压电气试验时，必须采用及注意各种保障安全的技术措施。

5.6.8.1 继电保护与仪表等的检查试验工作

（1）在高压室遮栏内或与导电部分小于规定安全距离时进行该项工作，以及检查高压电动机和起动装置的继电器与仪表时，需将高压设备停电的，均应慎用第一种工作票。

（2）对一次电流继电器有特殊装置可在运行中改变定值的，以及接于互感器二次绕组并装在通道上或配电盘上的继电器和保护装置，可以不断开所保护的高压设备的，均应慎用第二种工作票。

（3）上述工作至少要由两人进行。在现场工作过程中，凡遇到异常情况（如直流系统接地等）或开关跳闸时，应立即停止工作并查明原因。当确定与本工作无关时方可继续工作，若异常情况是由本工作所引起，则应保留现场并即通知值班员，以便及时处理。

（4）工作前应做好准备，了解工作地点一次及二次设备运行情况和上次的检验记录、图纸是否符合实际。

（5）现场工作开始前，应查对已做的安全措施是否符合要求，运行设备与检修设备是否明确分开，还应看清设备名称，严防走错间隔或位置。

（6）在全部或部分带电的盘上进行工作时，应将检修设备与运行设备前后均用明显的标志隔开（如盘后用红布帘，盘前挂“在此工作！”标示牌等）。

（7）在保护盘上或附近进行打眼等振动较大的工作时，应采取防止运行中设备掉闸的措施，必要时经值班调度员或值班负责人同意，可将保护暂时停用。

（8）在继电保护屏间的通道上搬运或安放试验设备时，要与运行设备保持一定距离，防止误碰运行设备，造成保护误动作。清扫运行设备和二次回路时，要防止振动，防止误碰，要使用绝缘工具。

（9）继电保护装置做传动试验或一次通电时，应通知值班员和有关人员，并由工作负责人或由他派人到现场监视，方可进行。

（10）所有电流互感器和电压互感器的二次绕组应有永久性的、可靠的保护接地；在带电的互感器二次回路上工作时，应先做好相关的安全措施。

（11）劝二次回路通电或耐压试验前，应通知值班员和有关人员，并派人到各现场看守，检查回路上确无人工作后，方可加压；电压互感器的二次回路通电试验时，为防止由二次侧向一次侧反充电，除应将二次回路断开外，还应取下一次侧保险或断开刀闸。

（12）检验继电保护和仪表的工作人员，不准对运行中的设备、信号系统、保护压板进行操作。但在取得值班人员许可并在检修工作盘两侧开关把手上采取防误操作措施后，可以拉合检修开关。

（13）试验用刀闸必须带罩，禁止从运行设备上直接取用试验电源。熔丝配合要适当，要防止越级熔断总电源熔丝。试验接线要经第二人复查后，方可通电。

（14）保护装置二次回路变动时，严防寄生回路存在，没用的线应拆除，临时所垫纸片应取出，接好已拆下的线头。

5.6.8.2 高压电气试验工作

（1）高压试验应填写第一种工作票。在一个电气连接部分同时有检修和试验时，可填写一张工作票，但在试验前应得到检修工作负责人的许可；在同一电气连接部分，当高压试验的工作票发出后，禁止再发出第二张工作票。

（2）若加压部分与检修部分间的断开点按试验电压要求有足够的安全距离，并在另一侧有接地短路线时，可以在断开点的一侧进行试验，另一侧可继续工作。但此时在断开点应挂有“止步，高压危险!”的标示牌，并设专人监护。

（3）高压试验工作不得少于两人。试验负责人应由有经验的人员担任。开始试验前，试验负责人应对全体试验人员详细布置试验中的安全注意事项。

（4）因试验需要断开设备接头时，拆前应作好标记，接后应进行检查；试验装置的金属外壳应可靠接地；高压引线应尽量缩短，必要时用绝缘物支持牢固。

试验装置的电源开关应使用明显断开的双极隔离刀闸。为防止误合，可在刀刃上加绝缘罩；

（5）试验装置低压回路中应有两个串联电源开关，并加装过载自动掉闸装置。

（6）试验现场应装设遮栏或围栏，同时悬挂“止步，高压危险!”标示牌，并派人看守。若被试设备两端不在同一地点时，另一端还应派人看守。

（7）加压前必须认真检查试验结线、表计倍率、量程、调压器零位及仪表的开始状态，均正确无误后，通知有关人员离开被试设备，并在取得试验负责人许可后方可加压。加压过程中应有人监护并呼唱。

（8）高压试验工作人员在全部加压过程中，应精力集中，不得与他人闲谈，随时警戒异常现象发生，操作人应站在绝缘垫上。

（9）变更接线或试验结束时，应首先断开试验电源，进行放电，并将升压设备的

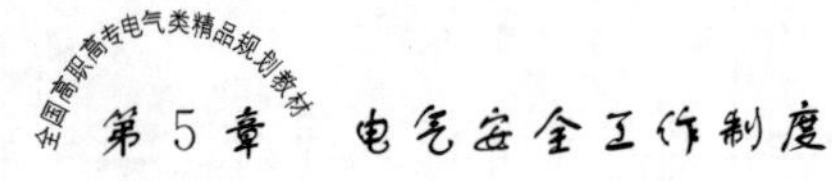

高压部分短路接地。

(10) 未装地线的大电容被试设备，应先行放电再做试验。高压直流试验时，每告一段落或试验结束时，应将设备对地放电数次并短路接地。

(11) 试验结束时，试验人员应拆除自装的接地短路线，并对被试设备进行检查和清理现场。

(12) 特殊重要的电气试验，要有详细的试验措施，并应经厂局等单位主管生产的领导或总工程师批准。

5.6.9 检修高压电动机的安全措施

检修高压电动机及其起动装置时，应事先填写好工作票并办妥手续。同时要做好下列安全措施：

(1) 断开电源开关与闸刀，经验明确已无电后再装设临时接地线，并在闸刀的上、下刀口之间插入绝缘隔板。若系小车开关，则应从成套配电装置内拉出并关门上锁。

(2) 在开关及侧刀把手上悬挂“禁止合闸，有人工作!”标示牌。

(3) 高压电动机如系电缆供电，则拆开后的电缆头应将其三相接地短路。

(4) 做好防止被拖动机械（如水泵、空气压缩机、引风机等）可能引起高压电动机转动的措施。同时也要在相关阀门上悬挂“禁止合闸，有人工作!”标示牌。

检修高压电动机还应注意下列安全事项：

(1) 禁止在转动着的、或未实施停电安全措施的高压电动机及其附属装置回路上进行检修工作。

(2) 禁止在运转中高压电动机的接地线上进行检修工作。

(3) 当检修工作终结、需通电试验高压电动机及其起动装置时，应先收回全部工作票、在检修人员全部撤离现场后，方可送电试运转。

日常中对高压电动机及其起动设备，应特别重视维护与管理，检查并落实相应的安全措施。如除了高压电动机与起动装置的外壳均应实施可靠而良好的接地外，对高压电动机的引出线、电缆头及所有外露的转动部位等处，都要牢固装设合乎要求的遮栏或保护罩等。

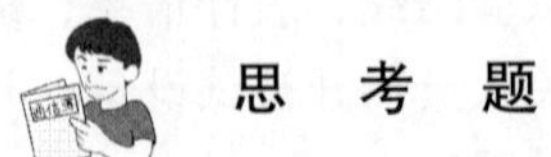

思考题

5-1 填空题

(1) 安全用具可分为______和______两大类，属于基本安全用具的有______、______、______等，属于辅助安全用具的有______、______、______、______等，属

于一般防护安全用具的有______、______、______、______、______、______、______、______、______等。

(2) 绝缘棒和绝缘夹钳一般应______检查一次，______必须试验一次。

(3) 绝缘棒主要由______、______、______三部分组成，绝缘夹钳主要由______、______、______三部分组成，低压验电器主要由______、______、______、______和______组成。

(4) 普通安全帽主要由______、______、______、______和______五部分组成，安全带根据作业性质的不同，其结构形式主要有______和______两种。

(5) 装设接地线时必须先接______，后接______，且必须______。拆接地线的顺序是______。

(6) 临时遮栏主要用来______，也可作为______；标示牌根据其作用可分为______类、______类、______类、______类等四类，共______种。

5-2 问答题

(1) 试述安全用具的作用。

(2) 何为基本安全用具、辅助安全用具、一般防护安全用具？

(3) 试述绝缘棒的用途和使用、保管注意事项。

(4) 试述绝缘夹钳的用途和使用、保管注意事项。

(5) 试述高压验电器的作用和使用、注意事项，什么是验电“三步骤”？

(6) 试述低压验电器的用途。

(7) 试述绝缘手套的作用及使用、保管注意事项。

(8) 试述绝缘靴（鞋）的作用和使用、保管注意事项。

(9) 试述安全带的作用和使用、保管注意事项。

(10) 试述安全帽的作用和保护原理。

(11) 试述携带型接地线的作用和使用、保管注意事项。

(12) 试述标示牌的作用。

(13) 停电作业时，为保证人身安全应执行的安全技术措施有哪些？

(14) 电气值班员的岗位责任有哪些？值班过程中应遵循哪些安全要求？

(15) 在电气设备上工作保证安全的组织措施有哪些？

(16) 低压带电作业有哪些安全要求？

(17) 工作票分几种？各适用于哪些工作？

(18) 什么是工作许可制度？

(19) 什么是工作监护制度？

(20) 什么是工作间断、转移和终结制度？

第 6 章

电气防火与防爆

6.1 火灾爆炸危险环境的划分

6.1.1 火灾与爆炸的基本知识

电气火灾与爆炸事故在所有火灾与爆炸事故中占有很大的比例（根据资料统计约占 14％～20％），引起火灾的电气原因是仅次于一般明火的第二位原因。线路、开关、保险、插座、灯具、电动机、电炉等的事故均可能引起火灾，尤其是当线路、电气设备或用电器具与可燃物接触或接近时，火灾危险性更大。在高压设备中，变压器和油开关有较大的火灾危险性，且还有爆炸危险性。电气火灾与爆炸事故除能造成人身伤亡和设备毁坏外，还会造成较大范围或较长时间的停电，给国家财产带来极大损失。

各种电气设备的绝缘大多属于易燃物质，运行中导体通过电流要发热，开关切断电流时会产生电弧，由于短路、接地或设备损坏等可能产生电弧及火花，将周围易燃物引燃，发生火灾或爆炸。又因燃烧中的带电体对消防人员有触电危险，且火灾后的设备难以修复，故还不能用一般办法抢救。为此必须了解电气火灾发生的原因，采取预防措施，并在火灾发生后能采用正确抢救方法，以防人身触电及引发爆炸。

火灾与爆炸是两种性质不同的灾害，实践中它们又常伴随在一起发生。引发火灾与爆炸的条件虽然不同，但其触发因素几乎一样，即它们大都由高温或电弧火花而引起。

6.1.1.1 火灾

凡是使被氧化物质失去电子的反应都属于氧化反应，伴随有热和光同时发生的强烈氧化反应便称为燃烧。可燃物质在空气中燃烧是最普遍的燃烧现象，凡超出有效范围形成危害的燃烧即称为火灾。燃烧的必要条件是具有可燃物质、助燃物质（又称氧

化剂），同时存在火源。助燃物质多数是空气中的氧，某些情况下氯和硫的蒸汽等也可助燃。火源则是指具有一定温度和热量的能源，如火源、电火花、电弧和灼热的物体等。

6.1.1.2 爆炸

物质发生剧烈的物理或化学变化，且在瞬间释放大量能量，产生高温高压气体，使周围空气猛烈震荡而造成巨大声响的现象称为爆炸。发生爆炸的必要条件是具有可燃易爆物质或爆炸性混合物，同时存在火源。爆炸分为物理性爆炸和化学性爆炸两类，物理性爆炸过程中不生产新的物质，如蒸汽锅炉由于超压力而引起的爆炸。化学性爆炸过程中伴随着物质间的转化，按其特点又可分为两类：一类是火炸药爆炸性物质，如火药、TNT、雷管、导爆索等；另一类是与空气混合而形成爆炸的可燃性物质，如石油气、天然气、煤气、乙炔气，汽油、酒精蒸汽、各种可燃粉尘和纤维等。

6.1.1.3 自燃

可燃物质在空气中受热升温、不需明火就能着火燃烧的现象称为自燃，其特性常以自燃温度（摄氏度℃）表示。自燃温度愈低，形成火灾和爆炸的危险性也就愈大。

6.1.1.4 爆炸浓度极限

可燃气体、可燃粉尘或纤维一类物质接触火源时即能着火燃烧。当这类物质与空气混合、且浓度达到一定比例范围时，便会形成气体、蒸汽、粉尘或纤维爆炸性混合物，该浓度比例范围就称为爆炸极限。通常可燃气体、蒸汽的爆炸极限是以其占混合物体积的百分比（%）表示；可燃粉尘。纤维的爆炸极限则以其占混合物中单位体积的重量（g/m^3）表示。爆炸极限分爆炸上限和爆炸下限。浓度低于爆炸下限或高于爆炸上限，只可能着火燃烧而不会形成爆炸。这是因为浓度高于爆炸上限时，空气便相对地减少，供氧不足，就不会形成爆炸。

6.1.1.5 闪燃

可燃液体的蒸汽与空气的混合物接触火源时仅发生闪烁现象称为闪燃。把发生闪燃但不引起液体燃烧的最低温度称为闪点，也以℃表示。闪点是鉴别可燃液体形成火灾和爆炸危险性的主要数据。闪点愈低，形成火灾和爆炸的危险性就愈大。可燃蒸汽是由可燃液体挥发产生的，其形成爆炸的危险性通常用闪点衡量，而不是用爆炸极限。闪点等于和低于45℃的液体称为易燃液体；高于45℃的则称可燃液体。

6.1.2 危险场所和危险品的划分

6.1.2.1 火灾、爆炸危险场所的划分

1. 火灾危险场所

按可燃物质的状态可划分为如下三级：

H－1级，指有可燃液体的火灾危险场所（如柴油、润滑油、变压器油等）。

H－2级，指有悬浮状或堆积状的可燃粉尘或可燃纤维，它们不可能形成爆炸性混合物，但属有火灾危险的场所（可燃粉尘如煤粉、焦炭粉、面粉和合成树脂等；可燃纤维如棉、麻、丝、木质纤维等）。

H－3级，指固体状可燃物质的火灾危险场所（如煤、木材、布、纸等）。

2. 爆炸危险场所

可划分为二类五级：

（1）第一类为有气体或蒸汽爆炸性混合物的爆炸危险场所，划分为如下三级：

Q－1级，指正常情况下能形成爆炸性混合物，即达到爆炸浓度的场所。

Q－2级，指仅在不正常情况下（设备事故损坏、误操作、维护不当、检修设备等）能形成爆炸性混合物的场所。

Q－3级，指不正常情况下，整个空间形成爆炸性混合物的可能性较小的场所。

（2）第二类为有粉尘或纤维爆炸混合物的爆炸危险场所，划分为如下二级：

G－1级，指正常情况下能形成爆炸性混合物的场所。

G－2级，指仅在不正常情况下能形成爆炸性混合物的场所。

3. 爆炸危险场所的区域范围

爆炸危险场所在区域范围内，应安装相应的防爆型电气设备；在该区域范围之外，可安装非防爆型电气设备，但不能以该范围作为能否使用明火的依据。

爆炸危险场所区域范围的划分如下（非开敞的建筑物内部常以室为单位划定）：

（1）易燃液体注送站的注送口外水平距离15m、垂直距离7.5m以内的空间范围，为爆炸危险场所的区域范围。

（2）可燃气体、易燃液体和闪点低于或等于场所环境温度的可燃液体储罐，在离上述设备外壳3m以内的空间范围。

（3）Q－1级建筑物通向露天的门、窗外3m以内的空间范围可降低为Q－2级；Q－2级建筑物通向露天的门、窗外1m以内的空间范围可降低为Q－3级。

6.1.2.2 危险物品的种类

凡有火灾或爆炸危险的物品统称为危险品。按照它们的理化性质，可分为七类：

（1）爆炸性物品。这类物品有强烈的爆炸性。常温下就有缓慢分解的趋向，在受热、摩擦、冲击或与某些物质接触后，能发生剧烈的化学反应而爆炸，如起爆药、炸药和烟火药等。其爆炸速度可达4000～8000m/s左右；爆炸温度在1500～4500℃之间。

（2）易燃和可燃。液体这类物品容易挥发，能引起火灾和爆炸。闪点在45℃以下的为易燃液体，如汽油、苯、酒精、煤油等；闪点在45℃以上的为可燃液体，如

柴油、重油、植物油等。

（3）易燃和助燃气体。这类物品受热、受冲击或遇到火花时能发生燃烧和爆炸，特别当处在压缩状态时，爆炸的危险性更大。如氢、一氧化碳、甲烷、乙烯等属易燃气体，氧、氯等属助燃气体。

（4）遇水燃烧物品。这类物品遇水时会发生化学反应，放出热量，并分解出可燃气体，而引起燃烧和爆炸，如钾、钠、碳化钙（电石）、锌粉、氧化钙（生石灰）等。

（5）自燃物品。这类物品不需外来火源，而受空气氧化或外界温度与湿度的影响。当温度升高到自燃点时便自行燃烧，如黄磷、油布及油纸等。

（6）易燃固体和可燃固体。这类物品燃点很低，极易燃烧，甚至引起爆炸，如硝化纤维素、红磷、沥青、松香、硫磺及镁粉等。

（7）氧化剂。这类物品本身并不会燃烧，但有很强的氧化能力。当与某些危险物品接触时能促使危险物品分解，进而引起燃烧和爆炸，如硝酸盐、氯酸盐及过氧化物等。

6.2 电气火灾与爆炸的原因

6.2.1 引发电气火灾与爆炸的基本因素

电气火灾和爆炸就是因电气原因而发生的燃烧与爆炸事故。其基本因素有两个：

1. 存在易燃易爆环境

在各类生产和生活场所中，广泛存在着可燃易爆物质，其中煤炭、石油、化工和军工等工业生产部门尤为突出。火炸药一类物质接触到火源即可引起爆炸；纺织工业和食品工业生产场所的可燃气体、粉尘或纤维一类物质，接触火源就容易着火燃烧，在生产、储存、运输和使用过程中容易与空气混合，形成爆炸性混合物。能够形成爆炸的物质有数百种，形成火灾的物质种类则更多。

2. 电气设备会产生火花和高温

在生产场所的动力、控制、保护、测量等系统和生活场所中，各种电气设备和线路在正常工作或事故中常常会产生电弧火花和危险高温：

（1）有些电气设备在正常工作情况下就能产生火花、电弧和高温。如开关电器开合、运行中的直流电动机电刷与整流子间、交流电动机的电刷与滑环间等总会有或大或小的火花与电弧产生。弧焊机就是靠电弧工作的。电灯和电炉直接利用电流发光发热，工作温度都相当高，如100W白炽灯泡的表面温度即可高达216℃。

（2）电气设备和线路由于绝缘老化、积污、受潮、化学腐蚀或机械损伤，会造成绝缘强度降低或破坏并导致相间对地短路；熔断器熔体熔断、导线连接点接触不良、铁芯铁损过大、电气设备和线路严重过负荷及积污、通风不良等原因都可能产生火花、电弧或危险高温。此外，静电、内过电压和大气过电压等也会产生火花和电弧。

生产和生活场所中若存在可燃易爆物质，当空气中的含量处于爆炸浓度范围内，且场所中的电气设备和线路正常或事故状态产生高温、火花或电弧，就会引发电气火灾或爆炸事故。所以，一定要重视电气设备的防火与防爆，以确保安全。

6.2.2 造成电气火灾与爆炸的主要原因

除设备本身缺陷及设计与施工等方面原因外，运行中电流产生过多的热量及电火花或电弧是引起火灾或爆炸的直接原因。其主要原因有：

（1）电气设备选型和安装不当。因违背有关设计规定或设计时考虑不周造成设备造型不当，以及未严格按照安装规程和要求办事而导致安装错误，这就给日后运行时引起火灾或爆炸酿就了先天条件。如在有爆炸危险的场所选用非防爆电机、电器；在汽油汽化室内安装普通照明灯；在汽油库采用木槽板敷线等。设备选型不当和安装错误，为火灾与爆炸事故埋下了隐患，因此是首先应该防止的。

（2）违反安全操作规程。实践中，由于电气人员在工作中违反有关各项安全操作规程，而引起电气火灾或爆炸的事例屡见不鲜。如在带电设备、变压器、油开关等附近使用喷灯；在有火灾与爆炸危险的场所使用明火；在可能发生火花的设备或场所用汽油擦洗设备等，都会引起火灾。

（3）电气设备使用不当。由于对电气设备的性能了解不够和使用不当，实际工作中常会由此引发火灾或爆炸事故。如白炽灯泡离易燃、可燃物过近，尤其是碘钨灯灯泡表面温度可高达500～800℃，一不小心就会烤燃纸、布、棉花及木板等。又如电热器接通后无人看管或电热器靠近易燃、可燃物等，均能引起火灾。任何电气设备与电器用具都有各自的允许温升，若使用中严重或长期超过，不但缩短设备使用寿命，还会造成设备过热，损坏或引起火灾。

6.2.3 设备故障或过负荷等引发火灾

6.2.3.1 电气设备短路

凡电流未经一定用电负载阻抗或未按规定路径而就近自成通路的状态，称做短路。如几条电源线直接碰触在一起，或者中性点接地系统的相线与大地相碰等。此时导线的发热量剧增，不仅能使绝缘燃烧，且还会使金属熔化或引起邻近的易燃、可燃物质燃烧酿成火灾。发生短路的原因主要有：

(1) 导体的绝缘由于磨损、受潮、腐蚀、鼠咬,以及老化等原因而失去绝缘能力。

(2) 设备长年失修,导体支持绝缘物损坏或包裹的绝缘材料脱落。

(3) 绝缘导线受外力作用损伤,如导线被重物压轧或被工具等损伤。

(4) 架空裸导线弛度过大,风吹造成混线;线路架设过低,搬运长大物件时不慎碰到导线,以及导线与树枝相碰等,都会造成短路事故。

(5) 检修不慎或错误造成人为短路。

6.2.3.2 电气设备过负荷

当电流通过导线时,由于导线有电阻存在,便会引起导线发热。导线允许连续通过而不致使其过热的电流量,称为导线的安全载流量。如果实际电流超过了安全载流量,就称作过负荷。这时,导线温度就会超过最高允许温度,其绝缘层老化将加速。若是严重过负荷或长期过负荷,则绝缘层就将变质损坏而引起短路着火。发生设备过负荷的原因主要有:

(1) 电气设备规格选择过小,容量小于负荷的实际容量。

(2) 导线截面选得过细,与负荷电流值不相适应。

(3) 负荷突然增大,如电机拖动的设备缺少润滑油、磨损严重、传动机构卡死等。

(4) 乱拉电线,过多地接入用电负载。

6.2.3.3 电气设备绝缘损伤或老化

绝缘损伤或老化会使绝缘性能降低甚至丧失,从而造成短路引发火灾。引起电气设备绝缘老化的原因主要有:

(1) 电气因素。绝缘物局部放电;操作过电压或雷击过电压;事故或过负荷的过电流等。

(2) 机械因素。旋转部分、滑动部分、接触部分的摩擦损耗;结构材料的屈曲、扭曲。拉伸等运动或异常振动、冲击等的反复作用等。

(3) 热因素。温升过高使绝缘物热分解、氧化等的化学变化、气化、硬化、龟裂、脆化;设备反复起动、停止、温升、温降的热循环,使结构材料间因热膨胀系数不同产生应力等。

(4) 环境因素。周围有害物质(煤气、油、药品等)的腐蚀;阳光、紫外线长期照射和氧化作用;老鼠、白蚁等咬坏电线、电缆,以及水浸等。

(5) 人为因素。施工不良、维护保养不善或设备选型不当等。

6.2.3.4 电气连接点接触电阻过大

在电气回路中有许多连接点,这些电气连接点不可避免地产生一定的电阻,这个电阻叫做接触电阻。正常时接触电阻是很小的，可以忽略不计。但不正常时，接触电阻显著增大，使这些部位局部过热，金属变色甚至熔化，并能引起绝缘材料、可燃物质的燃烧。电气连接点接触电阻过大的原因主要有：

（1）铜、铝相接并处理不好。如对铜、铝导线用简单的机械方法连接，尤其在潮湿并含盐环境中，铜铝接头就相当于浸泡在电解液中的一对电极，铝会很快丧失电子而被腐蚀掉，使电气接头慢慢松弛，造成接触电阻过大。

（2）接点连接松弛。螺栓或螺母未拧紧，使两导体间接触不紧密，尤其在有尘埃的环境中，接触电阻显著增大。当电流流过时，接头发热，甚至发生火花。

6.2.3.5　电火花与电弧

电火花是电极间放电的结果，大量密集的电火花构成了电弧。电弧温度可达3000～9000℃，因此它们能引起周围可燃物质燃烧，使金属熔化或飞溅，构成危险的火源，引发火灾。电火花可分为工作火花和事故火花两类。工作火花是指电气设备正常工作或操作时产生的火花（如通断开关、插拔插头时产生的火花）；事故火花是指电气设备发生故障时产生的火花（如导线短路时产生的火花、熔丝熔断时产生的火花），以及由外来原因产生的火花（如雷电、静电、高频感应等产生的火花）。产生电火花和电弧的原因主要有：

（1）导线绝缘损坏或导线断裂引起短路，从而在故障点会产生强烈的电弧。

（2）导体接头松动，引起接触电阻过大，当有大电流通过时便会产生火花与电弧。

（3）架空裸导线弧垂过大，遇大风时混线而产生强烈电弧。

（4）误操作或违反安全规程，如带负荷拉开关、在短路故障未消除前合闸等。

（5）检修不当，如带电作业时因检修不当而人为地造成了短路等。

（6）正常操作开关或熔丝熔断时产生的火花。

6.3　电气防火与防爆的一般措施

防止电气火灾与爆炸，必须采取严密的综合措施。它包括组织措施（如严格执行规程、规章制度及有关政策法令等）和众多相配套的技术措施两大方面。

根据电气火灾与爆炸的成因，预防的根本性技术措施可概括为三类：①从现场空气中排除各种可燃易爆物质；②避免电气装置产生引起火灾和爆炸的火源；③改善环境条件（主要包括土建等方面，从这方面预先采取适当措施，可减少发生的可能性及发生后造成的损失）。

6.3.1 排除可燃易爆物质

(1) 保持良好通风和加速空气流通与交换，能有效地排除现场可燃易爆的气体、蒸汽、粉尘和纤维，或把它们的浓度降低到不致引起火灾和爆炸的限度之内。这样还有利于降低环境温度，这对可燃易爆物质的生产、储存、使用及对电气装置的正常运行都十分重要。采用机械通风时，供气中不应含有可燃易爆或其他有害物质。事故排风用的电动机控制设备，应安装在事故情况下便于操作的地方。

(2) 加强密封，减少可燃易爆物质的来源。可燃易爆物质的生产设备、储存容器、管道接头和阀门等均应严密封闭并经常巡视检测，以防止可燃易爆物质发生跑、冒、滴、漏等现象。

6.3.2 排除各种电气火源

(1) 对正常运行时会产生火花、电弧和危险高温的电气装置，不应设置在有爆炸和火灾危险的场所。

(2) 在爆炸和火灾危险场所内，应尽量不用或少用携带式电气设备。

(3) 爆炸和火灾危险场所内的电气设备，应根据危险场所的等级合理选用电气设备的类型，以适应使用场所的条件和要求。

(4) 在爆炸和火灾危险场所内，线路导线和电缆的额定电压均不得低于配电网络的额定电压。低压供电回路要尽量采用铜芯绝缘线。

(5) 在爆炸危险场所内，所有工作零线的绝缘等级应与相线相同，并应在同一护套或线管内。绝缘导线应敷设在钢管内，严禁明敷。

(6) 在火灾危险场所内，宜采用无延燃性外被层的电缆和无延燃性护套的绝缘导线，用钢管或硬塑料管明、暗敷设。

(7) 电力设备和线路在布置上应使其免受机械损伤，并应防尘、防腐、防潮和防日晒雨雪。安装验收应符合规范，要定期检修试验，加强运行管理，确保安全运行。

(8) 正确选用保护和信号装置并合理整定，保证电气设备和线路在严重过负荷或故障情况下，都能准确、及时、可靠地切除故障设备和线路，或是发出报警信号。

(9) 凡突然停电有可能引起电气火灾和爆炸的场所，要有两路及以上的电源供电，且两路电源之间应能自动切换。

(10) 在爆炸和火灾危险场所内，各电气设备的金属外壳应可靠接地或接零，以便碰壳接地短路时能迅速切断电源，防止短路电流产生高温高热引发爆炸与火灾。

6.3.3 改善环境条件

(1) 配电装置所在建筑的耐火等级不应低于二级，变压器室与油开关室应为一级。

(2) 变配电装置室及有爆炸火灾危险房间的门应向外开；长度大于 7m 的配电装置室备应设两个出口；配电装置室为两层及以上时，一个出口要通向室外楼梯平台；充油的电气设备房间内，放置油量超过 60kg 且门又向内开时，则应采用非燃烧性材质的实体门。

(3) 室内充油电气设备的单台总油量为 60kg 以下时，要安装在有隔离板的间隔内；总油量 60～600kg 时应装在有防爆隔墙的间隔内；超过 600kg 时则要有单独的防爆间。

(4) 凡室外充油电气设备的单台充油量为 100kg 以上、室内单台断路器及电流互感器的总油量在 60kg 以上，以及 10kV 以上的油浸式电压互感器，应设置容纳 100％油量的储油池或设置容纳 20％油量的挡油设施，但后者还应具备能将油排到安全处的相应设施。

(5) 油量为 2500kg 以上的各种室外油浸变压器，若彼此间无防火墙时，其防火净距不应小于 10m。

(6) 凡属爆炸与火灾危险场所的地面，都要用耐火材料铺设；对爆炸和火灾危险场所的所有房间均应采取有效的隔热和遮阳措施。

(7) 在有爆炸危险场所的工作照明熄灭后，无论设备继续运转、工作中断或发生误操作，都可能引起爆炸火灾或设备人身事故，所以还应单独装设事故照明。其中：

1) 事故照明灯具应布置在可能发生事故的设备、材料、物品的周围和主要通道、危险地段、出入口等处。在事故照明灯具上的明显部位应涂以红色标记，以示区别。

2) 事故照明的光源应采用能瞬时可靠点燃的白炽灯或卤钨灯。若它同时又作为正常照明且经常开用，且在事故时不需切换电源的情况下，也可采用其他光源。

3) 事故照明的照度不应低于工作照明总照度的 10％。

4) 在重要车间和场所、有关键设备的厂房与重要仓库均需设值班照明。它可利用工作照明中能单独控制的一部分或事故照明中的一部分。

6.3.4 保证电气设备的防火间距及通风

6.3.4.1 保持防火间距

选择合理的安装位置，保持必要的安全间距，是防火防爆的一项重要措施。为了防止电火花或危险温度引起火灾，各种电器用具或设备的设置都应避开易燃易爆物

品。对电气开关及正常运行时产生火花的电气设备，离开可燃物存放地点的距离不应少于3m。在工厂或车间行车滑触线的下方，不准堆放易燃易爆物品。变配电所内由于电气设备多且有些在工作时温度较高或会产生电火花，故其防火防爆要求更严。

(1) 室外变配电装置与建筑物的间距不应小于12～40m；与爆炸危险场所建筑物的间距不应小于30m；与易燃和可燃液体储罐的间距不应小于25～90m；与液化石油气罐的间距不应小于40～90m。变压器油量愈大、建筑物耐火等级愈低或危险物品储量愈大，所要求的间距也愈大，必要时应加防火墙。

(2) 10kV及以下的变配电室不应设在有爆炸危险场所的正上方或正下方；变配电室与有火灾或爆炸危险的场所毗连时，隔墙应由耐火材料制成；毗连变配电室的门、窗应向外开，并要通向无火灾和爆炸危险的场地。

(3) 10kV及以下架空线路，严禁跨越有火灾和爆炸危险的场所；当线路与有火灾或爆炸危险的场所接近时，其间水平距离一般不应小于电杆高度的1.5倍。

(4) 沿露天或开敞的、有爆炸危险物质管道的管廊上敷设电缆或钢管配线时，应沿爆炸危险性较小的一边敷设。管道内气体或蒸汽比重大于空气时应在其上方，反之则在其下方右侧（应避开正下方）。

6.3.4.2　对设备实施密封

在有爆炸危险场所装设电气设备时，对其实施密封是局部防爆的一项重要措施。密封是指将产生电弧、电火花的电气设备与易燃易爆的物质隔离开来而达到防爆目的。此外，在发生局部燃烧爆炸时，密封还可以防止事故的进一步扩大。

(1) 电缆、配线钢管、接地线在通过地面、楼板、墙壁处及电气设备、接线盒等连接处时都要进行密封处理。

(2) 各种防爆电气设备的外壳应无损伤、裂纹和锈蚀，内壁要进行防弧处理。多余的进线口也要作密封处理。

(3) 所有充油型电气设备的油面不得低于油标的标度线，油量不足应及时补充，以保证密封作用。

(4) 把危险物品装在密闭的容器内，限制爆炸性物质的气体挥发和逸散，也是防火防爆的一项主要措施。

6.3.4.3　采用耐火设施

(1) 变配电室、酸性蓄电池室、电容器室应采用耐火建筑；临近室外变配电装置的建筑物外墙也应采用耐火建筑。

(2) 穿入和穿出建筑物通向油区的沟道和孔洞，应采用非燃烧性材料严密堵死，或者加装挡油设施。

(3) 室内储油量600kg以上的变压器或其他电气设备，以及室外储油量1000kg

以上的电气设备，均应有适当的储油设施和挡油设施。

（4）木质开关箱等内表面应衬以白铁皮，电热器具应有耐热垫座等。

6.3.4.4 保持通风良好

（1）变压器室一般采用自然通风。若采用机械通风，其送风系统不应与爆炸危险场所的送风系统相连，且供给的空气不应含有爆炸性混合物或其他有害物质。

（2）蓄电池室可能有氢气排出，故更应注意良好的通风。

（3）爆炸危险场所内事故排风用的控制开关应设在便于操作的地方，并妥善管理。

（4）通风系统的电源必须可靠，应采用双回路供电方式。

（5）防爆通风充气型电气设备的通风与充气系统，应符合如下要求：

1）通风、充气系统必须采用非燃性材料制成，结构应坚固，连接要紧密。通风系统内不应有阻碍气流的死角。

2）电气设备应与通风、充气系统联锁。运行前必须先通风，当通过的气流量大于该系统容积的5倍时，才能接通电气设备的电源。

3）进入电气设备及其通风、充气系统内的气体，不应含有爆炸危险物质或其他有害物质。通风过程排出的废气，也不应排入有爆炸危险的场所。

4）运行中电气设备及通风、充气系统内的气流正压不应低于196Pa；低于68Pa时应自动发出信号或断开电气设备的主电源。

5）对于闭路通风的防爆通风型电气设备及其通风系统，应供给清洁空气，以补充漏损和保持系统内气流的正常压力。

6）电气设备外壳及其通风、充气系统内的门或盖子上，应有警告标志或联锁装置，防止运行中被错误打开。

7）有爆炸危险的场所内，事故排风用电动机的控制设备应设在便于操作的地方。

6.3.5 正确选用和安排电气设备

6.3.5.1 电气设备的选用

电气设备所产生的火花、电弧或危险温度，都能引起危险场所的火灾或爆炸事故。因此，电气设备根据产生火花、电弧或危险温度的特点采取多种防护措施，同时按防护措施的不同，它们可分多种类型。实践中，应根据使用环境的危险程度来正确地选择：

（1）火灾危险场所电气设备的选型。正常运行时有火花的和外壳表面温度较高的电气设备，应尽量远离可燃物质。在有火灾危险的场所选用电气设备时，应根据场所等级、电气设备的种类和使用条件进行选择。

（2）爆炸危险场所电气设备的选型。选用时应根据爆炸危险场所的类别、等级和电火花形成的条件，并结合爆炸性混合物的危险性进行选择。

（3）危险场所线路导线的选择。对用于火灾爆炸危险场所的线路导线除应满足一般安全要求外，还应符合防火防爆要求：

1）应有足够的机械强度。在这些场所使用的电缆或绝缘导线，其铜、铝线芯最小截面应符合表 6-1 规定。

表 6-1　爆炸危险场所电缆和绝缘导线线芯最小截面

<table>
<tr><th rowspan="3">爆炸危险场所级别</th><th colspan="6">线芯最小截面　(mm^2)</th></tr>
<tr><th colspan="3">铜</th><th colspan="3">铝</th></tr>
<tr><th>动力</th><th>控制</th><th>照明</th><th>动力</th><th>控制</th><th>照明</th></tr>
<tr><td>Q—1</td><td>2.5</td><td>2.5</td><td>2.5</td><td>不许使用</td><td rowspan="5">不许使用</td><td>不许使用</td></tr>
<tr><td>Q—2</td><td>1.5</td><td>1.5</td><td>1.5</td><td>4.0</td><td>2.5</td></tr>
<tr><td>Q—3</td><td>1.5</td><td>1.5</td><td>1.5</td><td>2.5</td><td>2.5</td></tr>
<tr><td>G—1</td><td>2.5</td><td>2.5</td><td>2.5</td><td>不许使用</td><td>不许使用</td></tr>
<tr><td>G—2</td><td>1.5</td><td>1.5</td><td>1.5</td><td>2.5</td><td>2.5</td></tr>
</table>

2）绝缘导线都要穿钢管敷设。3～10kV 的电气线路应使用铠装电缆；1kV 及以下的电气线路可使用无铠装电缆或钢管配线。H—1、H—2 场所 500V 以下的线路还可采用硬塑料管配线、钢索配线；远离可燃物的可用瓷瓶配线。

3）选用绝缘导线和电缆的额定电压不得低于电网的额定电压，且不得低于 500V。在爆炸危险场所，工作零线与相线应有相同的绝缘，并在同一护套内或线管内。

4）高温场所应采用瓷管、石棉、瓷珠等耐热绝缘的耐燃线；有腐蚀性气体或蒸汽的场所要采用铅包线或耐腐蚀的穿管线；移动电气设备应采用四芯橡皮套软线。

（4）合理选用保护装置。火灾和爆炸危险场所应有完善的短路与过载等保护装置，以便能迅速切断电源，防止事故扩大。

1）在 Q—1、G—1 级爆炸危险场所内，单相线路的相线和工作零线均应装设短路保护装置。

2）在有爆炸危险的场所，为防止突然停电，应有两路电源供电，并装有自动切换的联锁装置。

3）对于有通风要求的场所，应装设联锁装置。

4）对于防爆通风、充气型电气设备，应装设联锁装置或其他保护装置。

5）在有爆炸性混合物的场所，应装设自动检测装置。当爆炸性混合物的浓度达到危险浓度时，发出信号或警报，以便立即采取措施，消除险情。

6.3.5.2 设备安装时的注意事项

（1）安装施工中不能损伤导体的绝缘；电缆沟敷设必须考虑防积水与鼠害的措施；在不需拆卸检修的母线连接处，要采用熔焊或钎焊；在螺栓连接处应防止自动松脱。

（2）有爆炸危险场所的单相线路中，其相线与工作零线均应有短路保护装置，并要选用双极开关。

（3）危险场所不准装设插座或敷设临时线路，同时严禁使用电热器具。

（4）露天安装时应有防雨、雪措施；在高温场所应采用瓷管、石棉、耐热绝缘的耐热线，在有腐蚀介质的场所，应采用铅皮线或耐腐的穿管线。

（5）有爆炸危险的场所，应将所有设备的金属部分、金属管道以及建筑物的金属结构全部接地（或接零），并连接成连续的整体；接地（或接零）干线宜在爆炸危险场所的不同方向且不少于两处与接地体相连，以提高连接的可靠性。

（6）有爆炸或火灾危险的场所，安装人员不应穿戴腈纶、尼龙及涤纶织物的服装和袜子、手套、围巾。因这些织物通过摩擦会产生静电，甚至发出微小火花，就有可能引燃周围的易燃、易爆物品。同时，所使用的工具也应尽量不采用塑料或尼龙制品的。

6.3.5.3 危险场所实施接地的要求

在有爆炸危险的场所实施接地或接零时，其要求较一般的场所为高。具体是：

（1）除生产上有特殊要求者外，凡一般场所不要求接地（接零）的部分也都应接地（接零）。如不良导体的地面处；安装在已接地金属结构上的电气设备及敷有金属包皮且两端已接地的电缆用的金属构架等。

（2）在有爆炸危险的场所，6V 电压所产生的微弱火花即可引起爆炸。故必须将所有设备的金属部分、金属管道以及建筑物的金属结构全部接地（接零），并连接成连续整体以保持电流途径不中断。

（3）单相设备的工作零线应与保护零线分开；相线和工作零线均应装置短路保护装置，同时要装设双极开关。

（4）在有爆炸危险的场所，若是由不接地系统供电时，则必须装设能够发出信号的绝缘监视装置。

（5）变压器低压侧中性点接地的保护接零系统，其单相短路电流应稍大些，以提高系统的可靠性和缩短短路故障的持续时间；最小单相短路电流不得小于该段线路熔断器额定电流的 5 倍，或自动开关瞬时（或短延时）动作过流脱扣器整定值的 1.5 倍。

6.3.6 防止设备故障及过负荷

保持电气设备的正常运行，防止产生过大的工作火花及出现事故火花与危险温度，对于防火防爆有着重要意义。运行中由于种种原因，有时会出现设备故障或过负荷，并进而引发电气火灾或爆炸事故。为此，实践中应分类采取相关措施。

6.3.6.1 防止电气设备发生短路的措施

(1) 电气设备的安装应严格按要求施工。对于不同的场合应选用不同类型的电气设备和安装方式。如在潮湿和有腐蚀介质的场所，应采用有保护的绝缘导线如铅包线、塑线，或者用普通绝缘线敷设在钢管内或塑料管内。

(2) 导线绝缘强度必须符合电源电压的要求。即用于220V电压的绝缘导线应选用250V级，用于380V电压的绝缘导线应选用500V级。

(3) 应定期用绝缘电阻表检测设备的绝缘情况，发现问题要及时处理。

(4) 敷设线路时，导线之间、导线对地及对建筑物的距离应符合规定的安全距离要求。架空线路附近的树木应定期修剪并要及时调整导线的弧垂。

(5) 穿墙或穿越楼板的导线，应用瓷管或硬塑管保护，以免导线绝缘遭到损坏。

(6) 应安装符合规定的熔断器及保护装置，使线路发生短路时便能迅速切断电源。

6.3.6.2 防止电气设备过负荷的措施

(1) 通过导线的电流不得超过其安全载量。不能在原线路上擅自增加用电设备。

(2) 爆炸危险场所所用导线的允许载流量，不应低于线路熔断器额定电流的1.25倍和自动开关长延时过流脱扣器整定值的1.25倍；低压异步电动机电源线的允许载流量不得小于电动机额定电流的1.25倍。

(3) 电气线路上都必须装设过流保护装置，并要与所保护电气设备的额定电流和导线允许载流量相匹配。在不影响电气设备正常工作情况下，应整定得尽量小一些。

(4) 对高压线路的导线截面选择，应按短路电流进行热稳定校验。

(5) 电气设备的容量要与实际负载功率相匹配，也不要“大马拉小车”造成浪费。

(6) 经常监视线路及电气设备的运行情况，如发现严重或长期过负荷，应及时加以调整，切除部分负荷。

(7) 应安装符合规定的热继电器或其他保护装置及监视装置，以便当设备过负荷时能起到保护作用。

(8) 加强机电设备的维护保养工作，及时对电动机和其传动装置加润滑油，保证设备清洁与运转灵活。

6.3.6.3 防止电气设备绝缘老化的措施

（1）根据不同环境选择合乎要求的电气设备类型和安装方式。

（2）设备安装位置要尽可能避开热源、阳光直射处，以及含腐蚀介质的场所。

（3）加强对设备的日常维护与定期保养。对重要设备要作好运行记录，以分析绝缘老化速度，并据此制订和实施检修计划，延长其使用寿命。

（4）防止设备过负荷运行。尤其是严重过负荷或经常性过负荷，会加速绝缘老化。

6.3.6.4 防止接触电阻过大的措施

（1）导线与导线或导线与电气设备接线端子的连接，必须接触良好，牢固可靠。

（2）加强对电气设备的日常巡视和定期保养，及时发现和处理接头松动故障。

（3）在容易发生接触电阻过大的部位，可涂上变色漆或安放示温腊片，以便于监视，及时发现过热情况。

（4）截面较大的导线相连接时，可采用焊接法或压接法。务必使连接牢靠，接触紧密。

（5）铜、铝线相接时，应采用铜铝过渡接头，或是在铜铝接线头处垫上锡箔，也可将铜线鼻子搪锡后再与铝线鼻子相连接。

6.4 常用电气设备防火防爆措施

6.4.1 电力变压器的防火防爆措施

电力变压器起火的原因多数是内部发生严重故障，且没有得到及时处理而造成的。这些故障主要有铁芯的穿心螺栓绝缘损坏；高压或低压绕组层间短路；引出线混线或碰壳等。严重过负荷也会使变压器温升大大增高，并能引起局部闪络，导致火灾。此外，雷击、外部短路及外界火源也能引发变压器起火。

由于储油式变压器的油箱内储有大量绝缘油。变压器一旦着火，绝缘油燃烧便会变成气体，发生爆炸，从而使油箱爆裂、绝缘油向四周扩散，造成事故扩大。因此，预防变压器火灾事故是一项非常重要的工作。具体措施，通常有下列各项：

（1）平时要加强对变压器运行的监视，定时巡回检查，做好值班记录。每班至少检查1～2次；特殊气候（大风、大雾、大雪、冰冻天）和过负荷运行时应增加巡视次数。

（2）在正常监视和巡视检查中，应特别注意变压器油温和监听其内部音响。发现异常现象要及时处理；变压器上层油温一般应控制在85℃以下；室内通风应良好。

(3) 完善变压器的继电保护系统，确保故障时能正确可靠地动作，以防事故扩大。

(4) 经常监视变压器的负荷情况，严格执行规程，不允许作违反规定的过负荷运行。

(5) 定期对变压器进行小修和大修及电气性能试验与油样试验，以保证变压器在良好的状态下运行。变压器一般每年小修一次；5 年（或更长一些时间）大修一次。

(6) 健全变配电所的防雷保护措施。雷雨季节前要做好防雷装置的检查和试验工作。

(7) 变配电所内应设置足够的消防设备，并定期更换。变配电所内外应保持清洁、无杂物，不准堆放油桶或其他易燃、易爆物品。

6.4.2 油断路器的防火防爆措施

油断路器（俗称油开关）是一种储油的电气设备（尤其是多油开关），因此较易着火，并且一旦着火还很容易蔓延或引起爆炸。这就给变配电所人员与设备的安全造成很大威胁。防止油开关发生火灾与爆炸的措施是：

(1) 正确选用遮断容量与电力系统短路容量相适应（配合）的油开关。

(2) 油开关的设计安装要符合规程规定，且应安装在耐火建筑物内，同时要有良好通风。安装在室内时，应装设在不易燃烧的专门间隔内，且要有拦油措施；装在室外时应有卵石层作为储油池。

(3) 加强油开关的运行管理和检修工作。定期巡视检查油开关，尤其在最大负荷和每次自动跳闸后，以及下雨、降雪时应增加巡视次数，随时掌握其运行状态。

(4) 监视油位指示器的油面，使之保持在两条限度线之间，不能过高或过低；检查有无渗漏油现象，绝缘套管有无污损或裂纹，有无异常杂音或闪络现象。

(5) 定期进行预防性试验。油质要符合标准，发现老化、污脏或绝缘强度不够时，应及时换油；每年要做一次耐压试验和简化试验；每次短路跳闸后应取油样化验。

(6) 定期进行小修和大修。一般小修每年 1～2 次，大修 3 年一次；但在短路跳闸 3 后就要进行一次全面检查。

(7) 油开关事故跳闸后不能立即拆开检修。因这时打开油箱，空气将会急速进入，并与油面上许多绝缘油分解产生的气体混合成为一种易燃性气体，一旦被点燃，就会引起“事故爆炸”。不仅损坏设备，还会使检修人员受到伤害。故应待油面上弥漫着的气体冷却或大部排出以后，方可进行检修。

6.4.3 补偿电容器的防火防爆措施

补偿电容器起火与爆炸的原因大都是由于电容器极间或对外壳绝缘被击穿而造成。产生上述故障多数是因为电容器质量不好（如真空度不高、不清洁、对地绝缘不良）或其运行温度过高等。由于电容器大都集中安装在一起，一只电容器爆炸很可能引起其余电容器群爆，燃烧的漏油还会危及其他电气设备的安全。因此必须采取下列防护措施：

（1）采用内部有熔丝保护的高、低压电容器。对于无熔丝保护的高压熔断器应采取分组熔丝保护；双 Y 形接线的用零序电流平衡保护；双 D 接线的用横差保护；单 D 接线的用零序电流保护。

（2）采用优质节能型新产品。如 BCMJ 与 BGMJ 系列补偿电容器。其介质损耗低、寿命长、可靠性高；有自愈性能，若内部元件击穿时，能自动恢复绝缘并继续运行；内部有防爆装置，采用阻燃外壳，不易引起火灾。

（3）要加强对电容器的运行监视，定时巡视检查。有人值班的变配电所，至少每班一次；无人值班的，至少每周一次。注意电压、电流和环境温度；监听噪声及异常气味；观察瓷套管有无污损、闪络痕迹及异常火花；检查有无漏油和"鼓肚"现象。

（4）对补偿电容器一般有如下规定，运行中要严格掌握与执行：

1）应在额定电流下运行，必要时允许不超过 1.3 倍的额定电流。

2）应在不超过 1.05 倍额定电压下运行，在 1.1 倍额定电压下只允许连续运行 4h。

3）电容器室环境温度应在－40℃（或－25℃）～＋40℃范围内，外壳温度不得超过 55℃，外壳上最热点温度通常不应超过 60℃（或 80℃），且不得超过铭牌规定值。

4）禁止电容器组在带电荷情况下再次合闸充电。刚退出运行后，至少应放电 3min 方可再次合闸送电。

5）搬运电容器时，严禁搬动电容器的瓷套管。

（5）电容器室应使用耐火材料建筑。额定电压为 1kV 以上时，不低于二级；额定电压为 1kV 及以下时，不低于三级。

（6）电容器室要定期清扫并保持通风良好；附近应设有砂箱、干粉等灭火工具。

6.4.4 电缆引起火灾的原因与防范措施

实际工作中，由电力电缆引起火灾或爆炸的主要原因有如下几方面：

（1）电缆的保护外皮敷设时遭损坏或运行中电缆的绝缘受机械损伤时，都会引起电缆相间与外皮间的绝缘击穿而发生电弧，该电弧会使其绝缘材料及外包麻布等起火。

（2）电缆长期过载运行，会使电缆绝缘过分干枯，从而造成纸质绝缘性能下降甚至发生击穿而引燃。

（3）电缆敷设位差较大时易发生淌油现象，致使电缆上部油流失或干枯，热阻增加、绝缘焦化而击穿损坏，且上部电缆头处产生了负压力，容易吸入潮气；其下部则因油积聚产生很大静压力，易使电缆头漏油。这些缺陷，都是造成故障和引起火灾的内因。

（4）电缆盒的中间接头压接不紧、焊接不牢或接头材料选择不当时，运行中接头会发生氧化、过热、流胶。注入接头盒的绝缘剂量不符要求或灌注时盒内存有气孔，以及电缆盒密封不良、受损而漏入潮气等情况，都会击穿绝缘造成短路、起火或爆炸。

（5）电缆头表面受潮或积污、电缆头瓷套管破裂及引出线相间距离过小时，会导致闪络起火，并引起电缆头表层混合物和引出线绝缘燃烧。

针对上述原因，对电力电缆引起火灾或爆炸的防范措施应该是：

（1）严格按照安装规定和要求敷设，避免受到损伤，消除各个环节的不合格现象。

（2）尽可能做到水平敷设，努力减少电缆高低位差。

（3）电缆头与中间接头的制作要合乎规范，并应经试验合格。

（4）加强运行中的监视与维护，禁止超负荷尤其是长时期超载运行。

（5）应对电力电缆进行定期清扫及预防性试验。

6.4.5 低压配电屏和开关的防火措施

6.4.5.1 防止低压配电屏引起火灾的具体措施

（1）低压配电屏（盘、柜、板）应采用耐火材料制成。木结构配电屏的盘面应铺设铁皮或涂防火漆等，户外配电屏应有防雨雪措施。

（2）配电屏最好装在单独的房间内，并固定在干燥清洁的地方。

（3）配电屏上的设备应根据电压、负荷、用电场所和防火要求等选定。其电气设备应安装牢固；总开关和分路开关的容量应满足总负荷和各分路负荷的需要。

（4）配电屏中的配线应采用绝缘线，破损导线要及时更换。敷线应连接可靠，排列整齐，尽量做到横平竖直，绑扎成束，且用线卡固定在板面上；尽量避免导线相互交叉，必须交叉时应加绝缘套管。

(5) 要建立相应维修制度。定期测量配电屏线路的绝缘电阻；不合格时应予更换，或采取其他有关措施解决。

(6) 配电屏金属支架及电气设备的金属外壳，必须实行可靠的接地或接零保护。

6.4.5.2　防止低压开关引起火灾的具体措施

(1) 选用开关应与环境的防火要求相适应。在有爆炸危险场所要采用防爆型开关；有化学腐蚀及火灾危险场所应采用专门型式的开关。否则应装在室外或其他合适地方。

(2) 闸刀开关应安装在耐热、不易燃烧的材料上。三相闸刀应远离易燃物，要防止其发热或拉合闸刀时产生火花引起燃烧。次回路刀相间要用绝缘板隔离，以避免相间短路。

(3) 导线与开关接头处的连接要牢固，接触要良好，防止形成过大接触电阻而引起发热或火灾。

(4) 容量较小的负荷，可采用胶盖瓷底闸刀开关；潮湿、多尘等危险场所应用铁壳开关；容量较大的负荷要采用自动空气开关。

(5) 开关的额定电压应与实际电源电压等级相符；其额定电流要与负荷需要相适应；断流容量要满足系统短路容量的要求。

(6) 自动开关运行中要常检查、勤清扫，防止开关触头发热、外壳积尘而引起闪络和爆炸；不论何种类型的低压开关，若有损坏时，均应及时更换；尤其对安装在环境条件不好场所的开关，更应加强维护、注意除尘和防潮。

(7) 中性点接地的低压配电系统中，单极开关一定要接在火线上，否则开关虽断，电气设备仍然带电，一旦火线接地，便有发生接地短路而引起火灾的危险。

(8) 防爆开关在使用前必须将黄油擦除（出厂时为防止锈蚀而涂），然后再涂上机油。因黄油内所含水分等在电弧高温作用下会分解，极易引起爆炸。

6.4.6　防止电动机引起火灾的措施

电动机是使用最为普遍的一种用电设备。据统计资料介绍，各行各业装用电动机的容量约占所有各类用电设备总容量的70%以上。实用中，由于电动机安装或使用不当而引起火灾的事故也屡见不鲜。因此，落实好电动机防火的各项措施，避免由电动机引发电气火灾就更有其重要意义。

造成电动机过热或起火的原因主要有：线圈的匝间、相间短路或接地，线圈受潮，绝缘损伤，两相运行，电刷火花，接触电阻过大；轴承过热，周围有可燃物质，以及维修保养不力等。对电动机的防火措施具体为：

(1) 正确选型。在有火灾或爆炸危险场所使用的电动机应按特种电机选型。

（2）电动机不可直接安装在可燃性材料基础上。机座下应先垫上铁板或用其他非燃性材料隔开。在电动机的周围不可堆放易燃物品及其他杂物。

（3）必须保证安装质量。要按防火防爆的安全要求进行施工。电动机接线端子与导线的连接必须牢固可靠，以防火花产生。外壳应实行良好的接地或接零。

（4）每台电动机必须装设单独的操作开关，正确选择熔断器和热继电器，使它们能对短路和过载起到保护作用。对于大容量或重要场合的电动机，可装设断相保护器，以防止两相运行而引起电动机过热和损坏。

（5）加强日常巡视和维护保养。注意电流、电压和温升不得超过规定。要保持良好的通风。监听电动机有无异常维护清扫。定期进行小修和大修。

（6）做好电动机的绝缘测试工作。对于运行中的低压电动机，绝缘不应小于0.38MΩ；长期停止运行的电动机，运行前测试的绝缘电阻不应小于0.5MΩ。

（7）普通电动机的起动次数不宜过频，一般不要超过3～5次/min；热状态下连续起动的次数不要超过1～2次/min，以防过热引起火灾。

6.4.7 防止照明灯具引起火灾的措施

造成照明灯具火灾的主要原因是选型错误、使用不当、电灯线短路及接头冒火、周围环境有易燃或可燃物等。防止照明灯具起火的具体措施有：

（1）正确选用合乎要求的灯具型式。在有火灾及爆炸危险场所，应选择专用照明灯具；开启式照明灯具只能用于干燥、无腐蚀性和爆炸危险性气体的场所；在潮湿和有蒸汽环境应使用防潮型灯具；室外照明应安装防水型灯具。

（2）照明线路的导线及其敷设，应符合规定与实际照明负荷的需要；要防止混线短路，接头要少并连接可靠，且要用黑胶布包好。防止松动或过热产生火花，引起火灾。

（3）照明灯泡与可燃物之间应保持一定距离。在灯泡正下方不可存放可燃物，以防灯泡破碎时掉落火花引起燃烧。白炽灯泡的表面温度很高，烤着可燃物很快，极易引发火灾。具体可见表6-2、表6-3所示。

表6-2　白炽灯泡的表面温度

灯泡功率（W）	灯泡表面温度（℃）	灯泡功率（W）	灯泡表面温度（℃）
40	56～63	100	170～216
60	137～180	150	148～228
75	136～194	200	154～296

表6-3 白炽灯泡烤燃可燃物的时间和起火温度

灯泡功率（W）	可燃物	可燃时间（min）	起火温度（℃）	试验放置方式
100	稻草	2	360	卧式埋入
100	纸张	8	330～360	卧式埋入
100	棉絮	13	360～367	垂直紧贴
200	稻草	1	360	卧式埋入
200	纸张	12	330	垂直紧贴
200	棉絮	5	367	垂直紧贴
200	压木箱	57	393	垂直紧贴

(4) 高压水银荧光灯的表面温度与白炽灯相近；卤钨灯的石英管表面温度极高，1000W的卤钨灯可达500～800℃，故存放可燃、易燃物的库房不宜使用。

(5) 要注意灯泡的散热通风。尤其是嵌入式照明灯具，切不可让散热孔堵塞，以免烤着周围可燃物引起火灾；对嵌入天花板内的灯具，其外壳周围应留有10cm以上空间距离。

(6) 使用36V安全灯具时，其电源导线必须有足够截面，否则会导致电线过热起火。这一点常易被疏忽，因同样功率的灯泡，电压越低时通过的电流就会越大。

(7) 荧光灯和高压水银灯的镇流器不应安装在可燃性建筑构件上，以免镇流器过热烤着可燃物；灯具应牢固地悬挂在规定高度上，以防掉落或被碰落引着可燃物。

(8) 更换防爆型灯具的灯泡时，不应换上比标明瓦数大的灯泡，更不可随意或临时用普通白炽灯泡代替。

(9) 发现灯具及其配件有缺陷时应及时修理，切勿将就使用；各种灯具、尤其是大功率灯具，当不需用时，都应该随手关掉。

6.4.8 开关、插座和熔断器的防火措施

6.4.8.1 防止开关与插座引发电气火灾的措施

单极开关与电气插座的使用十分广泛，由开关与插座引发的火灾事故也较常见。所以，在选择、安装与使用中应注意安全。开关与插座的防火具体措施如下：

(1) 正确地选型。在有爆炸危险场所，应选用隔爆型、防爆型开关和插座；在室外应采用防水开关；在潮湿场所宜选用拉线开关。在有腐蚀性气体、火灾与爆炸危险场所，要尽可能将开关、插座安装在室外。

(2) 单极开关要接在火线上。如果误接在零线上，则开关断开时，用电设备将仍然带电。这不但危及人身安全，且一旦火线接地时，还会造成短路甚至引起火灾。

（3）开关与插座的额定电流和电压均应与实际电路相适应；不可盲目增加负荷，以免因过载而烧坏刀口和胶木，造成短路而起火。

（4）开关与插座应安装在清洁、干燥场所。要注意对它们的防尘，经常进行维护清扫，防止受潮或腐蚀，造成胶木击穿等短路事故。

（5）开关与插座损坏后，应及时修理或更换，不可将就凑合着使用。

6.4.8.2 防止熔断器引发电气火灾的措施

熔断器作为一种最简便而有效的防止短路的保护电器，在实际使用中极为普遍。其起火原因，通常是由于熔体选用不当或安装环境有易燃物品等。防止熔断器引发火灾的主要措施为：

（1）熔体选用要恰当。不可随意换大熔丝或乱用铜丝、铁丝代替。要注意：熔体的额定电流是指其允许长期通过的电流，熔断电流则是指通过熔体的电流超过 1.5～2 倍额定电流时熔体开始熔断的电流。

（2）正确选型。在有爆炸危险场所，应选用专门型式的熔断器或普通熔断器加密封外壳封闭；熔断器应尽可能安装在危险场所的外边。

（3）一般应在电源进线、线路分支线和用电设备上安装熔断器；熔断器各接线端头与导线的连接应牢固可靠，触头钳口应有足够的压力。

（4）大电流熔断器应安装在耐热的基座上（如石板、瓷板、石棉板等），其密封保护壳应用瓷质或铁制材料，不准用硬纸或木质夹板等可燃物。

（5）熔断器周围不许堆放易燃或可燃物质，也不可堆放金属丝等，以免引发短路及火灾事故；日常中应注意检查，保持清洁，及时更换缺损的熔断器部件。

6.4.9 防止电热器具引起火灾的措施

人们生活中常用的电热器具主要有电炉、烘箱、电熨斗、电烙铁、电饭锅及电热水器等。电热器具的电阻丝通常由镍铬合金制成，温度可达 800℃以上。由于电热器具的功率一般都较大，若使用不当，很容易引起火灾。其原因多为使用者粗心大意、器具内部有故障、通电后无人看管、电热器具附近有易燃或可燃物等。电热器具的防火措施主要有：

（1）在有电热器具或设备的车间、班组等场所，应装设总电源开关与熔断器；大功率电热器具要用单独的开关和熔断器，避免用电气插销，因其插拔时容易引起闪弧或短路。

（2）电热器具的导线，其安全载流量一定要能满足电热器具的容量要求，且不可使用胶质线作为电源线。

（3）电热器具应放置在泥砖、石棉板等不可燃材料基座上。切不可直接放在桌子或台板上，以免烤燃起火，同时应远离易燃或可燃物；在有可燃气体、易燃液体蒸汽和可燃粉尘等场所，均不应装设或使用电热器具。

(4) 使用电热器具时必须有人看管，不可中途离开，必须离开时应先切断电源；对必须连续使用的电热器具，下班时也应指定专人看护及负责切断电源。

(5) 日常应加强对电热器具的维护管理。使用前须检查是否完好；若发现其导线绝缘损坏、老化或开关、插销及熔断器不完整时，不准勉强使用，必须更换合格器件。

6.5 扑救电气火灾的常识

6.5.1 防火灭火的原则与方法

6.5.1.1 国际标准和火灾分类

火灾的分类是根据国际标准规定进行的，即按燃烧物质的种类划分，可将火灾分为如下四类（电气火灾尚不作为单独的一类），并应采用相应的灭火器进行灭火：

一类：普通固体可燃物质，如木材、纸张等（燃烧后为碳）的火灾。水是这类火灾的最好的灭火剂，可采用新产品清水灭火器（北方冬季易冻）或一般泡沫灭器灭火。

二类：易燃液体和液化固体，如各种油类、溶剂、石油制品、油漆等的火灾。最好使用1211灭火器灭火，其次是使用二氧化碳、泡沫、干粉灭火器灭火。

三类：气体，如煤气、液化气等的火灾。应用1211、干粉、二氧化碳灭火器灭火。

四类：可燃金属，如钾、钠等的火灾。应使用专用的轻金属灭火器灭火。

6.5.1.2 着火燃烧的必要条件

着火燃烧是可燃物剧烈的氧化反应。它必须同时具备以下条件：

(1) 有可燃物质存在。凡能与空气中的氧或其他氧化剂起化学反应的物质，都称为可燃物，如木材、汽油、纸、煤、乙炔气等。可燃物质是进行燃烧的物质基础，去掉可燃物质，燃烧就会停止。

(2) 有助燃物存在。凡是能帮助燃烧的物质，都称为助燃物，也称氧化剂。一般燃烧的助燃物是空气中的氧。空气中氧气约占21%，如果使空气中的含氧量降低到16%以下，燃烧就会停止。利用蒸汽、二氧化碳、空气泡沫等进行灭火，就是通过这些物质冲淡或隔绝空气，使燃烧得不到足够氧气而熄火。

(3) 有火源存在。凡能引起可燃物燃烧的热源称着火源，如明火及电火花等。各

种物质燃烧时所需要的温度都不一样，如纸张只要加热到130℃就能着火；无烟煤要加热到280～500℃才会着火燃烧；汽油只要有一个火星就足以引起爆炸或燃烧。利用水扑灭火灾，就是使可燃物质的温度下降到着火点以下，火会因冷却而熄灭。

只有在上述三个基本条件都具备时，着火燃烧才能得以产生和维持下去。可燃气体在正常状态下就具备了燃烧条件，它比可燃液体和固体都易于燃烧。就燃烧速度而言，气体最快，液体次之，固体最慢。可燃物质在燃烧时，火焰的温度（即燃烧温度）大都在1000～2000℃之间。

6.5.1.3 防火与灭火的基本方法

1. 防火的基本原则与方法

据前述着火燃烧的道理，防火的基本原则是：一切防火措施都是为了不使燃烧条件形成，从而达到防火的目的。根据人们以往同火灾做斗争的大量实践经验，可以总结出防火的基本方法有如下四种：

（1）控制可燃物。控制可燃物可破坏燃烧的一个条件或缩小其燃烧范围。具体措施有：限制易燃物品的储存量；加强通风，降低可燃气体、蒸汽和粉尘的浓度，使它们的浓度控制在爆炸下限以下；用防火漆涂料浸涂可燃材料，提高其耐火极限；及时清除撒漏在地面或沾染在设备上的可燃物等。

（2）隔绝空气。隔绝空气就是破坏燃烧的助燃条件。具体措施有：密闭有可燃物质的容器或设备；变压器充惰性气体进行防火保护；将钠存放在煤油中，黄磷存放于水中，镍储存在酒精中，二硫化碳用水封存等。

（3）消除着火源。消除着火源就是破坏燃烧的激发能源。具体措施有：在有着火危险的场所，禁止吸烟和穿带钉子的鞋，防止电气回路短路，装设保险器和保护装置；接地防静电；安装避雷针防雷击；在有着火危险的场所使用防爆电气设备等。

（4）防止火势、爆炸波的蔓延。为阻止火势、爆炸波的蔓延，就要防止新的燃烧条件形成，从而防止火灾扩大，减少火灾损失。具体措施有：在可燃气体管路上装设阻火器和安全水封；给机车、轮船、汽车、推土机的排烟、排气系统戴上防火帽；有压力的容器、设备加装防爆膜和安全阀；在建筑物之间留防火间距、筑防火墙等。

2. 灭火的基本原则与方法

灭火的基本原则是：一切灭火措施，都是为了破坏已经产生的燃烧条件。其基本方法有如下四种：

（1）隔离法。就是使燃烧物和未燃烧物隔离，从而限制火灾范围。常用的隔离法灭火措施有：拆除毗连燃烧处的建筑、设备，断绝燃烧的气体、液体的来源；搬走未燃烧的物质，堵截流散的燃烧液体等。

（2）窒息法。就是减少燃烧区的氧量，隔绝新鲜空气进入燃烧区，从而使燃烧

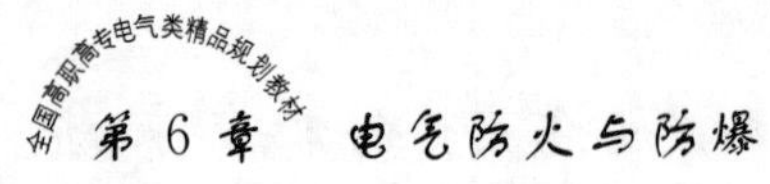

熄灭。

常用的窒息法灭火措施有：往燃烧物上喷射氮气、二氧化碳；往着火的空间灌惰性气体、水蒸气，喷洒雾状水、泡沫；用砂土埋没燃烧物；用石棉布、湿麻袋、湿棉被等捂盖燃烧物；封闭已着火的设备孔洞等。

（3）冷却法。就是降低燃烧物的温度于燃点之下。常用的冷却法灭火措施有：用水直接喷射燃烧物；往火源附近的未燃烧物体淋水；喷射二氧化碳与泡沫等。

（4）抑制法。就是中断燃烧的连锁反应。常用的抑制法灭火措施是往燃烧物上喷射 1211 干粉灭火剂以覆盖火焰，从而中断燃烧。

6.5.2　灭火安全技术和消防组织

6.5.2.1　扑灭火灾的安全技术

灭火是一场战斗。扑灭火灾时的安全技术及注意事项如下：

（1）当灭火人员身上着火时，可就地打滚或撕脱衣服。不能用灭火器直接向灭火人员身上喷射，而应用湿麻袋、石棉布、棉被等将灭火人员覆盖。

（2）灭火人员应尽可能站在上风位置进行灭火。当发现有毒烟气（如电缆或电容器着火燃烧等）威胁人员生命时，应戴上防毒面具。

（3）在灭火现场如发现有灭火人员或其他人员受伤时，要立即送往医院进行抢救。

（4）灭火过程中要防止中断必要的电源（如水塔、水泵电源等），以免给灭火工作带来困难。若火灾发生在夜间，则还应准备足够的照明和消防用电。

（5）当火焰窜上屋顶时要特别注意防止屋顶上的可燃物（沥青、油毡等）着火后落下而烧着设备和人员。

（6）电气设备发生火灾时，首先要立即切断电源，然后进行灭火；无法切断电源时，要采取带电灭火方法及其保护措施以保证灭火人员的安全和防止火势蔓延扩大。

（7）凡工厂转动设备和电气设备或器件着火时，不准使用泡沫灭火器和砂土灭火。

（8）室内着火时，千万不要急于打开门窗，以防止空气流通而加大火势。只有在做好充分灭火准备后，才能有选择地打开门窗。

灭火技术的培养与提高，应经过有组织的训练与演习方能实现。所以，无论城市或农村，以及各厂矿企事业单位中都应建立相应的消防组织。

6.5.2.2　消防组织的建立和任务

为了贯彻执行“以防为主，以消为辅”的方针，为能认真做好防火灭火工作，必须先要落实与建立严密的消防组织。

在城乡各类工厂企业中，厂长、车间主任、班（组）长等各级领导对消防工作负有直接领导责任。根据工厂的规模大小，组织有适当人数的专业消防组织，以及每个班（组）设1～2名义务消防人员。切不要误以为消防组织只是在发生火灾后才发挥作用，而平日里却似乎无事可做便忽视其重要性。

消防组织建立后，应认真做好下列各项工作：

（1）贯彻执行与消防有关的方针、政策、法令及规章制度。

（2）制订消防工作计划，组织消防人员及全厂职工学习消防知识。

（3）定期举行消防演习和防火检查。

（4）管理好消防器材，对全厂性消防水系统及灭火器等进行定期检查、保养和试验。

（5）对特别危险的地带、工作项目要订出防火制度。

（6）对易燃易爆物品要规定保管、领用、发放等办法。

（7）定期清扫引火物品。

6.5.3 扑灭电气火灾前的电源处理

无论是电业部门、城乡工厂企业，还是居民区或者农户住宅，一旦发生了电气火灾，由于通常是带电燃烧，蔓延很快，故扑救较为困难且危害极大。为了能尽快地扑灭电气火灾，必须了解电气火灾的特点及熟悉切断电源的方法，在平时就要严格执行好消防安全制度，使灭火准备常备不懈。

6.5.3.1 电气火灾的特点

电气火灾与一般性火灾相比，有两个突出特点：

（1）着火后电气装置可能仍然带电，且因电气绝缘损坏或带电导线断落等接地短路事故发生时，在一定范围内存在着危险的接触电压和跨步电压，灭火时若未注意或未预先采取适当安全措施，便会引起触电伤亡事故。

（2）充油电气设备（如变压器、油开关、电容器等）受热后有可能发生喷油，甚至爆炸，造成火灾蔓延并危及救火人员的安全。所以扑灭电气火灾，应根据起火场所和电气装置的具体情况，针对性地（符合其特殊要求）进行有效扑救。

6.5.3.2 灭火前的电源处理

发生电气火灾时，应尽可能先切断电源，然后再采用相应的灭火器材进行灭火，以加强灭火效果和防止救火人员在灭火时发生触电。切断电源的方法及注意事项是：

（1）切断电源（停电）时切不可慌张，不能盲目乱拉开关。应按规定程序进行操作，严防带负荷拉刀闸，引起闪弧造成事故扩大。火场内的开关和刀闸，由于烟熏火烤，其绝缘会降低或破坏，故操作时应戴绝缘手套、穿绝缘靴并使用相应电压等级的绝缘用具。

(2) 切断带电线路导线时，切断点应选择在电源侧的支持物附近，以防导线断落地上造成接地短路或触电事故。切断低压多股绞合线时，应分相一根一根地剪、不同相电线要在不同部位剪断，且应使用有绝缘手柄的电工钳或带上干燥完好的绝缘手套进行。

(3) 切断电源（停电）的范围要选择适当，以防断电后影响灭火工作。若夜间发生电气火灾，切断电源时应考虑临时照明问题，以利扑救。

(4) 需要电力部门切断电源时，应迅速用电话联系并说清楚地点与情况。对切断电源后的电气火灾，多数情况下可以按一般性火灾进行扑救。

6.5.4 带电灭火及其注意事项

如果处于无法切断或不允许切断电源、时间紧迫来不及断电或不能肯定确已断电的情况下，应实行带电灭火。它是一种蕴含着一定危险性的不得已做法，必须注意：

(1) 应使用二氧化碳、1211、干粉灭火剂。这类灭火机的灭火剂不导电，可供带电灭火。泡沫灭火机的灭火剂有一定导电性，故切不可用来带电灭火。

(2) 灭火机嘴及人体与带电体之间应保持足够安全距离。带电灭火时接地体对带电体的最小允许距离：35kV 为 60cm，10kV 为 40cm；对低压带电设备也不可太近。

(3) 若高压电气设备或线路导线断落地面发生接地时，应划出一定警戒范围以防止跨步电压触电；室内，扑救人员不得进入距故障点 4m 以内，室外，不得进入 8m 以内。若必须进入上述范围内时必须穿绝缘靴，接触设备外壳和构架时，应戴绝缘手套。

(4) 用水枪灭火时宜采用喷雾水枪，同时必须采取安全措施，如穿戴绝缘手套、绝缘靴或穿均压服等进行操作。水枪喷嘴应可靠接地。接地线可采用截面为 2.5～6mm^2、长 20～30m 的编织软导线，接地极可用临时打入地下的长 1m 左右的角钢、钢管或铁棒。

(5) 扑救架空线路火灾时，人体与带电导线间的仰角应不大于 45°，并站在其外侧，以防导线断落引起触电；未穿绝缘靴的扑救人员，要注意防止地面的水渍导电而发生触电。

(6) 若遇到变压器、油开关、电容器等油箱破裂，火势很猛时，定要立即切除电源并将绝缘油导入储油坑。坑内的油火可采用干砂或泡沫灭火剂等扑灭；地面的油火则不准用水喷射，以防止油火飘浮水面而扩大。此外，还要防止燃烧着的油流入电缆沟内引起蔓延。

(7) 工作着的电动机着火时，为防止设备的轴与轴承变形，应使其慢速转动并用

喷雾水枪扑救，使其均匀地冷却。也可采用二氧化碳、1211灭火机扑救，但不可使用干粉、砂子或泥土等灭火，以免造成电机的绝缘和轴承受损。

6.6 静电及电磁辐射的防护

6.6.1 静电会引起爆炸或火灾

6.6.1.1 静电的产生与危害

静电通常是指相对静止的电荷，它是由物体间的相互摩擦或感应而产生的。静电现象是一种常见的带电现象。在干燥天气里用塑料梳子梳头，可以听到清晰的“噼啪”放电声；夜晚脱毛衣时，还能够看到明亮的蓝色小火花；又如冬春季节的北方和西北地区，有时会在与客人握手寒暄之际，出现双方骤然缩手或几乎跳起的喜剧场面，这是由于人在干燥的地毯或木质地板上走动，电荷积累又无法泄漏，握手时发生了轻微电击的缘故。这些生活中的静电现象，一般由于电量有限，尚不致造成多大危害。

工业生产中的静电现象是很多的。特别是石油化工部门、塑料、化纤等合成材料生产部门、橡胶制品生产部门、印刷和造纸部门、纺织部门以及其他制造、加工、转运高电阻材料的部门，都经常会遇到有害的静电。

但静电也有其可被利用的一面。静电技术作为一种先进技术，在工业生产中已得到了越来越广泛的应用。如静电除尘、静电喷漆、静电植绒、静电选矿、静电复印等都是利用静电的特点来进行工作的。它们利用外加能源来产生高压静电场，与生产工艺过程中产生的有害静电不尽相同。

因此，关键是要能加深对静电的认识、了解和控制。若是掌握不好，对可能引起各种危害的静电未能采用科学方法加以防护，则会造成各种严重事故：静电火花会引起爆炸与火灾；静电放电还可能直接给人以电击而造成伤亡；静电的产生和积聚会妨碍正常生产与工作的进行。例如人们不大在意的狂风卷起砂砾，会因摩擦而大量带有静电，它不仅会中断通信，有时还会引起铁路、航空等自动信号系统失误，造成严重事故。所以对静电可能造成的危害，必须切实采取有效措施加以防止。

6.6.1.2 静电引发爆炸或火灾的原因

爆炸和火灾是静电的多种危害中最为严重的一种。静电电量虽然不大，但因其电压很高而容易发生火花放电，如果所在场所有易燃物品，又由易燃物品形成爆炸性混合物（爆炸性气体、蒸汽及爆炸性粉尘），便可能由于静电火花而引起爆炸或火灾。

潮湿季节里静电不容易积累，所以静电事故多数发生在干燥的冬季。无论是带静电的人体接近接地体或人体接近带静电物体时，都可能发生火花放电，从而导致爆炸或火灾。对于静电引起的爆炸和火灾，就行业性质而言，一般以炼油化工、橡胶、造纸、印刷、粉末加工等行业事故较多；就工艺种类而言，则是以输送、装卸、搅拌、喷射、卷绕和开卷、涂层、研磨等工艺过程事故较多。

放电火花的能量超过爆炸性混合物的最小引燃能量时，即会引起爆炸或火灾。静电爆炸和火灾多由于火花放电引起；对于引燃能量较小的爆炸性气体或蒸汽混合物，也可由刷形放电而引发爆炸和火灾。带静电的绝缘体经过一、二次火花放电后，其上仍然可能会残存危险的静电；导体的火花放电却正相反，它只能发生一次火花放电，其上静电即全部消失。所以导体的火花放电，因是其积聚能量的集中释放，故具有更大危险性。

由静电引起爆炸或火灾的惨重事故，屡见不鲜且触目惊心。如 1969 年曾有 3 艘 20 吨级的巨型油轮因静电放电爆炸起火，1970 年又有两架“波音”飞机因油料静电引起油箱爆炸；在矿井下，静电曾引起过许多次瓦斯爆炸，医院手术台上，静电火花也曾引爆了麻醉剂乙醚，并不止一次地造成过重大伤亡，1987 年 3 月 15 日凌晨 2 时 39 分，我国最大的麻纺企业——哈尔滨亚麻厂发生了由亚麻粉尘微粒导致的爆炸火灾事故，其爆炸威力相当于数吨 TNT 炸药的当量，爆炸声震天动地，瞬间烈火熊熊。在这场爆炸火灾中，共死亡 58 人，受伤 180 多人。因此，对静电可能会引起危害的严酷事实，切不可掉以轻心。

6.6.2 静电对人体和生产的影响

6.6.2.1 对人体的具体影响

人们活动时，由于衣着间或衣服与皮肤间的摩擦以及由于静电感应等原因，均可能产生静电。当人体与其他物体之间发生放电时，人便遭到电击。由于它是通过放电造成的，所以人的感觉与放电能量有关。静电电击的严重程度与人体的电容大小、电压高低、对地电容、人体的位置、姿势及鞋子和地面的接触情况等因素有关。

生产工艺过程中产生的静电所引起的电击，由于其能量较小，尚不致直接使人致命。但可能会因电击而引起人体坠落、摔倒等二次间接事故；电击还可能引起工作人员精神紧张从而妨碍工作。

应当指出，雷击或电容器上的残留电荷，虽然也具有静电的特征，但因其电压极高或电容量很大，故具有比生产工艺过程中产生的静电大得多的能量。所以，由雷电放电或电容器放电而造成人身伤亡的事故，也是时有发生的。

6.6.2.2 对生产及产品质量的影响

在工业部门的生产过程中，静电会妨碍正常生产的进行或降低产品质量。具体

如下：

（1）纺织行业。特别是涤纶、腈纶、锦纶等合成纤维材料的应用，静电问题变得十分突出。如抽丝过程中，每根丝都要从直径百分之几毫米的小孔挤出，将产生较多的静电。静电电场力会使丝漂动、粘合、纠结等；纺纱、织布过程中，由于橡胶辊轴与丝纱摩擦及其他原因产生的静电，可能导致乱纱、挂条、缠花、继头等情况而妨碍工作；织布印染时静电电场力可能因吸附灰尘等降低产品质量，甚至影响缠卷。

（2）粉体加工行业。生产过程中产生的静电除带来火灾和爆炸危险外，还会降低生产效率，影响产品质量。如粉体筛分时由于静电电场力的作用而吸附细微的粉末，使筛目变小，降低生产效率；气流输送时，在管道的某些部位由于静电作用会积存一些被输送物料；球磨过程中由于钢球吸附一层粉末，不但降低生产效率，且其脱落下来混进产品中还会降低产品质量；计量时，由于计量器具吸粉附体也会造成测量误差等。

（3）塑料和橡胶行业。由于制品与辊轴的摩擦以及制品的挤压和拉伸，会产生较多的静电。除火灾和爆炸危险外，因静电不能迅速消散，会吸附大量灰尘，印花时便会吸附色料，降低产品质量；塑料薄膜也会因静电而缠卷不紧等。

（4）印刷行业。由于纸张带上不少静电，其电压可超过 3kV，能导致纸张不能分开，粘在传动带上，从而造成套印不准，拆收不齐等现象。

（5）感光胶片行业。由于胶片与辊轴的高速摩擦，胶片静电电压常可高达数千至数万伏。如在暗室中发生放电，胶片将因感光而报废；同时，胶卷基片如吸附灰尘或纤维就会降低胶片质量，还会造成涂膜不匀等。

此外，生产过程中的静电，还可能引起电子元件误动作；干扰无线电通信等。

6.6.3 静电的消散方式

凡容易得失电子且电阻率很高的材料都容易产生和积累静电。如固体物质的粉碎、研磨过程；大面积的摩擦，在压力下接触而后分离，在挤出、过滤时与管道、过滤器等发生摩擦，在混合器中搅拌各种高电阻率物质，高电阻率液体在管道中流动且流速超过 1m/s，液体喷出管口或注入容器发生冲击、冲刷或飞溅时，以及液化气体、压缩气体、高压蒸汽在管道中流动和由管口喷出等。任何物体所带的静电若没有外来补充，总是会消散的。改变外部条件可以影响静电消散的速度。静电消散有两种主要方式，即中和与泄漏。前者主要是通过空气消散，后者主要是经由带电体自身消散。

6.6.3.1 中和

物体上的静电通过空气迅速中和是发生在气体放电的时候。这标志着气体中出现了碰撞电离。若出现了雪崩式电离，即由于碰撞出来的电子和离子再度引起碰撞电离，便会使电流急剧增加而形成火花放电。放电是中和静电的主要方式之一。它又分三种形式：

（1）电晕放电。发生在带电体尖端附近或其曲率半径很小处的局部区域内。该区域内电场强度很高，使气体分子发生电离，产生一薄层电晕，形成电晕放电，同时还伴有嘶嘶声和淡紫色光。带正电荷者比带负电荷容易形成电晕且较为强烈。

（2）刷形放电。其放电通道有很多分支而不集中在一点，放电时伴有声光。由于绝缘体束缚电荷的能力较强，其表面容易出现刷形放电。

（3）火花放电。是指放电通道集中的放电，即电极上有明显放电集中点的放电。火花放电时有短促的爆裂声和明亮的闪光。

6.6.3.2 泄漏

绝缘体上静电的泄漏有两条途径：一条是绝缘体表面，一条是绝缘体内部。前者遇到的是表面电阻，后者遇到的是体积电阻。静电通过绝缘体本身泄漏很像电容器通过电阻放电那样，也有时间常数。它反映了静电泄漏的快慢且与电阻和电容有关。它们都是影响静电泄漏的重要因素。

对于生产过程中产生的有害静电，时间常数愈大，静电愈容易积累，危险性愈大；反之，时间常数愈小，静电愈容易泄漏，危险性也愈小。通常取绝缘体上静电电量泄漏一半的时间（称“半值时间”）来衡量泄漏的快慢，亦即衡量危险性的大小。

湿度对于静电泄漏的影响很大；吸湿性越大的绝缘体，受湿度的影响也越大。随着湿度的增加，绝缘体表面上凝结成薄薄的水膜，并溶解空气中的二氧化碳气体和绝缘体析出的电解质，使绝缘体表面电阻大为降低，从而加速静电的泄漏。此外，当含有大量电子和离子的气体覆盖在绝缘体表面上时，也能加速绝缘静电的泄漏。

应当指出，因为绝缘体的静电泄漏很慢，所以同一绝缘体的各部分，可能在较长时间内保持不同的电压。基于这个道理，即使在产生静电的过程停止以后，较长一段时间内也仍然可能会存在一定的静电危险。

6.6.4 防止静电危害的技术措施

防止静电危害有两条主要途径：一是创造条件，加速工艺过程中静电的泄漏或中和，限制静电的积累，使其不超过安全限度；二是控制工艺过程，限制静电的产生，使之不超过安全限度。第一条途径包括两种方法，即泄漏和中和法。接地、增湿、添加抗静电剂、涂导电涂料等具体措施均属泄漏法；运用感应中和器、高压中和器、放射线中和器等装置消除静电危害的方法，均属中和法。第二条途径包括就材料选择、工艺设计、设备结构等方面所采取的相应措施。静电防护的主要措施有下列四种。

6.6.4.1 静电控制法

控制静电产生的方法有：

（1）保持传动带的正常拉力，防止打滑。

（2）以齿轮传动代替带传动，减少摩擦。

（3）灌注液体的管道通至容器底部或紧贴侧壁，避免液体冲击和飞溅。

（4）降低气体、液体或粉尘物质的流速。

6.6.4.2 自然泄漏法

使静电从带电体上自行消散的方法有：

（1）易于产生静电的机械零件尽可能采用导电材料制成。必须使用橡胶、塑料和化纤时，可在加工工艺或配方中掺入导电添加剂炭黑、金属粉尘、导电杂质等，从而制成导电的橡胶、塑料和化纤。

（2）在绝缘材料的表面喷涂金属粉末或导电漆，形成导电薄膜。

（3）对于表面易于吸湿的物质，在不影响产品质量前提下适当提高相对湿度。物质表面吸湿后，导电性增加，会加速静电自然泄漏。空气相对湿度若能保持在70%左右，即可防止静电的大量积累。

（4）对于表面不易吸湿的化纤和塑料等物质，可以采用各种抗静电剂。其主要成分是以油脂为原料的表面活性剂，它能赋予物质表面以吸湿性（亲水性）和电离性，从而增强导电性能，提高静电自然泄漏的效果。

6.6.4.3 静电中和法

利用相反极性的电荷中和（清除）静电的方法有：

（1）不同物质相互摩擦能产生不同的带电效果，故对产生静电的机械零件要适当选择组合，使摩擦产生的正、负电荷在生产过程中自行中和，破坏静电积累的条件。

（2）在胶片生产和印刷生产中，因湿度不宜过大，可以装设消电器产生异性电荷，以电晕放电方式中和静电。

（3）利用放射性同位素，可在不需要电源的情况下放射出α、β粒子，以中和静电。这种方法稳定性好，效率高，即便在易燃、易爆的条件下也是比较安全的。

（4）向粉尘物质输送管道中喷入“离子风”，以中和静电电荷，防止静电引爆。

6.6.4.4 防静电接地法

接地法是防止静电积累、消除危害的简便有效方法。实践中应注意：

（1）凡加工、运输和储存各种易燃、易爆的气体（液体）和粉尘的设备及一切可能产生静电的机件、设备和装置，都必须可靠接地。

（2）同一场所两个及以上产生静电的机件、设备和装置，除分别接地外相互间还应作金属均压连接，以防止由于存在电位差而放电。灌注液体的金属管器与金属容器，必须经金属可靠连接并接地，否则不能工作。

（3）带轮、滚筒等金属旋转体，除机座应可靠接地外，在危险性较大的场所还应采用导电的轴承润滑油或将金属旋转体通过滑环、碳刷接地。

（4）具有爆炸危险和重要政治意义的场所或建筑物，其地板应由导电材料制成（如用导电混凝土和橡胶等做地板），而且地板也应接地。

除以上措施外，工作人员在静电危险场所还可穿上抗静电的工作服和工作靴。

6.6.5　防静电接地的注意事项和要求

6.6.5.1　防静电接地的注意事项

（1）接地是用来消除导体上的静电，但不能用来消除绝缘体上的静电。因带有静电的绝缘体如经过导体直接接地，即相当于把大地电位引向绝缘体，反而会增加火花放电的危险。故防静电接地的方法仅适用于导体。

（2）防静电的接地装置，可与电气设备的工作、保护和重复接地装置共用。其接地连接线应保证足够的机械强度和化学稳定性。连接应当可靠，不得有任何中断之处。防静电接地电阻值通常不应超过 1MΩ。

（3）导电性地面实质上也是一种接地措施。采用它不但能导走设备上的静电，且有利于导走聚积在人体上的静电。导电性地面常是指混凝土、导电橡胶地面、导电合成树脂、导电木板、导电水磨石、导电瓷砖等地面。采用导电性地面或导电性涂料喷刷地面时，地面与大地之间的电阻值不应超过 1MΩ，地面与接地导体的接触面积不宜小于 $10cm^2$。

（4）在某些危险性较大的场所，为使转轴能可靠地接地，可采用导电性润滑油或采用使滑环、碳刷接地的方法。

（5）为了消除人体静电，可穿导电性工作鞋（如皮底鞋或导电橡胶底鞋），这实质上也是一种接地措施。导电性工作鞋的电阻应为 10MΩ。

顺便指出，为了防止人体受静电的伤害，在车间内应避免穿着丝绸或合成纤维的衣服。尤其是在有爆炸或火灾危险的场所。除电气设备必须采取防爆措施及严格执行有关规章制度外，工作人员应注意不要穿戴用腈纶、尼龙、涤纶或由它们混织制成的衣裤、手套、袜子或围巾等，所用工具也应尽量不要采用塑料或尼龙制品，以消除静电可能引起的火灾或爆炸危险，防止发生意外。

6.6.5.2　防静电接地的具体要求

（1）工厂及车间的氧气、乙炔等管道必须连接成一个整体，并接地。其他所有能产生静电的管道和设备，如油料储送设备、空气压缩机、通风装置和空气管道，特别是局部排风的空气管道，都必须连接成连续整体并予以接地。

(2) 车间内每个系统的有关设备与管道应连接牢固可靠，接头处的接触电阻不应超过0.03Ω；在两个螺栓正常扭紧情况下或是使用金属跨接线时至少应有两处接地。

(3) 车间内或栈桥上等处的平行管道，若相距10cm时，每隔20m长要互相连接一次；相距不到10cm或者是相交的管道，则应在交叉处连接；管道与金属构架相距10cm处也应互相连接。

(4) 凡输气管道干线两端及分支管线处都应接地；管道栈桥两端应与其上管道连接，且每隔200～300m要与管道连接一次；栈桥本体还应作专门接地。

(5) 储存易燃气体、液化气体、液态碳氢化合物或其他有火灾危险的贮罐等容器，都应实施可靠接地；容积大于50m^{3}的储罐，应沿其直径方向布设接地且不得少于2处。

(6) 使用中应避免防静电接地线及接地装置意外碰伤、断线；管道的法兰处要求具有较良好的导电性。

(7) 凡注油漏斗、浮动罐顶、工作站台、磅秤、金属检尺等辅助设备或工具均应实行良好的接地；油壶或油桶装油时应与注油设备跨接起来并且接地。

6.6.6 变压器油造成静电危害的防护

在给变压器充油以及过滤变压器油时，都会产生静电。若未采取有效措施，则容易引起变压器油燃烧导致火灾或爆炸。具体防静电措施是：

6.6.6.1 利用油箱下部的油阀门往变压器里注油

这样做可以防止充油时产生的静电危害。因为若将变压器油通过油枕、且以较大的流速注入变压器箱内时，就会在变压器油内产生并积聚静电。尤其是在干燥的冬天，或当变压器油的黏度较大及夹杂固体微粒时便会积聚静电。当静电一旦积聚到相当程度时，就会发生火花放电，引起变压器油燃烧而导致火灾。

所以，一般都不从变压器油箱上部往里注油（仅在补充变压器油时方可由上部缓慢地注入）；当从下部的注油阀门往里注油时，可先将油管妥善接地，使变压器油靠本身压力慢慢地注入。这样，便可避免极易发生的静电危害、确保安全。

6.6.6.2 过滤变压器油时不能使用普通胶皮管

一方面是因为普通胶皮管在接触变压器油后会受到腐蚀而引起变质，且此时变压器油将会由于胶皮管的化学作用而使油质劣化；另一方面因为在滤油过程中，由于胶皮管是绝缘的，滤油时产生的静电荷便不能很快地泄漏，静电的积聚现象将会越来越严重。直至胶皮管与滤油机铁架等金属部分之间的电位差达到很高数值时，便会产生火花放电而导致火灾。所以，过滤变压器油时不应使用一般的普通胶皮管。

6.6.7 高频和微波技术的应用

高频率交流电路会向周围空间辐射电磁能量而形成有电力与磁力作用的空间，这种电力与磁力同时存在的空间称电磁场。电场与磁场互为因果，互相依存。变化的电场与磁场交替产生，由近及远以极快的速度在空间内传播，便形成了电磁波。电磁能量以电磁波的形式向外发射的过程称为电磁辐射。随着科学技术的不断发展，高频和微波技术在国民经济中的应用日益广泛。

（1）高频技术在生产中的应用。导体中通过交流电时，在其周围就会形成交变电磁场，当高频电磁场透入金属物体时，其内便会感应出电势。它广泛用于钢质零件的表面淬火，利用高频电流的集肤效应加热工作的表层，达到表面局部淬火的目的。

（2）高频等离子技术的应用。在常压条件下，用高频电磁场激发气体而获得的等离子体叫做高频等离子体。高频等离子体与常规热源比，有比火焰、电弧等热源高得多的温度，可达8000℃以上，同时辐射极强的光。高频等离子体目前正被广泛应用于高温化学反应、高温熔炼技术及光谱分析的激发光源等。

（3）高频技术在理疗上的应用。高频电场中，机体的电解质离子及带电胶体发生快速振荡，氨基酸型偶极子发生急剧旋转，神经鞘磷脂型极性分子发生钟摆状摆动，摩擦生热，出现致热效应。可加速血液循环，增强机体免疫能力，还能降低感觉神经兴奋和肌肉与纤维结缔组织的张力。故临床上可起到止痛、改善血液循环和消炎等作用。

（4）雷达。微波技术最早开始应用于雷达。雷达是用微波来探测飞机、导弹或其他飞行物的一种电子设备。它是用发射机向着探测目标发射一个大功率的脉冲波，该脉冲波到达目标后被反射回来，测出回波和发射之间的时间间隔就能知道目标离雷达站的距离。由于发射波束的天线是转动的，根据收到回波时的天线位置就能确定目标方位。它还广泛地用于飞机、船只导航和气象探测等方面。

（5）微波通信。微波的频率高、波段宽，可用于多路通信。它是在一条线路上同时实现很多路数的通信，包括电报、电话和电视。现已广泛用于：微波中继通信，是在地面设立一连串彼此相隔40～60km的中继站，用接力传播的方式来实现的远距离通信（微波具有类似光的特性，采用接力方式能克服地球表面的障碍）；散射通信，是用大功率的微波（发射功率在数千千瓦以上）以一定方向向天空发射，利用对流层的散射作用使电波到达300～400km远处；空间通信，则是利用人造卫星作为中继站进行的远距离通信。

（6）微波测量。用微波可准确地测量谷物、木材、纸张、烟草和石油等物中的水分；还能测量仓库中的粮食温度，并进而借此实现生产的自动控制；还可用微波测量

钢板厚度和材料的形状。一般都是应用小功率的微波设备，如微波水分仪、微波测厚仪等。

（7）微波加热。微波加热是利用微波所产生的热效应改变物体的物理状态，达到促进化学反应的目的。其原理与高频介质加热相同，只是使用的频率比高频加热所用的频率高。微波加热用于橡胶加热、塑料及聚合物热加工、石蜡铸造、农田除草、食品加工、杀菌，并用于干燥粮食、胶片、烟草、茶叶、药品、纸张、木材等。

上述各项技术应用的同时，都会产生程度不等的电磁辐射。实际上当交流电的频率达到每秒钟10万次及以上时，交流电路的周围便形成了射频电磁场。这类人工型电磁辐射在其发生源的周围均有两个作用场存在，即以感应为主的近场区（又称感应场）和以辐射为主的远场区（又称辐射场）。射频电磁波按其频率的不同可分为高频（100kHz～30MHz）、超高频（30～300MHz）与特高频（300MHz以上）。应用高频和微波技术的各种设备，工作过程中都会产生高频波段的电磁辐射，其空间场强都比较高。作业地带的电场强度可高达数十伏每米，而磁场强度则可高达数十安每米（但它们在空间衰减得也很快，通常约在3m以外场强就会分别衰减到1V/m及1A/m以下）。

由于高频及微波技术在国民经济各个领域日趋广泛的应用，电磁辐射所引起的危害已成为日益突出的问题。这是因为超过一定限度的射频电磁场强度，将会对工作人员的健康产生不良影响；此外，它还可能干扰通信、测量等电子设备的正常工作或造成事故；尤其是还可能会因电磁场的感应而产生火花放电，引发火灾或爆炸事故。

6.6.8 电磁辐射对人体的伤害

6.6.8.1 对人体健康的具体影响

人体在电磁场作用下，能吸收一定的辐射能量，使人体内发生生物学作用，这主要是由电磁场能转化的热量引起的。如果产生的热量过大，人体一些器官的功能就会受到不同程度的伤害。随着频率的增加，对人体的危害也增加。根据国内外调查研究的情况表明，高频、微波辐射对生物体的作用可分为热作用和非热作用。当大强度辐射时，高频、微波对生物体产生热作用是当前国际公认的（非热作用尚待进一步研究）。

在一定强度的高频电磁场照射下，人体所受的伤害主要是中枢神经系统功能失调。表现有神经衰弱症候群，如头晕、头痛、乏力、记忆力衰退、睡眠不好等；植物神经功能失调，如多汗、食欲不振、心悸等；同时还出现脱发、手指轻微颤抖、皮肤划痕、视力减退。在超短波和微波电磁场的照射下，除神经衰弱症状加重外，植物神经系统会严重失调，主要表现为心血管系统症状比较明显，如心动过缓或过速、血压降低或升高、心悸、心区有压迫感、心区疼痛等。这时心电图、脑电图、脑血流图也有某些异常反应。此外，微波电磁场还可能损伤眼睛，导致白内障。

电磁场对人体的作用主要是功能性改变，具有可复性特征。其症状一般在脱离接触后数周内就可消失。但在高强度、长时间作用下，个别人可能持续较久且不易恢复。

电磁场对人体的影响程度与以下因素有密切关系：①电磁场强度愈高，对机体的影响愈严重；②电磁波频率愈高，人体内偶极子激励程度加剧，影响愈严重；③在其他参数相同的情况下，脉冲波比连续波对人体的影响严重；④受电磁波照射的时间愈长，对人体的影响愈严重；⑤电磁波照射人体面积愈大，人体吸收能量愈多，影响愈严重；⑥温度太高和湿度太大的环境条件，都不利于机体的散热，使电磁场的影响加重；⑦电磁场对人体的影响，女性较男性重，儿童较成人重。

6.6.8.2　电磁场的安全卫生参考标准

我国有关部门为制定我国电磁场卫生标准做了大量研究工作，于1979年提出了高频电磁辐射卫生标准建议值：电场强度不大于20V/m，磁场强度不大于5A/m。现在防护工作中已按这一标准考核。同年，卫生部、原第四机械工业部颁发了《微波辐射暂行卫生标准》对工作人员操作位的微波辐射允许强度规定为：①1天8h连续辐射，不应超过38μW/cm^2；②短时间间断辐射及1天超过8h辐射，1天总计量不超过300μWh/cm^2；③由于特殊情况，需要在大于1mW/cm^{2}环境工作时，必须使用个人防护用品，但日剂量不得超过300μWh/cm^2。一般不允许在超过5mW/cm^{2}的辐射环境下工作。

观察了解微波作业的劳动卫生条件时，微波测量主要是在工作人员各作业点分别进行，测量高度一般以工作人员胸部为代表。监测微波设备漏能情况及探索工作地点微波辐射源时，应距设备外壳5cm处测量。漏能值不得超过1mW/cm^2。

6.6.9　防止电磁辐射危害的措施

实践中可采取以下三方面措施：

1. 屏蔽

高频磁场的屏蔽原理也是基于电磁感应原理。当高频磁场穿过金属板时，在金属板上产生的感应电势被金属板短路而产生涡流。由于此涡流产生的反向磁场足以抵消穿过金属板的原磁场，从而使磁力线在金属板旁绕行而过。

按屏蔽原理，它通常可分为三类：①静电屏蔽：亦称电场屏蔽，用于屏蔽电场；②磁屏蔽：主要用于低频，多使用高磁导率的铁磁材料（铁、硅钢片、坡莫合金等）；③电磁屏蔽：对电场和磁场同时屏蔽，一般也是指高频时的屏蔽，多使用低电阻金

属。按屏蔽结构，又常有板状屏蔽与网状屏蔽之分。

屏蔽体要采用良导体材料制成，如铝、铜或铜镀银等。由于高频电流的集肤效应，涡流仅在屏蔽层表面薄层流过，故屏蔽层无需很厚，仅由工艺结构与机械性能决定即可。实践中，层厚一般取 0.2～0.8mm。必要时还可加设双层屏蔽，且随着其厚度增加，屏蔽效能更好。电磁波进入导体后会很快被衰减，一般板状屏蔽的厚度达 1mm 即可满足屏蔽要求。对于网状屏蔽，其网孔越密，线径越粗，则屏蔽效果越好。

在生产工艺允许的情况下，应适当加大屏蔽至电场源之间的距离，以免影响高频设备的正常工作，并能提高屏蔽效果。屏蔽体的边角要圆滑，以避免尖端效应。当工作需要不得不在屏蔽体上开孔或开缝时，孔洞直径尺寸不宜超过电磁波波长的 1/5，缝隙宽度不宜超过电磁波波长的 1/10。

较大区域的整体屏蔽即构成屏蔽室。除用于防止电磁场泄漏造成危害外，还用来防止外界电磁场对屏蔽范围内设备或仪器的干扰。屏蔽室也有板状屏蔽室和网状屏蔽室之分。为防止电磁场可能从屏蔽室缝隙、门窗和通风孔道泄漏，应在这些部位适当采取防止泄漏的措施。屏蔽室各部分的连接应力求严密。

对于微波电磁场，为了防止泄漏，除可采用一般屏蔽措施外，还可采用抑制电磁场泄漏和吸收电磁场能量的办法（如用由石墨粉、炭粉、铁粉、合成树脂等材料制成的吸收屏蔽）。对实现屏蔽或吸收有困难的某些场合，可以考虑工作人员穿特制的金属服，戴特制的金属头盔和戴特制的金属眼镜等防护措施。

2. 高频接地

高频接地包括高频设备外壳的接地和屏蔽的接地。高频接地除应符合电气设备接地的一般要求外，还应符合高频接地的特殊要求。此外，当屏蔽装置实施了良好的接地之后，还可以提高电磁场的屏蔽效果（尤以中波波段较为明显）。

高频接地的接地线不宜太长，长度最好能限制在波长的 1/4 以内。如无法达到该要求时，也要避开波长 1/4 的奇数倍。这样选取接地线长度是为防止在接地线上产生驻波而出现较高电压。否则既不利于人身安全，还可能对电子设备产生干扰。高频接地线宜采用多股铜线或多层铜皮制成，以减小接地线的自感和涡流损耗。

对于屏蔽接地，只宜于在屏蔽的一点与接地体相连。如果同时有几点与接地体相连，则由于各点情况不完全相同，很可能会产生有害的不平衡电流。

高频接地体要尽可能采用铜材制成且宜于竖埋，板形接地体的面积一般取 1.5～$2m^2$ 即可。对于电子设备类高频设备，为防止干扰，其外壳和屏蔽装置都必须实施接地。

3. 加强维护与安全操作

为保证高频或微波设备安全运行及使工作人员免受电磁辐射的伤害，现场必须具备较完善的控制装置与设施，有一整套完备的操作规程，日常中应加强对设备的维护和对操作人员经常进行安技教育；工作人员则更应牢记维护与操作的安全注意事项：

(1) 按设备要求认真执行开机和关机的控制程序，不得改变操作规程的严格规定。

(2) 不得随便拆除或改变设备的控制线路，发现损坏时要及时更换。

(3) 定期检查保护装置并保持灵敏可靠，不可随意更改定值，如有问题要及时修复。

(4) 因设备机箱内有高电压，运行中不得将机箱门打开，以防止万一疏忽引起触电。

(5) 运行中发现元件损坏应及时更换，切不能短接使用，以防再造成其他元件损坏。

(6) 设备上的信号与仪表应能正确指示，不允许轻视其指示作用而单凭经验办事。

(7) 保护装置的接地系统每月检查1次，每半年测量1次接地电阻，观察其是否良好。

(8) 高频或微波设备的遮栏及屏蔽装置应经常处于完好状态，不能随便移动或拆除。

(9) 在高频或微波设备工作过程中，绝不允许进入遮栏内进行检修或其他任何工作。

思 考 题

6-1 火灾形成的条件是什么？

6-2 爆炸发生的条件是什么？

6-3 何为闪燃？

6-4 如何划分火灾、爆炸危险场所？

6-5 引发电气火灾与爆炸的因素有哪些？

6-6 如何防止电气火灾和爆炸的发生？

6-7 如何正确带电灭火？

6-8 如何消除静电？

第 7 章

触电急救和外伤救护

7.1　触电事故的典型实例

人身触电事故多发生在施工、检修、事故处理过程中和雷电天气情况下。究其原因是有人员违章作业造成的，有设备绝缘情况不好造成的，也有作业工具不良造成的等。分析多年来发生的触电事故的实例有以下几种。

1. 违章作业造成触电事故举例

例 1：1991 年 4 月，某电业局变电工区在某次变电作业时，临时追加任务，为配合做试验需拆除设备引线。既未办理工作票手续，又未履行许可手续，也未按规定采取安全措施，工人马某误登带电线路电压互感器构架，造成触电，将手脚烧伤，截肢。

例 2：1992 年 3 月，某电业局变电工区三班在 66kV 变电所继电保护值整定后，运行值长和值班员进行恢复开关操作。在合隔离开关时，隔离开关顶部铸铁护套边缘破裂，碎块掉下，监护人擅自登上电流互感器和隔离开关构架上查看，造成右臂与 C 相电流互感器顶部弧光放电，将其右手右脚左臂烧伤，送医院后右手截肢。此起触电事故表明作业人员不懂电力安全。

例 3：1992 年 8 月，某电厂机组大修进入转机分步试运阶段。工作负责人王某和其他三人到 6kV 三段母线室做排粉机和磨煤机开关电缆头的接线工作。接线完成后，王某检查 3 号炉 6 号给水泵开关电缆头是否接好时，造成触电死亡。在 6 号给水泵送电前，运行人员已将工作票收回，并在票面上注明“6 号给水泵已送电，不允许在 6 号给水泵回路上工作”，但王某未在该工作票上签字。此起触电事故说明死者根本不懂电力安全知识及有关规定。

例 4：1992 年 6 月，某电厂电气分厂配电班三人进行施工电源某刀闸的检修。工作许可人和工作负责人误将带电隔离开关间隔上的“高压危险”标志牌移开，工作许可人将门锁打开。工作人员迟某在没有工作负责人带领下，擅自进入带电隔离开关间隔，造成触电，烧伤面积达70%～80%，抢救无效死亡。此触电事故说明死者对电力安全知识不重视。

例5：1999年1月，某供电局拆除脚手架时，不慎将某10kV低压电缆砸断。工作负责人未按工作票要求将施工用的临时变压器停电，安排佟某上杆绑扎低压导线。当从副杆侧到主杆时，有一汽车驶来，监护人怕汽车压坏电缆，就去移动电缆。佟某在失去监护的情况下，由低压侧绕到高压侧，想登上变压器作业，左手握在变压器高压侧B相套管上，右手握变压器散热器上而触电。经诊断治疗，双手严重烧伤，双臂截肢，构成重伤。

例6：2000年12月，某电业局电力施工企业在拆除闲置旧线路时，由于旧线路跨越10kV带电线路，施工人员不顾监护人员劝阻，强行在杆上越过带电线路时触电死亡。触电原因为死者严重违章。

2. 监护不到位造成触电事故举例

例1：1992年4月，某电业局劳动服务公司配电施工队在完成10kV线路后，当进行某变压器修复接地线工作时，工人李某漏拉C相跌落式断路器，又未进行验电、挂地线，在无人监护下登上变压器作业，误触变压器C相套管，造成触电。将右手中指、无名指、左手掌、左脚趾和右大腿内侧严重烧伤。作业过程没有监护。

例2：1993年7月，某电业局配电班高某等六人在10kV线路上安装避雷器。11时左右通信处人员发现停电，私自将杆上多油断路器合上送电。当高某登上杆12m处准备挂接地线、验电时，右手碰导线，触电后从杆上跌下，经医院抢救无效死亡。

例3：1993年10月，某电业局输变电工区高压班对某66kV线路进行清扫检查，工作组两名成员，一名清扫，一名监护。清扫人员在失去监护人员监护情况下误入带电间隔，导线向清扫人员放电，清扫人员触电后身体失去平衡，从23.3m处坠落地面，抢救无效死亡。

3. 安全措施不全造成触电事故举例

例1：1993年5月，某电厂通信线务班于某，在处理通往市内的通信线缺陷登上某号杆时，斜上方有6kV线路，因安全距离不够（0.3m）引起高压电对于某右臂膀放电，送医院抢救无效死亡。

例2：1994年7月，某供电局在某10kV线路上更换水泥杆。作业完成后，由工作监护人王某和操作人许某到分号杆分断杆上多油断路器停电，然后进行杆上接引线。当王某骑摩托车到分支杆附近时，车出故障，王某下车处理。操作人许某擅自在无人监护下登上操作杆12m处触电死亡。

例3：1996年4月，某电业局二次变10kV熔断器熔丝群爆，电容器组停运。检

修工满某在检查时碰电容器造成静电对人体放电，抢救无效死亡。

例4：1996年9月，某电业局更换某10kV电容器电缆，作业时工人王某不慎碰到临近的10kV带电出口，触电死亡。

例5：1996年11月，某发电厂电气值班员白某在为停电检修布置安全措施挂接地线时，登上带电的66kV线路出口刀闸的构架，触电坠落，送医院后右腕及肘关节截掉，构成重伤。

4. 设备绝缘问题造成触电事故举例

例1：1993年8月，某供电局有三人到某10kV变电站处理变压器渗油。在没有拉开二次负荷开关，也没有在一次和二次挂接地线情况下便登台作业。作业中因返送电，其中一人脖子左侧碰到变压器高压侧引线，触电死亡。

例2：1993年8月，某供电局在处理配电事故时，柱上多油断路器突然爆炸，燃烧的油落在杆上准备操作的工人身上，使其全身着火，腰绳烧断后坠落地面。烧伤面积达100%，三度烧伤面积达90%以上，经抢救无效后死亡。

例3：1994年6月，某供电局配电检修工处理10kV柱上跌落式开关B、C相熔丝管时，由于绝缘距离不够导致一人触电，截去上肢。

例4：1998年5月，某电厂试验人员在做电压互感器试验过程中，由于接线时试验电源未切断，自耦变压器故障造成试验人员触电死亡。

例5：1999年1月，某电业局送电工区检修专工吴某与送电工杨某到35kV某1997年停运的塔上取回一串合成绝缘子做盐密值测试。两人到现场后既未验电又未挂地线，由于1997年进行该线路断电方法不当，A相与电源的连接未拆，且电源侧带电，因此，杨某在拆绝缘子时触电，双手烧伤，双手肘关节前截除。

5. 常见家庭触电事故举例

例1：某地农村曾发生一起全家老小被跨步电压电死的事例。某日，大风把供电线吹断且落在水田中，有个农民的小儿子早晨把一群鸭子赶到田中去放养，一只只鸭子游到断线落水处都被电击死去，小儿子去捡死鸭子，走进断线落水处也被电击倒死去。哥哥见弟弟放鸭不回，便去到放鸭处，看到弟弟倒在田中，下田去拉，也触电倒在田中，爷爷见两个孙子一去不回，亲自到田边看个究竟，怎么？都死了？爷爷伸手去拉孙子，也倒在田中死了。爸爸在家等得不耐烦，到田边一看，怎么死成一串？鸭子怎么会被水淹死？认为有“鬼”，叫了很多邻居来驱鬼壮胆，然后下田去拖爷爷，也触电落水而死，最后，妈妈下田拖爸爸，也触电落水。因为妈妈触电时间不长，离电流入地点最远，触电程度最轻，才被救活，这是一件很特殊的跨步电压触电事例。人在水中触电时，危险性极大。如果他们懂得一些安全用电的知识，就决不会发生全家集体触电死亡的悲剧。

例 2：某女工买来一台 400mm 台扇，插上电源。当手刚碰到底座上的电源开关时，就发出一声惨叫，人当即倒地，外壳带电的电扇从桌子上摔下，压在触电者的胸部。正在隔壁午睡的儿子闻声起来，发现妈妈触电，立即拔掉插头，并且呼叫邻居救人。由于天气炎热，触电者只穿短裤汗衫，赤脚着地，触电倒地后，外壳带 220V 电压的电扇又压在胸部，所以心脏流过较大电流而当即死亡。事后仔细检查，电扇和随机带来的导线、插头绝缘良好，接线正确。问题出在插座上。由于插座安装者不按规程办事，误把电源火线接到三眼插座的保护接地插孔，而随机带来的插头是按规定接线的，将电扇的外壳接在插头的保护接地桩头上。这样当插入插座后，电扇外壳便带 220V 电压，造成触电死亡的事故。

例 3：北方一位姑娘，因身体不佳躺在床上，双足接触暖气片取暖。因感到台灯暗了一些，便伸手去触台灯灯头，造成触电死亡。事后检查发现，该台灯使用螺口灯座，线路的火线接在螺口部分，而零线接在灯座的中心弹片上，灯泡旋入灯座后金属部分外露，双足裸露触及暖气片接触良好，当手一触及螺口灯头金属外露部分时，电流便通过手——足——暖气片与大地构成回路，加上该姑娘身体不好，从而造成触电死亡。

例 4：某化工厂，一天，车间一胶盖开关的熔丝被烧断，一女工换上了新熔丝。但线路上的短路故障并未排除，又忘了将胶盖装上。因此，当她将开关合上的瞬间，强大的短路电流使熔丝再次熔断，并产生强烈的电弧喷射到她的双眼，造成双目失明的严重事故。

例 5：某居民家曾发生一起 36V 照明电路触电事故，险些造成死亡。事后，用万用表测量变压器二次侧的电压为 36V，而二次侧对地电压却高达 220V。经检查发现，这是由于变压器一、二次之间发生短路。因此，二次侧对地电压等于一次侧对地电压。一旦人体触及二次侧线路的外裸端头，220V 电压的电源就通过人体与大地构成回路，造成触电事故。

例 6：浙江省某城市夏季的一天，乌云密布，雷雨交加，一场大雨过后，竟死了两个人。一位是年近七旬的老太太，住在五层楼房的二楼。当时正在吊灯下洗头，吊灯离头还不到半米，洗头处的地上非常潮湿。这不是直击雷，而是通过输电线路将雷电波传入室内。由于她离电灯过近，被感应雷击中致死。另一位是个青年人，当时正在家中洗澡。浴室的自来水管是从房顶上的金属蓄水池引下的，雷电击中蓄水池后，引入浴室，击中了他，而家中其他人却未受到损伤。

例 7：零线触电事故似乎不可理解，然而这种事故在家庭用电中时常发生。现举一典型案例，详细说明造成零线触电事故的原因和避免措施。事情发生在一个村庄，一天夜晚，张某家的电灯坏了，请来农机站的一位电灌机手检修。他先检查拉线开关的进线端（电源端），有电；把拉线开关放在接通位置，出线端也有电，说明拉线开

关完好；但反复拉开关，电灯都不亮。接着检查灯座和灯泡，它们也是好的；最后检查线路。电源线穿墙进入张某家，然后沿房梁用瓷甲板布线。检查发现在梁上一根橡皮铝芯线断了约 2～3m 长，可能是老鼠咬的。检查电源方向的断线端，试电笔不亮；试着用手背去触摸断线处的前、后端，都无麻电的感觉。他判断这根断线是零线而不是火线，就准备放心大胆的去接线。正当他左手拿着一个线头，右手去拉另一个线头准备绞接在一起时，突然惊叫一声，随即从 4m 多高的梯子上跌落下来。事后经检查确认，受伤者接触的导线并不是火线，而确系零线。触电的原因是由于操作错误加上几种情况的巧合所致。因为开关放在接通位置，在检查断线头时，因灯泡取下了，火线被断开，当然用手背试验断线处的前后端时就无电麻感。可是他在接线头时，有人认为毛病找到了，就把灯泡装上了灯座。于是这时电源火线经灯丝传到了断线处，因他两手又各拿一个断线头，这样一来人体把电路接通了。此时电源火线通过拉线开关、灯丝、人体接到零线。这次触电的根本原因，首先是操作错误，不该把开关放在接通位置，不该两手各拿一个断线头的导体部分来接线。如果不接触导线，或单手操作，站在干燥的梯子上，就是直接接触火线，也不会发生触电事故。所以，带电检修时，不管人体对地是否绝缘，都要避免人体的任何两个部分同时触及带电体，不能让人体和电路形成通路。如果用电工钳先把两个断线头绞合在一起，然后一手触及这根零线（或火线）也不会触电。其次，如果灯泡未装上灯座，也不会发生触电。

人身伤亡事故，将造成不可弥补的损失，给家庭和亲人带来无限的悲痛。为了预防人身伤亡事故。我们要从血的教训中引以为戒，自觉遵守各项规章制度，增强安全意识和自我保护能力。

7.2 触电紧急救护的方法

在电力生产中，尽管人们采取了一系列安全措施，但也只能减少事故的发生，人们还会遇到各类意外伤害事故，如触电、高空坠落、中暑、烧伤、烫伤等。在工作现场发生这些伤害事故的伤员，在送到医院治疗之前的一段时间内，往往因抢救不及时或救护方法不得当而伤势加重，甚至死亡。因此，现场工作人员都要学会一定的救护知识，例如：使触电者迅速脱离电源，进行人工呼吸、止血、简单包扎，处理中暑、中毒以及正确转移运送伤员等，以保证不管发生什么类型事故，现场工作人员都能当机立断，以最快的速度、正确的方法进行急救，力争伤员脱离危险甚至起死回生。

7.2.1 紧急救护通则

根据中华人民共和国行业标准 DL408－91《电业安全工作规程》的规定，现场紧急救护通则如下：

（1）紧急救护的基本原则是在现场采取积极措施保护伤员的生命，减轻伤情，减少痛苦，并根据伤情需要，迅速联系医疗部门救治。急救成功的条件是动作快、操作正确。任何拖延和操作错误都会导致伤员伤情加重或死亡。

（2）要认真观察伤员全身情况，防止伤情恶化。发现呼吸、心跳停止时，应立即现场就地抢救，用心肺复苏法支持呼吸和循环，对脑、心重要器官供氧。应当记住，即使伤者心脏停止跳动，也要分秒必争的迅速抢救。只有这样，才有救活的可能性。

（3）现场工作人员都应定期进行培训，学会紧急救护法。会正确解脱电源、会心肺复苏法、会止血、会包扎、会转移搬运伤员、会处理急救外伤或中毒等。

（4）生产现场和经常有人工作的场所应配备急救箱，存放急救用品，并应指定专人经常检查、补充或更换。

7.2.2　触电急救

触电者的生命能否获救，其关键在于能否迅速脱离电源和进行正确的紧急救护。经验证明：触电后 1min 内急救，有 60％～90％的救活可能；1～2min 内急救，有 45％左右的救活可能；如果经过 6min 才进行急救，那么只有 10％～20％的救活可能；超过 6min，救活的可能性就更小了，但是仍有救活的可能。

例 1：英国某地 9 年中对 201 人及时施行人工呼吸结果统计：①有 112 人在 10min 内恢复呼吸；②有 153 人在 20min 内恢复呼吸；③有 165 人在 30min 内恢复呼吸；④有 172 人在 60min 内恢复呼吸；⑤仅有 29 人一直未能恢复呼吸。

例 2：某地区供电局在 5 年时间里，用人工呼吸法在现场成功地救活触电者达 275 人。

例 3：某地大风雨刮断了低压线，造成 4 人触电，其中 3 人当时均已停止呼吸，用人工呼吸法抢救，有 2 人较快救活，另 1 人伤害较严重，经用口对口人工呼吸法及心脏按压法抢救 1.5h，也终于救活了。

例 4：苏联考纳斯市一位大学生在一次音乐会上演奏时，不慎手触失修电线，被电击倒，当场停止了呼吸。幸亏现场有两名医生立即对他进行了人工呼吸，心脏按摩。这些果断措施起了决定性作用，避免了临床死亡转为生理死亡。然后把他抬到医院复苏科，坚持不懈地进行抢救，18 天后，遇难者慢慢睁开了眼睛，创造了触电者“起死回生”的人间罕见奇迹。

以上例子说明，触电急救必须分秒必争，立即就地迅速用心肺复苏法进行抢救，并坚持不断地进行，同时及早与医疗部门取得联系，争取医务人员接替救治。在医务人员未接替救治之前，不应放弃现场抢救，更不能只根据没有呼吸或脉搏擅自判定伤

员死亡，放弃抢救。一般来讲触电者死亡后有以下五个特征：①心跳、呼吸停止；②瞳孔放大；③出现尸斑；④尸僵；⑤血管硬化。如果以上五个特征中有一个尚未出现，都应视触电者为“假死”，还应坚持抢救。如果触电者在抢救过程中出现面色好转、嘴唇逐渐红润、瞳孔缩小、心跳和呼吸逐渐恢复正常，即可认为抢救有效。至于伤员是否真正死亡，只有医生有权作出诊断结论。

下面我们来看看触电急救的一些具体处理方法。

7.2.2.1 脱离电源

触电急救，首先要使触电者迅速脱离电源，越快越好。因为电流作用的时间越长，伤害越重。

脱离电源就是要把触电者接触的那一部分带电设备的开关、刀闸或其他断路设备断开；或设法将触电者与带电设备脱离。在脱离电源中，救护人员既要救人，也要注意保护自己。

触电者未脱离电源前，救护人员不准直接用手触及伤员，因为有触电的危险。

如果触电者处于高处，脱离电源后会自高处坠落，因此，要采取预防触电者摔伤的措施。

触电者触及低压带电设备，救护人员应设法迅速切断电源，如拉开电源开关或刀闸，拔除电源插头等，如图 7-1 和图 7-2 所示；或使用绝缘工具、干燥的木棒、木板、绳索等不导电的东西解脱触电者如图 7-3 所示；也可以抓住触电者干燥而不贴身的衣服，将其拉开，如图 7-4 所示，拉开触电者时切记要避免碰到金属物体和触电者的裸露身躯；也可以戴绝缘手套或将手用干燥的衣物等包起绝缘后解脱触电者；救护人员也可站在绝缘垫上或干木板上，绝缘自己进行救护，为使触电者与导电体解脱，最好用一只手进行，如图 7-5 所示。

图 7-1 拉开开关或拔掉插头

图 7-2　割断电源线

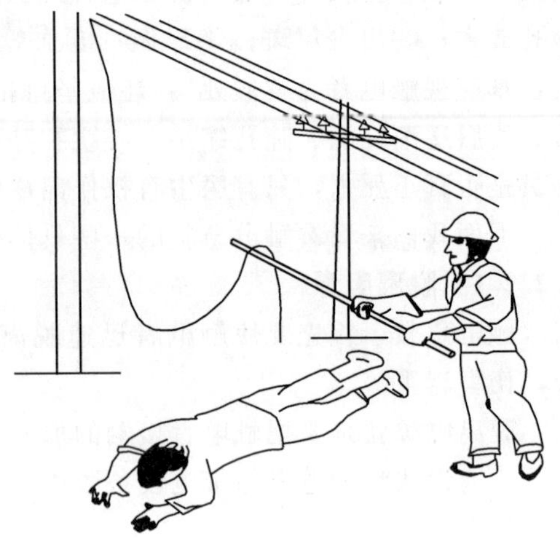
图 7-3　挑、拉电源线

图 7-4　拉开触电者

图 7-5　采取相应的救护措施

如果电流通过触电者入地，并且触电者紧握电线，可设法用干木板塞到身下，与地隔离，也可用干木把斧子或有绝缘柄的钳子等将电线剪断。剪断电线要分相，一根一根地剪断，并尽可能站在绝缘物体或干木板上剪。

触电者触及高压带电设备，救护人员应迅速切断电源，或用适合该电压等级的绝缘工具（戴绝缘手套、穿绝缘靴并用绝缘棒）解脱触电者，如图 7-6 所示。救护人员在抢救过程中应注意保持自身与周围带电部分必要的安全距离。如果触电发生在架空线杆塔上，如系低压带电线路，若可能立即切断线路电源的，应迅速切断电源，或者由救护人员迅速登杆，束好自己的安全带后，用带绝缘胶柄的钢丝钳、干燥的不导电

物体或绝缘物体将触电者拉离电源；如系高压带电线路，又不可能迅速切断电源开关的，可采用抛挂足够截面的适当长度的金属短路线的方法，如图 7-7 所示，使电源开关跳闸。抛挂前，将短路线一端固定在铁塔或接地引下线上，另一端系重物，但抛掷短路线时，应注意防止电弧伤人或断线危及人员安全。不论是何级电压线路上触电，救护人员在使触电者脱离电源时，要注意防止发生高处坠落的可能和再次触及其他有电线路的可能。

图 7-6　戴上绝缘手套、穿上绝缘靴救护

如果触电者触及断落在地上的带电高压导线，且尚未确证线路无电，救护人员在尚未做好安全措施（如穿绝缘靴或临时双脚并紧跳跃地接近触电者）前，不能接近断线点至 8～10m 范围内，防止跨步电压伤人。触电者脱离带电导线后应亦应迅速带至 8～10m 以外后立即开始触电急救。只有在确认线路已经无电，才可在触电者离开触电导线后，立即就地进行急救。

图 7-7　抛掷裸金属线使电源短路

救护触电伤员切除电源时，有时会同时使照明失电，因此应考虑事故照明、应急灯等临时照明。新的照明要符合使用场所防火、防爆的要求。但不能因此延误切除电

源和进行急救。

7.2.2.2 伤员脱离电源后的处理

触电伤员如神智清醒者，应使其就地躺平，严密观察，暂时不要站立或走动。触电伤员若神志不清者，应就地仰面躺平，且确保气道通畅，并用 5s 时间，呼叫伤员或轻拍其肩部，判定伤员是否意识丧失，如图 7-8 所示。禁止摇动伤员头部呼叫伤员。

需要抢救的伤员，应立即就地坚持正确抢救，并设法联系医疗部门接替救治。

图 7-8 判定伤员意识

1. 心肺复苏法

触电伤员如意识丧失，应在 10s 内，用看、听、试的方法，判定伤员呼吸心跳情况，如图 7-9 所示。看：看伤员的胸部、腹部有无起伏动作；听：用耳贴近伤员的口鼻处，听有无呼气的声音；试：试测口鼻有无呼气的气流。再用两手指轻试一侧（左或右）喉结旁凹陷处的颈动脉有无搏动。若看、听、试结果，既无呼吸又无颈动脉搏动，可判定呼吸心跳停止。

触电伤员呼吸和心跳均停止时，应立即按心肺复苏法支持生命的三项基本措施，正确进行就地抢救。三项措施是通畅气道、口对口（鼻）人工呼吸和胸外按压（人工循环）。

(a)

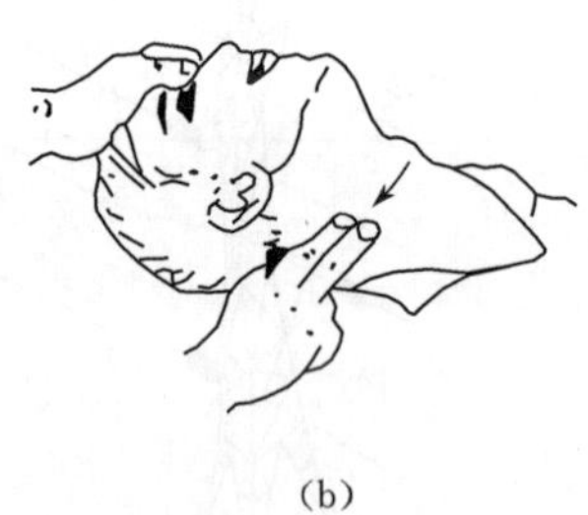

(b)

图 7-9 呼吸、心跳情况的判断

(a) 看、听；(b) 试

(1) 通畅气道。触电伤员呼吸停止，重要的是始终保持气道通畅。如发现伤员口内有异物，可将其身体及头部同时侧转，迅速用一个手指或用两手指交叉从口角处插

入，取出异物；操作中要注意防止将异物推到咽喉深部如图 7-10 所示。

通畅气道可采用仰头抬颌法如图 7-11 所示。用一只手放在触电者的前额，另一只手的手指将其下颌骨向上抬起，两手协同将头部推向后仰，舌根随之抬起，气道即可通畅。严禁用枕头或其他物品垫在伤员的头下，头部抬高前倾，会更加重气道阻塞，且使胸外按压时流向脑部的血流减少，甚至消失。

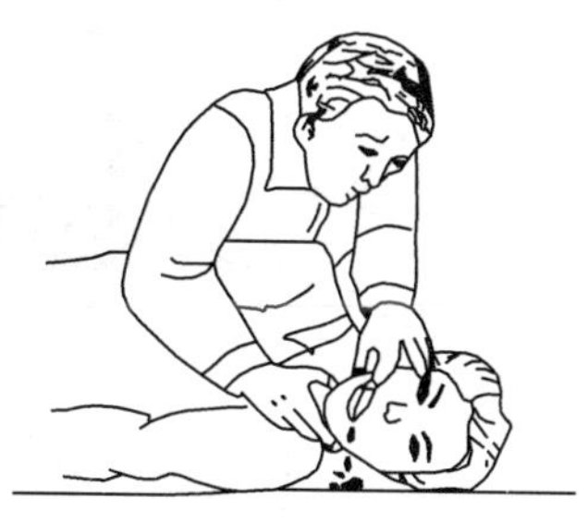

图 7-10　用手指清除异物

(2) 口对口（鼻）人工呼吸。在保持伤员气道通畅的同时，救护人员用放在伤员额上的手的手指捏住伤员的鼻翼，救护人员深吸气后，与伤员口对口紧合，在不漏气的情况下，先连续大口吹气两次，每次 1～1.5s，如图 7-12 所示。如两次吹气后试测颈动脉仍无搏动，可判断心跳已经停止，要立即同时进行胸外按压。

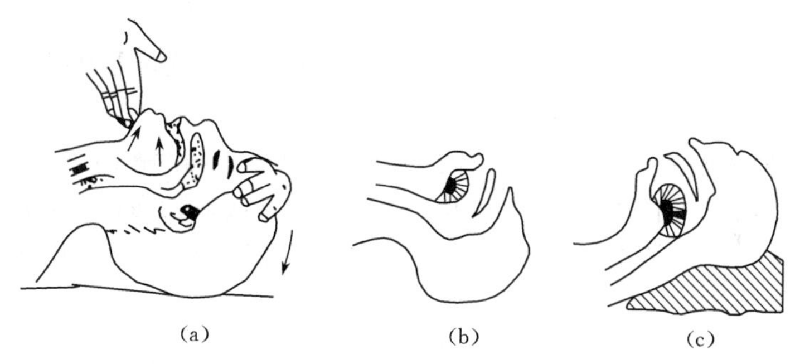

(a)　(b)　(c)

图 7-11　抬头仰颌法

除开始时大口吹气两次外，正常口对口（鼻）呼吸的吹气量不需过大，以免引起胃膨胀。吹气和放松时要注意伤员胸部应有起伏的呼吸动作。吹气时如有较大阻力，可能是头部后仰不够，应及时纠正。

触电伤员若牙关紧闭，可口对鼻人工呼吸。口对鼻人工呼吸吹气时，要将伤员的嘴唇紧闭，防止漏气。

(3) 胸外按压。正确的按压位置是保证胸外按压效果的重要前提。确定正确按压位置的步骤如下：

1) 右手的食指和中指沿触电伤员的右侧肋弓下缘向上，找到肋骨和胸骨结合处的中点。

2) 两手指并齐，中指放在切迹中点（剑突底部），食指平放在胸骨下部。

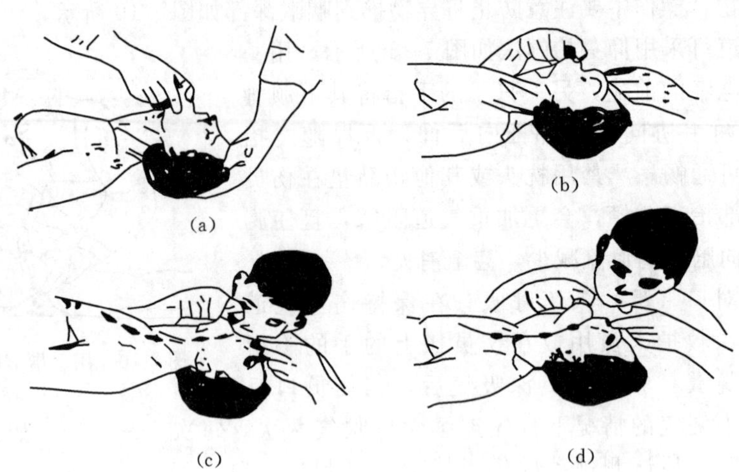

图 7-12　口对口人工呼吸的操作步骤

(a) 头部后仰；(b) 捏鼻掰嘴；(c) 贴嘴吹气；(d) 放松换气

3）另一只手的掌根紧挨食指上缘，置于胸骨上，即为正确按压位置，如图 7-13 所示。

正确的按压姿势是达到胸外按压效果的基本保证。正确的按压姿势为：

1）使触电伤员仰面躺在平硬的地方，救护人员立或跪在伤员一侧肩旁，救护人员的两肩位于伤员胸骨的正上方，两臂伸直，肘关节固定不屈，两手掌根相叠，手指翘起，不接触伤员胸壁。

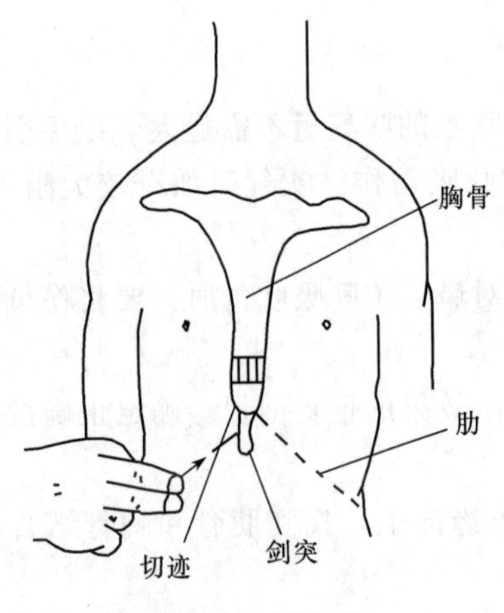

图 7-13　找切迹

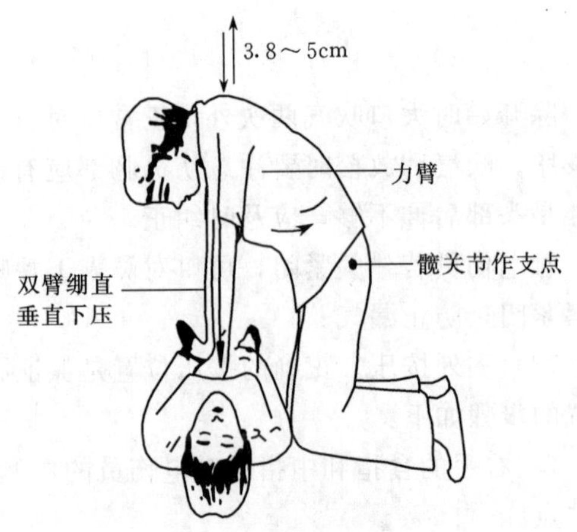

图 7-14　按压的正确姿势

2）以髋关节为支点，利用上身的重力，垂直将正常成人胸骨压陷3～5cm（儿童和瘦弱者减）。

3）压至要求程度后，立即全部放松，但放松时救护人员的掌根不得离开胸壁，如图7-14所示。按压必须有效，有效的标志是按压的过程中可以触及颈动脉搏动，如图7-15所示。

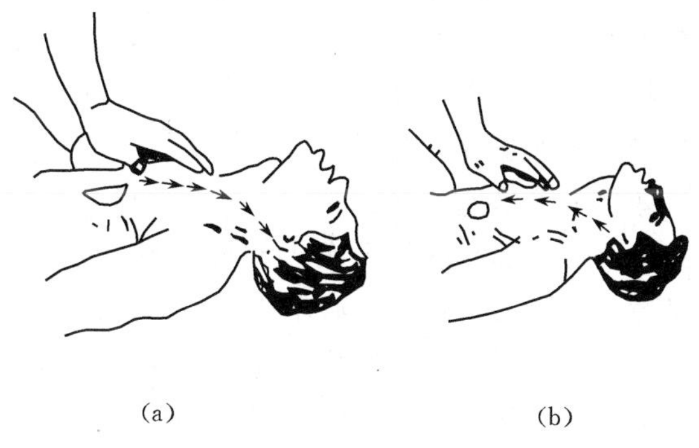

(a)　　(b)

图7-15　按压操作

(a) 向下按压；(b) 迅速放松

胸外按压要以均匀的速度进行，每分钟80次左右，每次按压和放松的时间相等。

如果需要胸外按压与口对口（鼻）人工呼吸同时进行，其节奏为：单人抢救时，每按压15次后吹气两次（15:2），反复进行；双人抢救时，每按压5次后由另一人吹气1次（5:1），反复进行。

2. 抢救过程中的再判定

按压吹气1min后（相当于单人抢救时做了4个15:2的压吹循环），应用看、听、试方法在5～7s时间内完成对伤员呼吸和心跳是否恢复的再判定。

抢救过程中，要每隔数分钟再判定一次，每次判定时间均不得超过5～7s。在医务人员未接替抢救之前，现场抢救人员不得放弃现场抢救。

3. 抢救过程中伤员的移动与转院

心肺复苏应在现场就地坚持进行，不要为方便而随意移动伤员，如确有必要移动时，抢救中断时间不应超过30s。

移动伤员或将伤员送医院时，除应使伤员平躺在担架上并在其背部垫以平硬阔木板，移动或送医院过程中应继续抢救，心跳呼吸停止者要继续心肺复苏法抢救，在医务人员未接替前不能中止。应创造条件，用塑料袋装入砸碎冰屑做成包绕在伤员头部，露出眼睛，使脑部温度降低，争取心肺脑完全复苏。

4. 伤员好转后的处理

如伤员的心跳和呼吸经抢救后均已恢复，可暂停心肺复苏法操作。但心跳呼吸恢复的早期有可能再次骤停，应严密监护，不能麻痹，要随时准备再次抢救。

初期恢复后，神志不清或精神恍惚、躁动，应设法使伤员安静。

5. 杆上或高处触电急救

发现杆上或高处有人触电，应争取时间及早在杆上或高处开始抢救。救护人员登高时应随身携带必要的工具和绝缘工具以及牢固的绳索等，并紧急呼救。

救护人员应在确认触电者已与电源隔离，且救护人员本身所涉及环境安全距离内无危险电源时，方能接触伤员进行抢救，并应注意防止发生高空坠落的可能性。

触电伤员脱离电源后，应将伤员扶卧在自己的安全带上（或在适当的地方平躺），并注意保持伤员气道通畅。

救护人员迅速按前述的方法判定反应、呼吸和循环情况。如伤员呼吸停止，立即进行口对口（鼻）吹气2次，再测试颈动脉，如有搏动，则每5s继续吹气一次，如颈动脉无搏动时，可用空心拳头叩击前区2次，促使心脏复跳。

高处发生触电，为使抢救更为有效，应及早设法将伤员送至地面。在完成上述措施后，应立即用绳索参照图7-16所示方法迅速将伤员送至地面，或采取可能的、迅速有效的措施将伤员送至平台上。

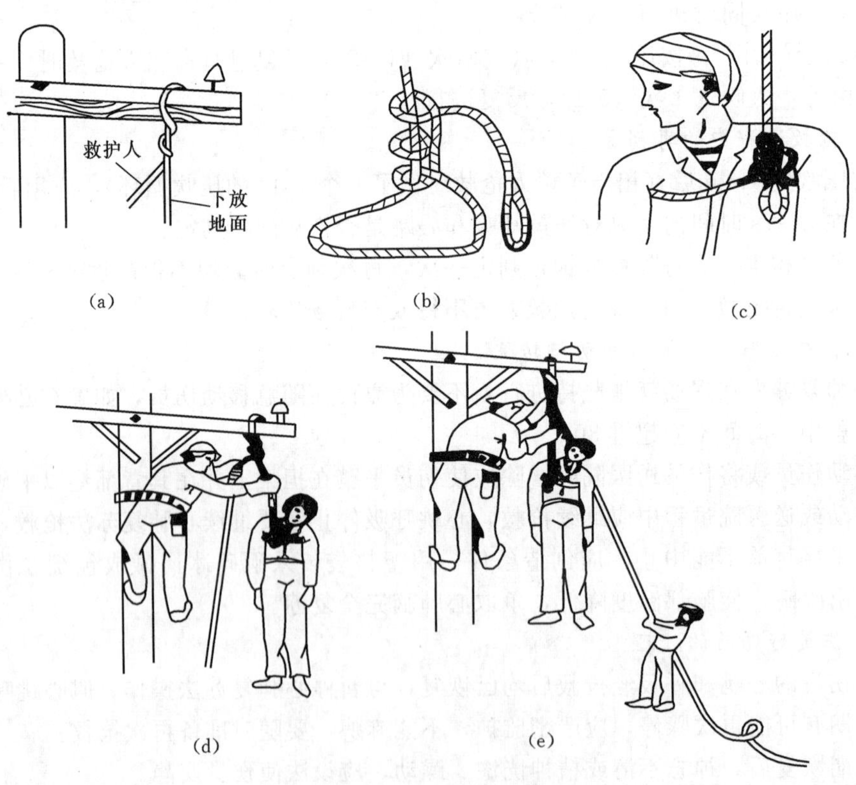

图7-16 单、双人下放伤员

(a)、(b)、(c) 绳子结法；(d) 单人下放法；(e) 双人下放法

在将伤员由高处送至地面前，应在口对口（鼻）吹气4次。触电伤员送至地面后，应立即继续按心肺复苏法坚持抢救。

现场触电抢救，对采用肾上腺素等药物应持慎重态度。如没有必要的诊断设备条件和足够的把握，不得乱用。在医院内抢救触电者时，有医务人员经医疗仪器设备诊断，根据诊断结果决定是否采用。

7.3 外 伤 急 救

在电力生产、基建中，除人体触电造成的伤害外，还会发生高空坠落、机械卷轧、交通挤轧、摔跌等意外伤害造成的局部外伤。因此在现场中，还应会作适当的外伤处理，以防止细菌侵入，引起严重感染或摔断的骨尖刺破皮肤、周围组织、神经和血管，而引起损伤扩大。及时、正确的救护，才能使伤员转危为安，任何迟疑、拖延或不正确的救护都会给伤员带来危害。下面我们将学习外伤急救的基本要求和主要方法。

7.3.1 外伤急救的基本要求

（1）外伤急救原则上是先抢救，后固定，再搬运，并注意采取措施，防止伤情加重或污染。需要送医院救治的，应立即做好保护伤员措施后送医院救治。

（2）抢救前先使伤员安静平躺，判断全身情况和受伤程度，如有无出血、骨折和休克等。

（3）外部出血立即采取止血措施，防止失血过多而休克。外观无伤，但呈休克状态，神志不清或昏迷者，要考虑胸腹部内脏和脑部受伤的可能性。

（4）为防止伤口感染，应用清洁布片覆盖。救护人员不得直接用手接触伤口，更不得在伤口内填塞任何东西或随便用药。

（5）搬运时应使伤员平躺在担架上，腰部束在担架上，防止跌下。平地搬运时伤员头部在后，上楼、下楼、下坡时头部在上，搬运中应严密观察伤员，防止伤情突变。

7.3.2 止血

伤口渗血时，用较伤口稍大的消毒纱布数层覆盖伤口，然后进行包扎。若包扎后仍有较多渗血，可再加绷带适当加压止血，如图7-17所示。

伤口出血呈喷射状或鲜红血液涌出时，立即用清洁手指压迫出血点上方（近心端），使血流中断，并将出血肢体抬高或举高，以减少出血量如图7-18和图7-19

所示。

用止血带或弹性较好的布带止血时，应先用柔软布片或伤员的衣袖等数层垫在止血带下面，再扎紧止血带以刚使肢端动脉搏动消失为度。上肢每 60min，下肢每 80min 放松一次，每次放松 1～2min。开始扎紧与每次放松的时间均应书面标明在止血带旁。扎紧时间不宜超过 4h。不要在上臂中三分之一处和窝下使用止血带，以免损伤神经。若放松时间观察已无大出血可暂停使用。

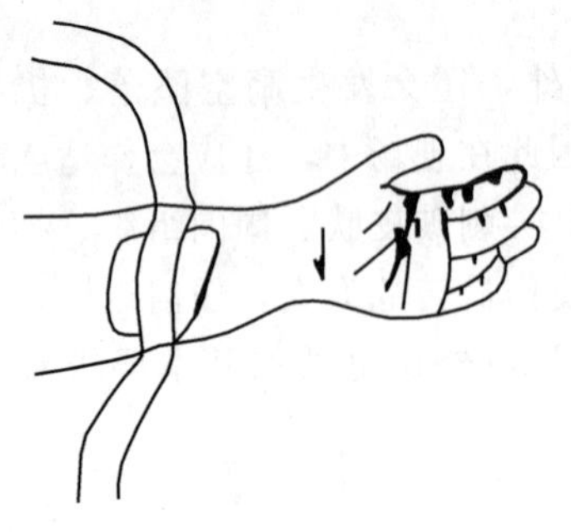

图 7-17　上肢出血加压包扎示意

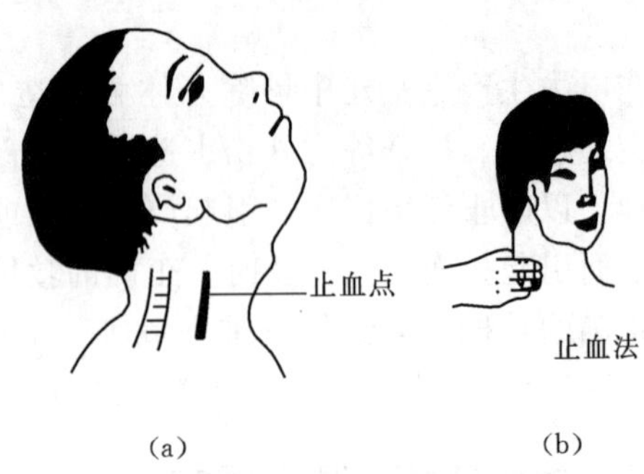

图 7-18　颈部止血示意
(a) 止血点；(b) 止血法

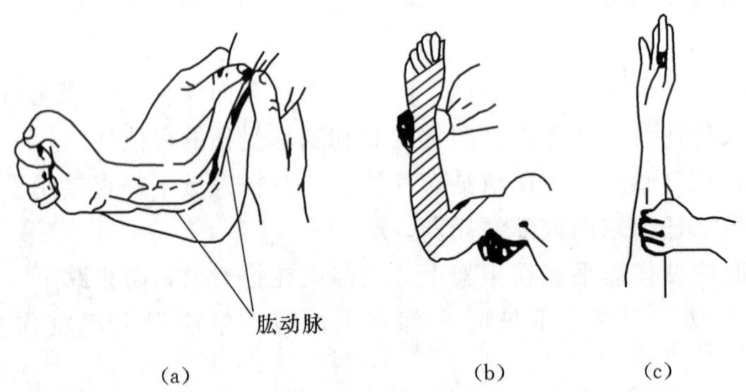

图 7-19　上肢出血止血示意
(a) 上肢止血点；(b) 上臂止血点；(c) 前臂止血

严禁用电线、铁丝、细绳等作止血带使用。

高处坠落、撞击、挤压可能有胸腹内脏破裂出血。受伤者外观无出血但常表现面色苍白，脉搏细弱，气促，冷汗淋漓，四肢厥冷，烦躁不安，甚至神志不清等休克状

态，应迅速躺平，抬高下肢，保持温暖，速送医院救治。若送院途中时间较长，可给伤员饮用少量糖盐水。

7.3.3 骨折急救

骨折主要有闭合性骨折和开放性骨折两种，如图 7-20 所示。

骨折急救应遵循以下基本原则：

（1）现场急救的目的是防止伤情恶化，为此，千万不要让已有骨折的肢体活动，不能随便移动骨折端，以防锐利的骨折端刺破皮肤、周围组织、神经、大血管等。首先应将受伤的肢体进行包扎和固定。

（2）对于开放性骨折的伤口，最重要的是防止伤口被污染。为此，现场抢救者不要在伤口上涂任何药物，不要冲洗或触及伤口，更不能将外露骨端推回皮内。

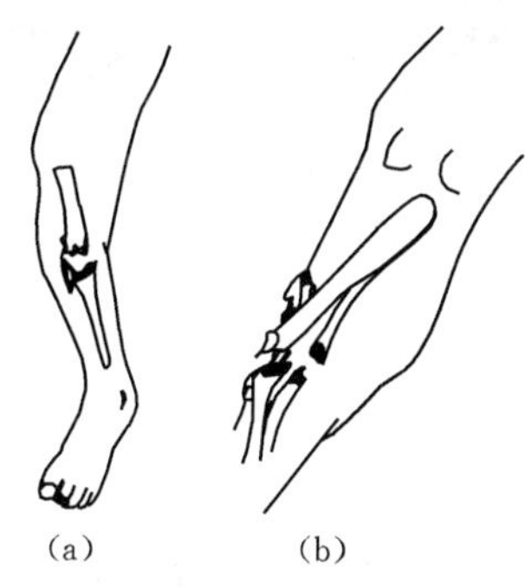

图 7-20　骨折类型

(a) 闭合性骨折；(b) 开放性骨折

（3）抢救者应保持镇静，正确进行急救操作，应取得伤员的配合。现场严禁将骨折处盲目复位。

（4）待全身情况稳定后再考虑固定、搬运。骨折固定材料常采用木制、塑料和金属夹板。如果现场没有现成的夹板，则可就地取材，采用木板、竹竿、手杖、伞柄、木棒、树枝等物代替。骨折固定时，应注意要先止血，后包扎，再固定。选择的夹板长度应与肢体长度相对称。夹板不要直接接触皮肤，应采用毛巾、布片垫在夹板上，以免神经受损伤。

（5）现场骨折急救仅是将骨折处做临时固定处理，在处理后应尽快送往医院救治。不同部位的骨折现场急救法有以下几种：

1）肢体骨折可用夹板或木棍、竹竿等将断骨上、下两个关节固定，也可利用伤员身体进行固定避免骨折部位移动，以减少疼痛，防止伤势恶化。

2）开放性骨折，伴有大出血者，先止血，再固定，并用干净布片覆盖伤口，然后速送医院救治。切勿将外露的断骨推回伤口内。

若伤者疑有颈椎损伤，在使伤员平卧后，用沙土袋（或其他代替物）放置头部两侧，使颈部固定不动，如图 7-21 所示。必须进行口对口呼吸时，只能采用抬颌使气道通畅，不能再将头部后仰移动或转动头部，以免引起截瘫或死亡。

3）腰椎骨折应将伤员平卧在平硬木板上，并将腰椎躯干及两侧下肢一同进行固定预防瘫痪，如图7-22所示。搬动时应数人合作，保持平稳，不能扭曲，如图7-23所示。

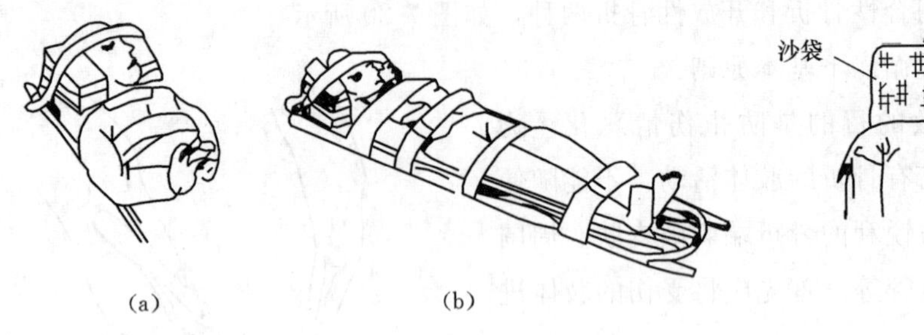

图7-21　颈椎骨折处理

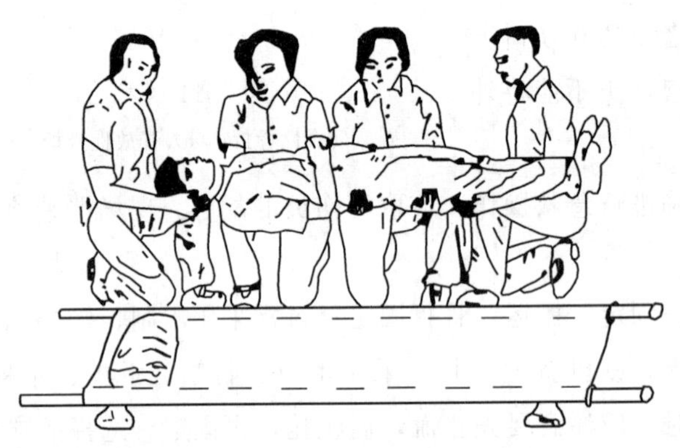

图7-22　颈椎骨折伤员的搬运

7.3.4　颅脑外伤

应使伤员采取平卧位，保持气道通畅，若有呕吐，应扶好头部和身体，使头部和身体同时侧转，防止呕吐物造成窒息。

耳鼻有液体流出时，不要用棉花堵塞，只可轻轻拭去，以利降低颅内压力。也不可用力拧鼻，排除鼻内液体，或将液体再吸入鼻内。

颅脑外伤时，病情可能复杂多变，禁止给其饮食，速送医院诊治。

7.3.5　烧伤急救

电灼伤、火焰烧伤或高温气、水烫伤均应保持伤口清洁。应将伤员的衣服鞋袜用剪刀剪开后除去。伤口全部用清洁布片覆盖，防止污染。四肢烧伤时，先用清洁冷水冲洗，然后用清洁布片或消毒纱布覆盖送医院。

强酸或碱灼伤应立即用大量清水彻底冲洗，迅速将被侵蚀的衣物剪去。为防止酸、碱残留在伤口内，冲洗时间一般不少于10min。

未经医务人员同意，灼伤部位不宜敷搽任何东西和药物。送医院途中，可给伤员多次少量口服糖盐水。

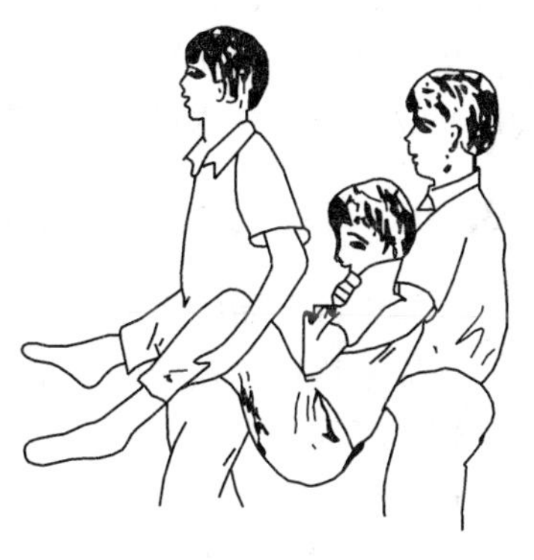
图 7-23 错误的搬运方法

7.3.6 冻伤急救

冻伤使肌肉僵直，严重者深及骨骼，在救护搬运过程中动作要轻柔，不要强使其肢体弯曲活动，以免加重损伤，应使用担架，将伤员平卧并抬至温暖室内救治。将伤员身上潮湿的衣服剪去后用干燥柔软的衣服覆盖，不得烤火或搓雪。

全身冻伤者呼吸和心跳有时十分微弱，不应误认为死亡，应努力抢救。

7.3.7 动物咬伤急救

毒蛇咬伤后，不要惊慌、奔跑、饮酒，以免加速蛇毒在人体内的扩散。咬伤大多在四肢，应迅速从伤口上端向下方反复挤出毒液，然后在伤口上方(近心端)用布带扎紧，将伤肢固定，避免活动，以减少毒液的吸收。有蛇药时可先服用，再送往医院救治。

犬咬伤后应立即用浓肥皂水冲洗伤口，同时用挤压法自上而下将残留伤口内唾液挤出，然后再用碘酒涂搽伤口。少量出血时，不要急于止血，也不要包扎或缝合伤口。尽量设法查明该犬是否为“疯狗”，对医院制订治疗计划有较大帮助。

7.3.8 溺水急救

发现有人溺水应设法迅速将其从水中救出，呼吸心跳停止者用心肺复苏法坚持抢救。曾受过水中抢救训练者在水中即可对其抢救。

口对口人工呼吸因异物阻塞发生困难，而又无法用手指除去时，可用两手相叠，置于脐部稍上正中线上（远离剑突）迅速向上猛压数次，使异物退出，但也不可用力太大。

溺水死亡的主要原因是窒息缺氧。由于淡水在人体内能很快经循环吸收，而气管能容纳的水量很少，因此在抢救溺水者时不应“倒水”而延误时间，更不应仅“倒水”而不用心肺复苏法进行抢救。

7.3.9 高温中暑急救

烈日直射头部，环境温度过高，饮水过少或出汗过多等可以引起中暑现象，其症状为恶心、呕吐、胸闷、眩晕、嗜睡、虚脱，严重时抽搐、惊厥甚至昏迷。应立即将病员从高温或日晒环境转移到阴凉通风处休息。用冷水擦浴，湿毛巾覆盖身体，电扇吹风，或在头部置冰袋等方法降温，并及时给病人口服盐水。严重者送医院治疗。

7.3.10　有害气体中毒急救

气体中毒开始时有流泪、眼痛、呛咳、咽部干燥等症状，应引起警惕。稍重时头痛、气促、胸闷、眩晕。严重时会引起惊厥昏迷。

怀疑可能存在有害气体时，应立即将人员撤离现场，转移到通风良好处休息。抢救人员进入险区必须带防毒面具。

已昏迷病员应保持气道通畅，有条件时给予氧气吸入。呼吸心跳停止者，按心肺复苏法抢救，并联系医院救治。

迅速查明有害气体的名称，供医院及早对症治疗。

思　考　题

7-1　现场紧急救护的通则是什么？

7-2　试述触电急救的基本原则。

7-3　脱离低压电源的主要方法有哪些？

7-4　试述杆上或高处触电急救的方法和步骤。

7-5　什么是口对口人工呼吸法和胸外心脏按压法？

7-6　试述电烧伤的现场急救方法。

7-7　试述对外伤救护的基本要求。

7-8　试述骨折急救的基本原则。

7-9　练习杆上或高处触电的单人（双人）下放急救法。

7-10　进行“仰头抬颏法”和“托颌法”的练习。

7-11　进行口对口（鼻）人工呼吸法的练习。

7-12　进行胸外心脏按压法的练习。

7-13　进行人体各部位止血方法的练习。

7-14　进行人体各部位伤口简单包扎的练习。

7-15　进行人体各不同部位骨折的急救练习。

7-16　进行伤员的正确搬运的练习。

第 8 章

安全用电的监察

安全用电工作中，用电监察的任务是监督、检查、指导和帮助用户执行有关供用电的方针、政策、法令和国家颁发的各项电气技术规程；指导与帮助用户加强对电气设备的运行、维护、技术管理工作；不断提高安全用电的可靠性，及时消除用电不安全因素，使电力不间断地为生产建设和人民生活服务。

为做好安全用电工作，一方面要抓好设备安全，包括电气设备的设计、安装、竣工验收和经常性的维护管理，定期检修试验；另一方面要抓好从业人员的安全思想建设和技术培训、实际考核。做到设备过硬，人员过硬，这是搞好安全用电的基础。

用电监察人员就是要做好用户电气装置设计文件的审查、安装过程中的中间检查，完工后的竣工检查，运行中的定期检查，及对从业人员的考核、培训与管理等。

8.1 设计文件审核

按《全国供用电规则》有关条文要求，用户报装申请用电，首先要将设计资料送电力部门审核。其目的是为了使用电监察人员事先了解用户的各种情况，并对设计中的有关问题提出自己的意见，统一考虑供、用电双方在设备安全、绝缘配合、运行方式、供电方案、继电保护、电能计量方面的要求，协调双方的准备工作和施工进度，为加强配合、保证及时供电创造条件。

8.1.1 送审设计资料内容

8.1.1.1 高压供电用户应报送的图纸资料

（1）上级批准的设计文件，内容包括生产规模、逐年和最终发展需要的用电容量、负荷性质、生产班次及保安电力情况。

（2）用电负荷内容包括最高负荷、平均负荷以及年、月耗电量，功率因数的计算说明，以及无功补偿装置情况。

(3) 高压设备的一次电气主接线图，全厂用电负荷分布图。

(4) 防雷保护、接地装置、继电保护、二次回路和计量回路等设计图及相应的设计计算说明。并应有短路电流、短路容量、过电压保护范围计算、保护整定数据。

(5) 变、配电室的平面布置图，安装图和房屋建筑设计图。

(6) 主要电气设备规范明细表。

8.1.1.2 低压供电用户应报送的图纸资料

(1) 用电设备统计表。内容包括动力设备名称、容量（kW）、台数、合计台数、容量；照明灯数、合计照明容量（kW）等。

(2) 全厂配电系统接线图及计量仪表安装图。

(3) 低压配电室的平面布置图，低压配电柜安装图及保护熔丝、自动开关配置计算说明。

(4) 全厂动力设备接地装置计算与施工图。

8.1.2 设计资料的审核依据和基本要求

电力部门对用户送审的设计资料应及时审核，同时，还应组织有关部门会审，确定供电方案。

8.1.2.1 设计资料的审核依据

(1) 国家有关电力工业的方针、政策和法令。

(2) 上级主管部门批准的设计文件。

(3)《电力工业技术管理法规》、《全国供用电规则》。

(4) 国家颁布的有关电力设计技术规程。

(5) 各省、市、自治区电力部门颁发的“供用电规则实施细则”、电力设计、安装和运行规程等。

(6) 用户主管部门的有关各专业的电力设计、安装规程和规定。

8.1.2.2 设计资料审查的基本要求

用户内部接线方式，选用设备按有关要求，根据其负荷性质、容量大小来审核。除此之外，根据供用电规则中的有关规定，对用户图纸审核提出以下几点要求：

(1) 供电方式应从供、用电双方的安全、经济出发，根据电网现状与规划，结合用户的要求，进行比较后确定。一般有以下原则性规定：

1) 变压器容量在180kVA或用电设备装接容量在250kW以下者，可以低压方式供电。

2) 变压器容量在180kVA或装接容量在250kW及以上的，应以高压方式供电；

用电容量较大，或 35kV 及以上电压供电较为合理时，应考虑由 35kV 及以上电压供电。

3）对距离发电厂较近的用户，可考虑以直配方式供电，但不得以发电厂厂用电源或变电站站用电源对用户供电。

（2）变、配电所（室）的位置选择应考虑以下几点：

1）尽可能设在负荷中心或接近最大负荷的用电场所并考虑工厂的远景发展。

2）方便各级电力线路的引入和引出。

3）交通运输和运行维护方便。

4）尽量避开空气污秽地段及易燃、易爆厂房和巨震车间。

5）有利防洪泄水等。

（3）用户电气装置的设计要与上一级系统相配合，一般有以下几点：

1）应明确规定供电部门与用户电气设备相连接点，即产权分界点，并且保证其设计的连接点与供电系统相吻合。

2）用户过电压保护应与电网和用电设备的电压等级、运行方式、设备绝缘相配合。

3）用户继电保护方式和整定值，应与电网和用电设备的继电保护、运行方式相配合。

4）应有必要的通信联络措施。

（4）用户在设计无功补偿装置时，应考虑在用电最大负荷时的功率因素不低于下列数值：

1）高压供电的大电力用户和装有带负荷调整电压装置的用户，功率因数为 0.90 以上。

2）其他 100kVA（kW）及以上电力用户和大、中型电力排灌站，功率因数为 0.85 以上。

3）趸售和农业用户，功率因数为 0.80。

凡自然功率因数达不到以上要求时，必须设置足够的无功补偿装置。

（5）按照国家电价分类分线装设各种不同电价的计量表计，保证正确计量电能消耗和合理计算电费。

电能计量装置应装设在产权分界处，并应装设在供电电压侧，如条件限制也可不在分界处，而在次级电压侧装设电能计量装置时，则应计及其线路、变压器损失。

电能计量方式和装设位置由电力部门指定，用户应按要求预留位置和进行一次回路的施工。电能计量使用的附属设备、二次回路应单独专用，以保证其准确性。

电能计量装置应视其计费方式，分别装设有功、无功、最大需量和分时计量电能表，电力定量器等表计和附件。这些设备由电力部门提供，但对成套设备上已配置的有功、无功电能表及其附件，经电力部门检验合格后，双方协商作资产移交。

(6) 变配电室的房屋建筑应能满足防雨雪、防火、防洪渍、防小动物及通风的“四防一通”的要求，同时应考虑检修维护方便、安全以及节约投资等。

8.1.3　审核意见的处理

对用户设计资料的审核意见，应详细说明并一次提出书面意见，要求用户修改。用户送审设计资料一式两份，审核后，一份退用户修改或据以施工。进行较大修改后的设计资料，应再补送修改部分到电力部门复审，取得双方同意后，用户才能正式施工，此外，还要提出施工进度计划和隐蔽工程、主要电气设备解体检查的日期，以使用电监察人员安排中间和竣工检查。

国防军工等机要单位的用电设计资料审核，按国家颁发的《国防军工供用电管理办法》办理。

8.2　中　间　检　查

用户电气设备的安装，应根据经供、用电双方协商审定的设计图纸施工。在施工过程中如发现问题或其他原因需更改设计时，应再行征得有关方面同意，由设计单位重新出具图纸或文件说明，方可更改施工方案。

用电监察人员对用户电气装置安装过程中的中间检查可分几次进行，其主要内容是：查看完工后无法直接观察的工程或造成返工量大的工程，如地下隐蔽工程中的电缆沟、隧道、直埋电缆敷设、电缆头的制作；变压器的吊芯；油断路器的解体检查；接地装置地下部分的埋设；电气设备元件安装前的特性试验以及主接线、主设备的型号规格是否与设计相符等。下面简要介绍对变、配电所各种设备进行中间检查的内容与要求。

8.2.1　电缆线路的检查

电缆线路大部分采用直埋方式敷设，在埋设过程中进行检查是十分重要的。否则，当施工完毕后就难以发现地下部分的缺陷。检查的项目与要求如下：

(1) 核对电缆的电压等级、型号、截面应与设计相符。在敷设前是否已做直流耐压试验，试验结果是否合格。试验数据不合要求的应掉换。

(2) 检查电缆的弯曲半径与电缆的外径比值是否符合工艺规定。

(3) 检查每条电缆两端头的高低差，是否符合规程规定，油浸纸绝缘电缆的敷设

高低水平差不应大于表 8-1 所列数值。

(4) 检查埋设电缆的防护层和电缆外表，不应有损伤、压痕、渗油、钢带锈蚀、黄麻保护层松散、剥离等现象。

(5) 检查电缆穿过的道路、墙壁、楼板等处，采取的防护措施是否合理。

(6) 直接埋入地下的电缆，应留有足够的备用长度，以备因温度引起变形的补偿和检修之用。埋入深度和埋入地点的土壤，应足够深和无腐蚀。埋设要符合工艺要求。直埋电缆深度要求：直埋 1～35kV 的电力电缆，埋入地下深度（由地面到电缆外皮），不应小于 700mm；农田中埋设的电缆不应小于 1000mm；35kV 及以上的电力电缆应不小于 1000mm。

(7) 埋设地下电缆的沿线，应设置明显标志。

(8) 检查地下电缆互相之间或与其他电缆、各种管道之间的交叉及接近的距离并检查应采取的防护措施是否符合要求。参照表 8-1 的规定。

(9) 直埋电缆相互接近和交叉的最小允许距离：

接近时的净距：①对控制电缆之间，不作规定；②10kV 及以下电力电缆间或控制电缆间为 100mm；③10～35kV 的电缆间与其他电缆间为 250mm；④不同使用部门的电缆（包括通信电缆），相互间为 500mm。

交叉时净距为 500mm，但电缆在交叉点前后 1000mm 范围内，如穿入管内或用隔板隔开时可降为 250mm。

表 8-1　　直埋电缆与管道、建筑物等接近及交叉距离

类　型	接近距离	交叉时垂直距离
电缆与易燃管道	1000	500
电缆与热力沟	2000	500
电缆与建筑物	600	
电缆与电杆	1000	
电缆与树木	2000	
电缆与其他管道	500	250
电缆与铁路路基	3000	1000

8.2.2 接地装置地下部分的检查

接地装置地下部分的施工质量检查，是中间检查的重要部分。这是由于接地装置的效果和可靠性，很大程度取决于施工质量，加上在施工完毕后无法检查的特点，构成接地装置的中间检查近乎于完工检查的作用。接地装置地下部分检查内容与要求如下：

(1) 接地线、棒（极）是否按设计要求敷设，其截面、间距、全部长度等均应符合设计要求。

(2) 接地体理设的深度至少为0.6m，当土壤中存在垃圾、炉渣和强烈腐蚀性的物质时应进行换土。

(3) 检查地下接地体的连接是否可靠，其连接方法应用焊接，应使用螺栓与地面上电气设备外壳连接。

(4) 测量各种地下距离和埋设深度，如避雷针的接地极、接地线，变配电所的接地线（网），两线一地制的工作接地和安全保护接地等的地下距离和埋设深度是否符合各专业规程的要求。

(5) 测量接地电阻，不合标准时应加装接地体，接地体的地下部分不应涂漆。

8.2.3　变压器吊芯检查

变压器在制造厂组装时以及运输途中受到一定的震动，甚至冲撞，有可能使内部器件产生机械性的变形、松动，甚至损坏等故障。由于变压器内部紧固件松动，变压器线圈发生位移，使局部间隙变小，势必影响其绝缘强度。如果压紧线圈的紧固件松动或垫块移动、失落，使线圈在运行中因受电动力的作用而窜动，会逐渐损坏绝缘。此时，由于组装中的疏忽而遗留在容器中的杂质，也会成为威胁安全的隐患。

变压器在安装地点的吊芯检查，对防止变压器的近期和远期事故是一个有力措施，部颁规程中有关规定并为实际工作所充分证明，吊芯检查是很有必要的。但是，如果制造厂确能保证产品质量，则无需吊芯检查。运输途中能按制造厂规定的条件运输或厂家规定密封，不允许吊芯者，应按厂家规定办理。此外容量很小，使用地点的运行条件较好的变压器，现场又无条件吊芯者，可以在出厂或大修车间吊芯检查，不再在安装现场进行吊芯检查。但运输途中应十分小心，保证不发生摔跌和过分震动。

变压器吊芯检查是中间检查的重要项目，用电监察人员对35kV以上变压器的吊芯，必须到现场参加，以求得到第一手资料。吊芯检查的内容和吊芯时的注意事项如下：

8.2.3.1　吊芯检查时，应防止潮气侵入

吊芯检查时应注意空气温度和变压器器身的温度，吊芯时一定要在器身温度高于空气温度的情况下进行，从而防止空气中的潮气进入线圈。因为空气中含有水分，为使空气中的潮气不凝结成水珠，各点的温度应控制好。潮气的流向是由高温流向低温，换句话说，高温气流中的水分（潮气）一般是不饱和的，也不会从空气中分离出来而凝结成水分；如果遇到低温的物体表面，潮气即会在低温的物体上凝结成水。因

此吊芯时空气温度不宜低于0℃，变压器芯子温度不应低于周围空气温度。当芯子温度低于周围空气温度时，应将芯子加热，使其温度比周围空气温度高出10℃。因此变压器吊芯时的温度必须是器身温度高于室温，而室温又高于室外温度的情况下进行。

8.2.3.2 减少吊出器身暴露在空气中的时间

芯子暴露在空气中的时间越长，受潮的可能性越大，受潮的程度也就越深。因此吊芯时间应尽可能缩短，根据实际经验，部分规程对此作如下规定：

空气相对温度不超过65%时，为16h。

空气相对温度不超过75%时，为12h。

其时间的计算，对带油运输的变压器而言，由开始放油时间算起，对不带油运输的变压器，由揭开顶盖或打开任一堵塞孔时算起，至注油开始或大盖及孔板均已封上为止。

芯子检查应尽可能在干燥清洁的室内进行，在露天进行检查时，场地四周应清洁，并应有防止雨雪、灰尘落入的措施。雨雪天或雾天不宜进行吊芯检查。

8.2.3.3 吊芯检查的内容与要求

(1) 所有螺栓应紧固，并应有防松措施。木质螺栓应完好，防松绑扎应完好。

(2) 铁芯与线圈间应无油垢，油路应畅通无堵塞。

(3) 铁芯无变形，表面漆层完好，铁芯接地良好。

(4) 线圈的绝缘层完整，表面无变色、脆裂或击穿等缺陷。高、低压线圈无移动变形的现象。

(5) 各组线圈应排列整齐，间隙均匀；线圈间、线圈与铁芯及铁芯与轭铁间的绝缘垫，应完整无松动；绝缘板的绑扎应紧固。

(6) 引出线绝缘应良好，包扎紧固无破裂；引出线圈固定牢靠，接触良好紧密，接线正确，其相互间电气距离应符合要求。

(7) 绕组的压紧顶丝应紧顶护环，止回螺帽应拧紧。

(8) 所有能触及的穿芯螺栓应连接紧固，并用摇表测量穿芯螺栓与铁芯及轭铁，以及铁芯与轭铁之间的绝缘电阻，并作1000V耐压试验（小容量10kV以下的可用1000V以上摇表测量，可不做耐压试验）。

(9) 电压切换装置各分接头与线圈的连接应紧固正确；各分接点应清洁，且接触紧密弹力良好；所有能接触到的部分应在接触位置用0.05mm厚、10mm宽的塞尺检查，并应使塞尺塞不出去。

(10) 电压切换装置的转动接点应正确地停留在各个位置上，且与指示位置相一致。

（11）有带负荷电压切换装置的变压器，还应检查选择开关的触头部分，其触头间应有足够的压力（一般为5～6kg）。连接用的铜辫软线应完好无磨损、无折断现象。

（12）油箱底部应清洁，无油垢杂物；油箱内部无锈蚀，放油阀门无缺陷。散热器的阀门开、闭位置应与指示器方向一致。

（13）吊芯检查过程中，芯子与箱壁不应碰撞。检查完毕后，应用合格的变压器油冲洗，并从箱底的油堵处将油放净。同时注意，不可在油箱内部遗留任何杂物。

8.2.4　开关的解体检查和调整

8.2.4.1　油开关

油开关的解体检查，对开关本身的性能作用很大，在制造厂组装后，经过运输、安装，内部结构会有较大的变化，直接影响设备性能，为此在安装过程中必须对油开关进行解体检查和调整。

1. 油开关的内部绝缘处理

油开关的消弧筒、提长杆、导向板等绝缘部件应干燥，绝缘油漆应完好，不得有断裂变形、连接松弛等缺陷。安装前应做绝缘提升杆及导向板的绝缘电阻试验，如绝缘部件受潮时，应按制造厂的规定进行干燥，如绝缘部件表面的绝缘漆有龟裂或损坏时，应进行涂漆处理。消弧室的部件应完整，并安装正确。

2. 油开关导电部分的处理

导电部分的调整和处理应按下列要求进行：

（1）触头的中心距离应对准，插入型触头在接触过程中应无卡阻现象。

（2）同相各触头的弹簧压力应均匀一致，并符合规定，合闸时触头应接触严密，线性接触时用0.05mm×10mm塞尺检查，并应使塞尺塞不进去。

（3）导电部分的软铜线或可挠软铜片不应有断裂。铜片间无锈蚀，其固定螺栓应齐全紧固。

（4）消弧室内固定触头上软铜带的固定螺丝头部不应影响触头弹簧的动作。

（5）油开关的触头表面应擦净，不得有氧化膜、断裂或松动等缺陷。触头的固定螺钉及弹簧应完整无弯曲现象，触头的镀银部分不应脱落并不得用钢锉或其他工具修整，触头上的钨铜合金端焊接处不得有脱焊裂口等情况。

3. 操作机构的调整

油开关与传动机构的联合动作应符合下列要求：

（1）机械指示器的分合位置应与油开关的分闸与合闸状态相对应。

（2）在分闸时，油开关应无阻力地随传动装置搭钩脱扣而分闸，并无阻力的从任

一位置返回到分闸位置。

（3）在提升杆自由悬挂时，提升杆与导向板间及可动触头在消弧室内应无卡阻现象。

（4）检查各种行程与三相接触的同期性；工作触头与消弧触头的接触电阻；分、合闸时间特性等，均应符合制造厂的规定。

4. 其他方面的清理工作

油开关的油箱内应清洁无杂物，油箱内壁表面及底部放油管应彻底除锈。油箱上的油标及活门小孔应畅通。有附加储油箱的少油开关，其连通阀门应畅通并有良好的逆止作用。

8.2.4.2 SF_6 开关

SF_6 开关设计时期望的检修周期是10年，因此规定了不大于1%的年漏气率，型式试验时按90%的额定充气压力做绝缘试验和开断能力试验。实际使用时，对检修安排的周期时段可能会更长，但一旦检修其程序与油开关相比要复杂的多。

在解体检修过程中应特别注意的问题：

（1）大修前先要对开关内的 SF_6 气体作全面分析，并要按 DL/T 5966—1996《电力设备预防性试验规程》8.1.1条相关项目中有关大修要求的内容逐项试验，取得各项数据，以便与大修后的测试数据比较。

（2）保障人身安全的措施，一定要遵照 DL/T 639—1997《六氟化硫电气设备运行、试验及检修人员安全防护细则》和 GB/T 8905—1996《六氟化硫电气设备气体管理和检测导则》的规定，防止发生人员中毒。

（3）更换密封垫圈。大修时必须更换所有密封垫圈，如果是投入不久的设备需作局部解体处理缺陷时，凡拆动过的密封垫圈不能再用，必须更换后再装复。

（4）开关内部有 SF_6 气体受电弧分解后的有毒生成物，有些固态粉末附着在设备内及元件的表面，要仔细将这些粉末清洗干净，用专用吸尘器吸除，清除的垃圾要用浓度约为20%的氢氧化钠水溶液浸泡后深埋。

（5）各组装元件在装配前应进行防潮处理，除潮温度一般在200°左右，历时10h。组装元件时环境要清洁，直径大于20μm的尘埃落入密封面将引起气体泄漏，因此装配应在防尘室中进行。

（6）大修解体时应对吸附剂进行更换，更换后的吸附剂不要再生，用浓度约为20%的氢氧化钠水溶液浸泡后深埋。新装吸附剂按 SF_6 气体重量的10%配置，如需活化处理，其温度为500～600℃，活化后放在干燥桶内，安装前在150～200℃温度下烘烤24h。从取出干燥吸附剂直至安装完毕之间的时间一般不超过15min。吸附剂安装完毕后一般不超过30min即抽真空。

(7) 对设备抽真空是净化和检漏的主要手段，在充 SF_6 气体前先抽真空到 133×10^{-6}MPa 真空度后，开始记录连续抽气时间，到 30min 后，停泵 30min 记录真空度(A)，再隔 5h 读取真空度 (B)，当(B)－(A)值小于 133×10^{-6}MPa 则可认为合格，否则重新抽真空直至合格为止。

(8) 充 SF_6 气体。充入的气体应先进行检验各项指标，均符合要求后，才能充入 SF_6 开关。充气达到额定值上限，放置 24h，进行取样检测湿度，若超标必须处理直至合格为止，然后进行漏气率测定。

此后的大修后的相关项目的电气试验，以及安装过程中部件检修调试等与油开关相类似的内容不再重复说明。

8.2.4.3 真空开关

真空开关被制造厂誉为不检修、免维护开关。真空灭弧室确实是无法检修的，如有缺陷或损坏，只能将整个灭弧室更换，但灭弧室在型式试验时各项指标比别的类型开关高，如额定短路电流开断要满足 30 次或 50 次，机械寿命至少要达到 6000 次，有的制造厂可达到 3 万次，故一般可满足连续运行 20 年要求，但在整个服役期内还要做些维护工作，以确保安全。

1. 接触电阻测试

真空灭弧室内部的一对触头，既是通流元件又是灭弧元件。开断电流时，触头金属表层会被电弧电流融熔成金属蒸汽，因此每次电流开断都使触头金属表层产生一定损耗，这种现象称为电磨损。当电磨损达到一定数量后会使接触电阻增大。故应按 DL/T5966－1996《电力设备预防性试验规程》规定定期进行导电回路电阻测试，并与交接时的实测值作对比，并不得大于 1.2 倍。当调节触头弹簧压力来调整接触电阻值时，达到出厂说明书允许变化值的上限时，不得再调节弹簧压力，而必须更换灭弧室。

2. 灭弧室真空度监视

真空开关灭弧室的真空度必须维持在一定限度之内，它是可靠开断的必要条件。各灭弧室制造厂都规定了其产品的最低允许值，国家标准规定真空灭弧室随同开关出厂时，内部气体压力不得高于 1.33×10^{-3}Pa，在运行中不得高于 6.6×10^{-2}Pa。对真空度的监视沿用下列几种方法：

(1) 外表观察法。如灭弧室的外壳是玻璃的，可根据涂在玻璃内壁表面上的钡吸气剂薄膜颜色的变化来判断内部的真空度。压力正常时，薄膜呈镜面状态，压力升高时呈乳白色。由于这种方法全凭经验，准确度差别大，只能供参考，因而有一定局限性。

(2) 交流耐压法。将开关置于分闸状态，在触头间加交流电压，如果能通过断口

间耐受电压值不击穿，就认为真空度是合格的。但该方法受真空度劣化程度的影响，使其可靠性降低。

(3) 磁控放电法。磁控法是现在各真空灭弧室制造厂测定内部气体压力的基本方法。

3. 更换真空灭弧室

真空灭弧室是无法解体检修的，当真空灭弧室内部元件损坏或发生缺陷不能继续使用时，必须更换整个灭弧室，当发生下列情况之一时需更换：

(1) 真空灭弧室严重漏气，当内部绝对压力超过 6.6×10^{-2}Pa。

(2) 分闸状态下断口间不能承受规定的交流耐受电压。

(3) 额定短路电流开断次数达到电寿命允许次数。

(4) 触头多次开断，电磨损使触头表层消耗达到制造厂规定的允许厚度。

(5) 接触电阻经调整弹簧压力后仍不能下降，并超过出厂允许值上限的1.2倍。

更换的灭弧室应是同一型号，更换方法按出厂说明书的指示或请制造厂派人到现场指导，更换后按交接试验项目要求做相应试验。

8.3 竣 工 检 查

用户的电气装置经过设计审查、中间检查，已全部安装、调试完毕后，在接电之前，必须对整个工程进行一次全面的工程质量检查，这称为竣工检查。竣工检查是设备接电前的最后一次检查，因此更不能忽视。竣工检查是否严肃认真，对保证设备的安全质量起着决定性的作用，对接电后电气设备的安全运行有着重大意义。

竣工检查除了验收其设备安装质量是否符合安全要求外，还应检查运行人员的配备、技术培训，现场规章制度的制定，安全用具、消防用具的添设等。只有当这些条件完全具备，符合规程要求时，竣工检查才算结束，这时方可认为该电气装置已具备接电运行的条件，并转入办理接电运行程序，下面将对有关竣工检查的几项工作进行论述。

8.3.1 竣工检查的组织和检查程序

竣工检查是一项业务性、技术性很强而又复杂的工作，对电气装置安全运行的关系重大，因此竣工检查必须认真地组织，慎重进行，经过检查，使设备及运行组织工作得到完善并将供用电双方的联系配合做到衔接无缝，顺利地投入运行。根据现行的用电管理办法，结合实践经验，提出以下组织方法和工作程序。

8.3.1.1 资料收集

当工矿企业的受电装置或用电设备安装完工，要求进行竣工检查时，用户应提供下列资料：

(1) 施工过程中经过双方协商，设计单位修改设计的修改图和补充计算结果。

(2) 符合现场安装结果的二次回路安装图，如继电保护回路、信号回路、测量回路等接线与各种端子排和电器连接的编号并应与实际接线相符，在经过核对后应正确无误。

(3) 一次主设备制造厂的技术说明书，出厂检验报告及合格证，安装图纸等技术文件。

(4) 设备安装调整记录和电气设备解体检查记录，包括变压器吊芯、烘烤记录，断路器解体检查测试记录等。

(5) 交接试验记录（按国家标准、项目进行），所有一次电气设备和二次回路应有记录，试验记录项目应齐全，数据准确，结论明确，试验人员与单位印章齐全。

(6) 运行值班人员名单及与电力调度联系的工作负责人名单。

(7) 现场操作、运行规程及事故处理规程的初稿。

(8) 保安工具的配备和试验报告，消防工具的配备明细表。

(9) 各分路的继电保护校试整定记录。

(10) 隐蔽工程的施工记录和竣工图。

(11) 接地装置的测试记录。

8.3.1.2 检查组织形式及分工

参加竣工检查小组的人员组成，应根据检查对象的用电性质、容量大小、设备复杂程度和组织机构的分工而定。一般可参照下列情况组成：

(1) 3～10kV 小容量的用户和低压供电用户，由专责用电监察员进行现场检查验收。

(2) 报装容量在 1000kVA 以上的用户，由用电监察负责技术的专责人员和用电监察员参加检查验收。

(3) 35kV 及以上的大型重要用户由用电管理部门主管工程师或技术负责人主持并会同有关监察员参加检查和验收。

(4) 用户变电站或配电室的进线电源开关的继电保护检查与验收、整定、校试、加封等工作，应由供电部门的继电保护人员进行，其结果写成书面报告一式两份，一份交用电监察人员，一份交用户。用电监察人员应了解其试验情况是否良好，各电源开关机构能否正确动作跳闸，如有问题应向用户提出并督促改进。

当用户第一道进线保护选用熔丝保护时，则应由用电监察人员负责检查其熔丝的

配备是否合理。

(5) 用户的出线分开关和用电设备的继电保护，则应由用户自行负责校验，并将其整定值、计算资料、校验报告一并交用电监察人员审查。

8.3.1.3 检查的程序

(1) 在用户电气装置安装工程已全部完工并按照规定要求提供各项资料，即可组织检查小组进行竣工检查。检查的重点是与系统直接连接的一次设备，但对其用电设备，特别是高压用电设备，也应进行检查，不可忽视。

(2) 对用户一次设备检查验收和继电保护调试工作进行完毕，应由用电监察人员整理与草拟书面意见书，一式两份，按以上组织分工的要求进行审核后向用户提出改进意见并与用户协商改进的办法和完成的日期，经双方签字认可，各执一份，在用户改装完毕，监察人员应带上意见书前往用户进行复查，一般仅对意见书中的改进部分进行复查，而不应再提出新的修改意见，除非因用户在改进中又产生了新的问题。

(3) 检查验收合格，确认该用电工程已具备用电条件，则在用电申请书上注明“合格，可以送电”字样，交由下一道业务部门签订各种供电协议和办理接电手续。这时，竣工检查暂告一段落，等待接电试运行工作。

(4) 在完成电能计量装置的安装和外线工程验收后，可决定接电日期，用电监察人员届时应到用户现场参加试运行的工作。试运行无故障且各种指示仪表正常，方可离开现场，至此对这一用户的全部竣工检查宣告完成。

(5) 在接电试运行后，应将该用户图纸资料分别处理：有关设备出厂资料退回用户；其余资料与现场记录整理成册归档。

8.3.2 运行前的准备工作

用户电气装置在接电前，应进行运行前的准备工作。其内容包括人员培训，熟悉现场，现场规程的修编和学习，安全工具的配备等，统称为运行前的准备工作。

8.3.2.1 运行人员的配备与培训

用户变、配电室运行人员的配备，应根据用电性质、设备容量、接线复杂程度等进行综合考虑。一般要求是：

(1) 电压在35kV及以上，和电压在35kV以下、容量在560kVA及以上的重要变、配电室，而又不具备远方监视条件时，应设专人值班。

电压在10kV及以下，容量在560kVA以下的变、配电室可由指定的维修电工兼任值班工作，但必须指定专人负责管理，定期巡视，每班至少1～2次。

(2) 值班人员必须由熟悉电气设备的性能、熟悉安全操作规程的有经验的人员担任。每班必须有值班长、值班员负责每班的运行操作。每个变电站应有站长、副站长，他们负责全站的运行、维护、技术管理、资料收集、反事故演习和技术培训等组织工作并负领导责任。

（3）全厂变、配电室的运行工作应由企业动力部门直接领导，并指定专人负责收集、分析运行资料，根据其结果，制订出反事故措施及检修改进计划。

（4）站长、值班长等值班人员在设备安装过程中应参加中间检查，熟悉设备构造、性能，在竣工验收中参加现场验收，以了解情况。同时在送电前组织全体运行人员学习操作规程、制定各种规章制度。在投入运行前经过测验应做到：

1）值班长应能画出该站一次主接线图，标出全站开关编号和相应的位置及控制设备的位置、了解各开关的继电保护整定值，掌握主变压器的额定电压值和调压分接头所在位置、额定电流值、温升限制，熟悉事故处理办法，此外也应掌握一般消防知识和电气火灾处理方法。

2）值班员应能在值班长的指导下熟练的进行开关、刀闸、保险的操作并能处理简单的电气事故。

（5）全体值班人员（包括站长）应参加用电安全工作规程的考试并达到及格标准，同时熟悉人身触电急救方法并牢记紧急拉闸手柄位置。

对参加用电安全工作规程考试不及格的值班人员，应责成其重新学习，过三个月后再考一次，在此期间不能担任值班长的工作，三次复试不及格，则不适合担任值班工作。

8.3.2.2　现场规程制度的制定和建立

变、配电室应按照设备复杂程度、用电安全等级等情况决定是否要设专人值班，同时按照实际情况的需要，全部或部分制定和建立以下规程制度及记录表格：

（1）设备资料袋（包括设备出厂资料以及安装、调试和检修记录）。

（2）高压一次设备单线系统图和与现场设备一致的操作模拟板。

（3）二次回路原理接线图、展开图及继电保护盘的施工接线图，并应符合现场接线编号。

（4）设备巡视路线图。

（5）设备事故和缺陷登记簿。

（6）值班运行日志（内容包括每小时记录的电流、电压、有功、无功电量及直流操作电源的参数等）。

（7）停、送电联系和操作记录。

（8）值班人员分工专责表，有权签发工作票人员的名单。

（9）紧急拉闸限电序位表。

（10）各断路器保护整定值表。

（11）各种现场规程，如安全工作规程，电气设备运行规程，调试规程等。

（12）建立值班操作的安全制度，如交接班制度，巡回检查制度，缺陷管理制度，现场整洁制度，操作方面的工作票、操作票制度。

（13）技术培训制度，如技术问答、反事故演习、现场考问及建立值班人员培训考核资料袋。

8.3.2.3 消防和调度通信设施的设置

用户在电气装置接电前，应配备的消防设施和电力调度通信设备，按全国供用电规则和消防规程，有以下规定：

（1）用户变电站在运行前，必须设置必要数量的灭火器和防火砂箱。灭火器必须采用对电气设备绝缘无害的种类。

（2）调度通信设施的性能应满足用户用电性质和电力系统及时调度的要求，一般参照下列原则办理：①10kV 专线供电且容量较大的一类负荷的用户，可架设一路直通供、用电两端变电站的电话；②10kV 其他用户，可根据其用电负荷的大小及对电网运行的影响，决定其是否需要装设经总机转接的电话；③35kV 及以上电压等级的变电站，一般至少要装设能迅速接通的公用电话。但容量较大，接线复杂，受电力系统调度的变电站，应要求架设与电力调度部门或地区供电系统的枢纽变电站之间的直通电话。

8.3.2.4 供用电有关协议的签订

竣工检查时应了解是否已签订过供用电协议。在送电之前供、用电双方对以下几点应取得一致意见：

（1）供、用电双方的维护责任分界点。

（2）报装容量：计划用电分配的最高负荷，日电量限额；保安负荷等是否有明确的数值。

（3）供电安全等级是否明确。

（4）操作调度权限是否有具体规定。

8.3.3 现场设备检查验收

8.3.3.1 油开关及其传动装置的验收项目与要求

（1）油开关的技术规格（电压、电流、型号等）应与设计相符。

（2）油箱及操作机构等的外表应清洁，无铁锈、污垢或表面损坏等缺陷，油箱焊缝良好。

（3）套管瓷质完好，套管及油箱各处密封良好，无渗油现象，油位、油色正常。

（4）分、合闸指示器位置正确，传动机构灵活。检查中可操作 1～2 次。

（5）外部油漆完整、接地良好。开关的操作机构上应用油漆标明开关的编号。成套开关柜还应在柜面上标明其所控制的设备名称。

（6）操作机构与相应的前、后刀闸操作机构之间应有联锁装置并灵活可靠。紧急事故手动拉闸装置应明显且灵活。

8.3.3.2 隔离开关的验收项目与要求

（1）核对容量、型号、电压等数据应与设计相符。

（2）操作机构及其联锁装置应动作灵活可靠。固定用的螺栓、螺帽、垫圈、开口销等应齐全，且安装牢固。

（3）合闸时三相触头之间前后接触时间相差值、相间距离及分闸时间、动触头打开角度或距离都应符合制造厂的要求。

（4）接触点应接触紧密，无氧化膜并应涂凡士林油。

（5）架构油漆完好，接地可靠。在架构操作把手处应有鲜明的油漆标明编号。

8.3.3.3 互感器的验收项目与要求

（1）额定电压、电流比、准确等级等应符合设计要求。

（2）互感器的外绝缘层或瓷件无裂纹、掉边等缺陷，充油互感器各部应无渗油现象。油位、油色正常，呼吸器内的吸潮剂表明设备干燥。外壳应无损坏，油漆完整。

（3）引线应连接正确，接触良好。互感器各相间距离和保护间隙要符合规定。外壳与次级接地可靠。

8.3.3.4 母线、绝缘子及套管的验收项目与要求

（1）母线的弯曲、扭转、连接及截面应符合工艺和设计要求。

（2）各部件螺栓、垫圈、开口销等零件应齐全、可靠。

（3）各金属构件的镀锌层或防锈涂漆及母线上的相色漆是否完整正确。

（4）硬母线的固定点是否按要求在两个伸缩器的中间，其他支持点的压板与母线间应有一定的间隙并符合要求。

（5）硬母线材料是否有坑凹及裂纹，多股软母线是否有松股、断股，各种金属器件是否有裂纹、砂眼等缺陷。软母线的弧度应符合设计，其三相应一致。

（6）瓷件、铁件及胶合是否完整，有无裂纹和胶合不严密者。

（7）带电部分相互间及对接地部分的电气距离是否符合要求。各铁件架构均应可靠接地。

（8）充油套管有无渗油，油位、油色应正常。

8.3.3.5 防雷装置的验收项目与要求

（1）避雷器的型号、额定电压应与设计相符。

（2）阀型避雷器的外部应完整，瓷套无裂纹、破损等缺陷；瓷套与铁法兰结合良

好，接缝表面完整、封口处密封及各节的连接处应紧密。

（3）阀型避雷器应垂直安装，均压环应水平，拉紧瓷瓶紧固可靠。管型避雷器的安装倾斜角及外部间隙应符合设计要求。

（4）避雷器的接地线应用足够截面的导体。连接要可靠，截面不得小于：铜线为 $16mm^2$，铝线为 $25mm^2$，钢直径不小于 6mm。

（5）装有放电记录器的避雷器底部应对地绝缘并经放电记录器接地，记录器应接触良好，密封可靠，安装位置应便于观察。

8.3.3.6 电力变压器及其附件的验收项目与要求

（1）变压器及其安装应符合设计要求。

（2）变压器本身无缺陷，瓷件无破损或污垢，外部油漆无脱落等。

（3）滚轮的止动装置应牢固。接地线安装牢固且接触良好。

（4）油枕及散热器的油门应打开，油门的指示位置正确。油枕及充油套管中的油位正常，油色应为淡黄或淡蓝色。

（5）变压器绕组的接线和电压切换装置的位置应符合电网电压的要求。

（6）高、低压引线接线正确，接触紧密，且弛度不应过松和过紧。

（7）扇形温度计刻度整定值应符合要求，远方测定电阻式温度计的工作正常。进行风扇的试运行并检查其联动回路的正确性。

（8）变压器周围应有适当的消防设备，事故储油池或挡油设施完整，卵石层清洁、厚度适当。

（9）检查油枕呼吸器中的吸潮剂，其数量要足够，颜色表明是干燥的（矽胶吸潮剂：白色表示干燥，黄色表示潮湿）。

（10）用保险熔丝保护的变压器要按设计要求检查其熔丝的容量。如设计无明确规定时，按以下原则选定：①变压器低压侧熔丝，按变压器额定电流选用；②变压器高压侧熔丝，其容量在 100kVA 及以下者，按一次侧额定电流的 2～3 倍选用；其容量在 100kVA 以上者，按一次侧额定电流的 1.5～2 倍选用。

8.3.3.7 电力电缆的验收项目与要求

（1）电缆的规格、型号、敷设方法应符合设计要求。

（2）电缆的外观检查应无明显的机械性损伤并无漏、渗油现象。安装与固定应符合要求。

（3）各种不同用途或不同电压的明敷电缆的相互位置，相互间距离以及与热力管道之间的接近、交叉的距离应符合要求。

（4）电缆的弯曲半径应符合要求。电缆穿管的内径应符合规定。

（5）电缆外皮应接地良好。接地线截面按设计选用，铜质的接地线截面不小

于 $16mm^2$。

（6）电缆架、电缆头、电缆接头应刷漆。电缆头的护套应完好无损。电缆头芯线两端相色漆要一致，引出线压紧牢固，接触紧密。

（7）电缆沟及电缆隧道内不应有积水，隧道照明应完好。

8.3.3.8 电力电容器组的验收项目与要求

（1）电容器组的布置与接线应正确，电容器组的保护与监视回路应完整。

（2）电容器外壳应无凸凹或渗油现象；套管应无裂纹或其他损伤；引出端子应连接牢固，其垫圈、螺帽应齐全。不宜采用硬母线板作电容器端子的连接线，以免瓷瓶受力后破裂漏油。

（3）熔断器熔体的额定电流要与电容器容量相配合。

（4）放电回路应完整，该回路内不允许装设熔断器。

（5）电容器外壳及构架的接地应正确可靠，其外壳油漆应完整。

（6）电容器室的通风应满足设计要求。

8.3.3.9 3～10kV 成套屋内配电盘的验收项目与要求

（1）配电柜安装是否牢固，油漆是否完整、不反光，接地良好。

（2）柜内的电器元件是否完整，各电器的固定和连接应可靠，其电气距离应符合规定。

（3）小车式配电柜的小车推入或拉出是否灵活。机械闭锁是否正确，窥视孔照明装置是否完整。

（4）检查柜内的二次回路接线是否正确与完整。

（5）配电柜的安装不得倾斜，相互间的连接应紧密，无明显的缝隙，盘面不应参差不齐。配电柜应垂直，垂直误差不大于其高度的 1.5‰，水平误差不大于 1‰，最大误差不大于 5mm。

（6）配电柜两侧及顶部的隔板应齐全、无破损，安装牢固。配电柜的门锁应齐全，且开关灵活。

（7）隔离开关与油开关之间的闭锁装置应灵活可靠。油开关应无渗、漏油，油量足够，油色正常。

（8）配电柜面下部应设有临时接地线的接地螺丝。

8.3.3.10 控制盘、继电保护盘等二次回路的验收项目与要求

（1）控制盘、继电保护盘及二次回路应符合设计规定（继电保护盘的接线是通过继电保护校验与开关跳合闸动作试验来进行验收检查。进线总开关的保护盘，应有供电部门的继电保护人员进行校试，但用电监察人员要统一考核验收）。

（2）控制盘、继电保护盘的固定与接地要牢固，漆层完整，盘内清洁整齐。

（3）各仪表、继电器等元件应良好，安装位置正确，固定牢固。在其盘面相应的位置应标明控制设备的名称、编号、性质等。

（4）所有接线美观，连接可靠，绝缘良好，端子排上的标志牌号应齐全，并应与施工图纸相符。

8.3.3.11 接地装置的验收项目与要求

（1）整个接地网外露的连接点，应完整牢固。接到设备外壳上的螺栓要去锈镀锌。

（2）接地线地面部分防腐油漆应完好，标志记号应齐全显明。

（3）专用临时接地线的连接点应有足够数量并有明显标志，位置应符合设计要求。

8.3.3.12 变、配电室的房屋建筑和安全工具的验收项目和要求

（1）房屋建筑包括围墙、地坪、道路、生产检修场所、生活设施等均应符合设计要求，并要求全部施工完毕。各类房屋建筑与载流导体的安全距离应符合规定。

（2）上、下水道，储油设施应全部完工，并符合设计要求。隔热、防漏措施完善。

（3）出入配电室的电缆沟要堵塞。

（4）各种安全用具要配备齐全，经过试验合格，有专用的保安工具保管柜架。

安全工具的配备，应根据用户变、配电室的需要而定。一般应有绝缘手套、绝缘靴、操作杆、携带式临时接地线，高压验电器等。高压配电柜和操作盘、保护盘、低压配电盘前应铺设绝缘垫。

8.3.4 试验资料的审查

电气设备的交接试验应按国家部颁试验标准进行，部颁标准是根据我国的具体条件，综合了历史的经验并结合安全与经济两方面的可能而制定的。直接与电力系统连接的一次设备，要严格执行标准。如企业本身的要求比部颁标准还严格时，则以本企业标准为准。

坚持检验标准，是保证设备安全运行的有力手段。不掌握设备的健康状况，是目前工业、企业电气事故发生率高的重要原因之一，在安全工作中，应坚决执行预防为主的方针。

审查安装单位提供的试验报告，是工程验收所必须的一项关键性的试验结果，是决定设备能否投入运行的可靠依据并对今后设备能否安全运行起一定的保证作用。因此要严肃认真，逐项对照标准，结合实际情况，分析设备是否存在隐患。当有不明确之处应要求复试并增加查找隐患的试验项目，以判明设备状况，决定该设备是否可投入运行。用户电气设备的试验项目与具体标准可参阅国家颁布的《电气设备交接和预防性试验标准》，现仅将各种设备应进行的试验项目列出如下：

8.3.4.1 测量绝缘电阻

各种电气设备、元件、一次回路、二次回路等都应测量绝缘电阻并换算到同一温度下的数值，与出厂或前次测量值作比较，不应显著下降。

8.3.4.2 泄漏电流试验

各种油开关、真空开关、SF_6 开关、空气开关、电流、电压互感器，高压电动机、高压电力电缆、电力变压器、高压套管（纯瓷套管除外）、避雷器（对于带并联电阻的 FZ 型避雷器除测电导电流之外，还应计算其非线性系数）等都应测量泄漏电流，并换算到同一温度下的值，与上次测量作比较，不应有显著增大。

8.3.4.3 介质损失角试验

多油开关、高压套管（纯瓷套管除外）、变压器、变压器油等都要测量介损并按标准进行对照，不允许超出规定值。

8.3.4.4 直流耐压试验

高压电动机、电力电容器、高压电力电缆等都应进行直流耐压试验。

8.3.4.5 交流耐压试验

各种油开关、真空开关、空气开关，电流、电压互感器，电动机、母线、隔离刀闸、瓷套管，电力电容器、电力变压器、避雷器（FS 型做工频放电试验，其他型式避雷器只有在试验条件允许下，方可进行此项试验）以及绝缘保安工具等，都要按耐压规定的数值和加压时间，进行交流耐压试验。被试品不应击穿，也不应显著发热。

8.3.4.6 测量直流电阻

高、低压电动机绕组，电力变压器高、低压绕组，各种开关接触点，导线接头（有必要时进行或抽查），隔离开关接触点等，都要测量直流电阻。

8.3.4.7 绝缘油的测试

绝缘油应进行油的击穿电压试验及油内含杂质的化学分析。

8.3.4.8 其他各种试验

对以下电气装置应进行的特定试验：

(1) 测量每台电力电容器的电容量，应符合出厂规定。

(2) 对电力变压器和电力电容器进行全电压下的 3～5 次冲击合闸试验。

(3) 测量各种接地装置的接地电阻，全年中最干燥季节的接地电阻值，应不大于规定数值。

8.3.5 10kV 及以下架空配电线路的验收检查

工矿企业的 10kV 配电网路，目前使用较多的是架空线路。对线路的安全要求，

应根据其供电对象的重要性而定。如供电给一级重要负荷的两回路的电源线路，不可同杆架设，也不允许架设在其他同杆线路的下层。在有条件的地方与其他线路之间要保持其杆高的距离。这些措施是为了在检修或发生事故的情况下保证对重要负荷的不间断供电。供给其他负荷等级的线路也要考虑减少停电检修和发生事故的互相影响，减少投资。选择线路的路径与导线截面时，一般要考虑今后五年用电负荷的发展规划。

架空配电线路的验收检查，按设计图纸和设计说明的要求进行，应符合设计要求。现场检查的项目与标准主要有以下几点：

8.3.5.1 线路环境

线路经过的路径和杆位要求如下：

(1) 要考虑运行施工中的运输方便并要尽量缩短线路长度。

(2) 要尽量避开洼地、冲刷地带及易被车辆碰撞等场所。

(3) 应尽量避开爆炸物、易燃物和可燃液（气）体的生产厂房，还应避开仓库、储罐等。

(4) 不要妨碍交通，并与厂区和城镇规划相协调。

8.3.5.2 导线质量与施工工艺

架空配电线路对导线的基本要求是：

(1) 架空配电线路的导线截面，除应满足电压降和截流量的要求外，还应考虑其机械强度，因此不应采用单股的铝线或铝合金线。

(2) 导线接头的电阻，不应大于同等长度导线的电阻；挡距内接头的机械强度，不应小于导线瞬时破坏应力的 90%；导线在一个挡距内，每根导线不应超过一个接头；严禁将不同金属、不同规格、不同绞向的导线在一个挡柜内连接。

(3) 架空配电线路的多股导线截面，考虑到最低的机械强度要求，不宜小于表 8-2 所列的数值。

表 8-2　　导线的最小截面（mm^2）

导线种类	高压配电线路		低压配电线路	
	主干线	分支线	主干线	分支线
铝绞线及铝合金线或钢芯铝绞线	120	70（35）	70	50（35）
铜绞线	—	—（16）	50	35（16）

(4) 导线的弧垂应符合设计要求，各相弧垂应一致。

(5) 导线间的间距，当导线在最大风力摆动下互相接近的最小距离，应满足线路工作电压及过电压的要求。

8.3.5.3　绝缘子

对线路绝缘子有以下要求：

（1）线路绝缘子的选用应满足线路运行电压下的单位泄漏距离的要求。单位泄漏距离的计算和定义为：

$$单位泄漏距离（cm/kV）=\frac{每个绝缘子表面泄漏距离（cm）\times 绝缘子串的个数}{线路额定电压（kV）}$$

一般环境下选用的单位泄漏距离为 1.6～1.8cm/kV。

（2）在空气污秽地区，还应根据其污秽程度，增加其绝缘子的单位泄漏距离，参照表 8-3 或采取其他防污措施。

（3）在海拔超过 1000m 的高原地带，也应根据其不同高度选用相对于平原地区的单位泄漏距离。

表 8-3　　空气污秽地区绝缘子串的泄漏距离

污秽等级	污　秽　情　况	单位泄漏距离（cm/kV）
1 级	空气污秽的工业区附近，盐碱地区，炉烟污秽地区	2.0～2.5
2 级	空气污秽较重地区，沿海地带及盐场附近，重盐碱地带，空气污秽而有重雾的地带，距化学性污源 300m 以外的污秽严重地区	2.6～3.2
3 级	导电率很高的空气污秽地区，发电厂的烟囱附近，且附近有冷水塔，严重的盐碱地区，距化学性污源 300m 以内的地区	≥3.8

8.3.5.4　架设架空线路的一般规定

架空配电线路导线与地面、建筑物、树木、道路、河流、其他线路交叉跨越时，在最大弧垂的垂直距离，最大风偏的水平距离，应满足下列要求：

（1）导线与地面或水面的距离，应满足规定要求。

（2）边相导线与房屋建筑、山坡、峭壁及岩石之间的净空距离，在最大风偏情况下应满足规定要求。

（3）导线一般不应跨越屋顶为可燃材料做成的建筑物。对耐火屋顶的建筑物，尽量不跨越。如需跨越，应保持导线与建筑物的垂直距离，在最大计算弧垂下，高压线路不小于 3m；低压线路不小于 2.5m。

（4）配电线路的导线与街道、树之间的距离，应满足要求。

（5）配电线路与铁道、公路、各种管道、索道及弱电线路交叉，应尽量垂直交叉，配电线路一般在弱电线路上方。

（6）架空接户引入线的一般要求是 10kV 及以下高压接户线的挡距不应超过 40m

而截面对于铜绞线为 16mm²，铝绞线为 25mm²；接户线的线间距离不应小于 450mm；接户线在围墙内的最低点距地面不应小于 4m。

8.4 定期检查

用户电气设备的运行、维护、检修和管理工作直接关系到用户能否安全生产的重要一环。由于企业内部一般只重视本企业生产，而容易忽视电气管理工作，因此有必要开展对用户电气设备的定期检查。定期检查就是要深入用户作细致的调查研究，督促和协助用户在安全合理用电方面，不断总结经验和改进工作，把电力系统行之有效的各项反事故措施贯彻到用户中去。同时也应看到，用户电气从业人员，在运行、维护、检查及反事故斗争中，也积累了很多实践经验。用电监察人员应加强与用户电气从业人员的经验交流，以便共同提高用电管理水平。

定期检查的方法是，全面调查，重点解决。用电监察人员应对所分工负责的用户排出年、季、月的定期巡回检查周期表，然后按照计划定期进行。周期表的编制要根据用户的用电重要性、设备情况、管理水平而定。定期检查前，要对用户的用电历史、设备缺陷、电气工作人员技术水平、安全制度等作一番了解，订出重点突出的定期检查计划。计划中应有检查的内容、方法、步骤及解决的重点问题等。

8.4.1 管理制度的检查

对用电户要进行用电安全制度、技术管理制度的检查，其要求如下。

8.4.1.1 反事故措施

检查电气事故的隐患，统计与分析发生的电气事故，是用户制订本企业反事故措施的依据。要求用户做好用电事故的统计分析工作并从中找出本企业在安全用电中存在的薄弱环节，吸取本地区其他用电事故的教训，制订出本企业反事故措施。定期检查用户内部有哪些防止用电事故的技术措施和组织措施，有哪些实施效果和经验教训，以及电气事故率上升和下降的各方面原因。

检查用户电气设备的定期检修、高压设备的定期试验是否有专人负责，是否定期进行，以及效果等。发现电气设备的重大缺陷与分析出现缺陷的原因，检查危急缺陷是否已及时处理，一般缺陷是否已按计划消除。

检查用户对电气工作人员的技术、安全培训和管理工作。是否制订培训计划和安全工作规程的学习和考核制度，检查学习效果和培训工作中存在的问题。通过培训不断提高电气工作人员的技术、操作水平。还应建立技术安全档案，记录工作人员安全用电技术等级和安全考核成绩。

8.4.1.2　电气设备的管理

加强设备管理工作，及时掌握设备动态，是保证安全用电的一项重要措施。一般用户可从以下几点进行：

（1）设备的技术管理包括主要电气设备应有出厂资料、安装调试资料、历次电气试验和继电保护校验记录等资料，还应有设备缺陷管理、设备事故分析等记录。设备缺陷应有专人负责修理、定期检查、及时消除。

（2）电气设备应定期进行预防试验并按国家标准和周期进行，还应检查其试验方法、仪表的准确度，操作过程等是否合乎要求。

对具有自试能力的用户，可充分发挥其作用，批准其为自试单位（并指定专责人），将其作为供电系统绝缘监督网的一部分。

8.4.1.3　运行管理

加强运行管理，严格执行安全制度是防止误操作事故的措施，做好各种运行记录，为分析设备情况提供可靠的科学数据，因此必须认真做好这项工作。运行管理工作包括如下几方面：

（1）电气运行日志是否按时抄记。字迹要清楚，数据要齐全，记录应准确。值班日志上要注明运行方式、安全情况，能反映运行不正常现象。交接班签名是否清楚，记录表内不应记与运行无关的事情。

（2）事故记录、缺陷记录、操作记录等都应清楚明确，其中应有时间、设备部位，当事人签名、处理经过、处理的情况及上级领导批示等事项。

（3）各种图表的正确与完整情况。一次接线图、二次回路图、操作模拟板等是否与现场相符并保持完整。

（4）明确岗位责任制。各有关人员是否明确各岗位的职务分工及管辖设备区域分工等。

（5）检查现场规程是否齐全，内容是否切合实际。执行工作票、操作票制度、交接班制度、巡回检查制度、缺陷管理制度及现场整修制度等是否认真、一丝不苟。检查两票的合格率上升还是下降。

（6）检查继电保护整定值是否与电力系统调度下达的定值相符。

8.4.1.4　双电源的管理

检查双电源的运行管理工作，是一个突出重要的问题。近年来，由于管理不严，曾发生过多次反送电造成的人身触电事故。因此必须加强这方面的管理。

双电源用户，不论是从电力系统双回线供电的用户，还是有自备发电机的用户，在倒闸操作中，都具有可能向另一条停电线路倒送电的危险性。还有一种情况是用户甲有可能通过低压联络线向用户乙倒送电。这些都会造成人身伤亡事故。防止这种危

险的方式有以下几种：

（1）两条以上线路同时供电的用户，分段运行或环网运行，各带一部分负荷，因故不能安装机械的或电气的联锁装置的用户。这些线路的停电检修或倒换负荷，都必须由当地供电部门的电力系统调度负责调度，用电单位不得擅自操作。用户与调试部门应就调度方式签订调试协议。

用户应制订双电源操作的现场规程，指定专人负责管理并应定期学习和进行考核，以保证操作正确。

（2）由一条常用线路供电，一条备用线路或保安负荷供电的用户，在常用线路与备用线路开关之间应加装闭锁装置，以防止两电源并联运行。对装有备用电源自动投入装置的用户，一般应在电源断路器的电源侧加装一组隔离开关，以备在电源检修时有一个明显的断开点。用户不得自行改变常用、备用的运行方式。

（3）一个电源来自电力系统，另备有自备发电机作备用电源的用户，除经批准外，一般不允许将自备发电机和电力系统并联运行。发电机和电力系统电源间应装闭锁装置，以保证不向系统倒送电。其接线方式还应保证自发电力不流经电力部门计费用的动力、照明电能表。

8.4.2 现场巡视检查

定期检查除了要充分了解用户在管理方面的情况并阅读与查问各种技术资料外，还应进行在设备现场巡视、检查设备现状、核对设备台账等工作。在进行现场巡视时，要保持与带电体的安全距离，以防发生触电危险。

8.4.2.1 现场巡视检查注意事项

到用户现场进行设备巡视检查，应由用户电气负责人陪同并切实遵守以下几点要求：

（1）不允许进入运行设备的遮栏内。

（2）人体与带电部分要保持足够的、符合规程的安全距离。

（3）一般不应接触运行设备的外壳，如需要触摸时，则应先查明其外壳接地线是否良好。

（4）对运行中的开关柜、继电保护盘等巡视检查，要注意防止误碰跳闸按钮和操作机构。

8.4.2.2 巡视检查配电装置的项目与要求

（1）绝缘子和套管应无破损，无放电痕迹，表面无明显积尘污垢。

（2）检视母线及电气设备导电部分的接触点是否发热，一般检查接点表面颜色是否与周围不一致，即是否变色，如有可疑点时应进一步用仪表测量。

（3）检视各种充油设备的油位、油色（油位应在规定的范围内，油色一般为淡黄色）及外壳油箱是否漏油。

（4）检视设备外壳及构架是否已可靠接地。

（5）检视绝缘监视电压表是否三相平衡，三相电压值是否符合规定。

（6）检视设备的负荷电流和温度是否超过额定电流和温升限额。

（7）检视计费电能表、电力定量器等的运行是否正常，电能表、继电器和电力定量器的铅封是否良好，继电保护整定值是否正确，熔丝是否符合要求。

（8）各种标志牌和标志是否完整、鲜明，各段母线的相色漆是否一致和完好。

（9）检视房屋是否漏水、飘雪，门窗是否完整，防止小动物进入配电室的铁丝网是否完好，其他通向室外的墙洞、电缆沟是否封闭。

8.4.2.3　巡视检查电力变压器的项目与要求

（1）检视变压器正常运行的负荷电流和电压，其电流应不超过额定电流，电源电压不超过运行分头电压的 105%。

（2）企业变压器容量不足以满足生产所需最大负荷时，应调换大容量变压器。未调换之前允许变压器在短时间内过负荷运行，如果昼夜的负荷率小于 1，则在高峰负荷期间可按表 8-4 规定的允许倍数和允许持续时间过负荷运行。

表 8-4　　电力变压器的过负荷允许时间

过负荷倍数	过负荷前上层油的温升（℃）为下列数值时的允许过负荷持续时间（时间：min）					
	18°	24°	30°	36°	47°	48°
1.0	连续运行					
1.05	5:50	5:25	4:50	4:00	3:00	1:30
1.10	3:50	3:25	2:50	2:10	1:25	0:10
1.15	1:15	2:50	1:50	1:20	0:35	
1.20	2:05	1:40	1:15	0:45		
1.25	1:35	1:15	0:50	0:25		
1.30	1:10	0:50	0:30			
1.35	0:55	0:35	0:15			
1.40	0:40	0:25				
1.45	0:25	0:10				
1.50	0:15					

注　此表仅适用于自然冷却或吹风冷却的油浸式变压器。

(3) 带有风扇冷却的变压器，在风扇停止工作时允许的负荷应遵守制造厂的规定，无规定时，一般允许带额定负荷的60%～70%；但如果上层油温不超过55℃，则可在风扇不开动时带额定负荷运行。

(4) 变压器运行中允许的三相不平衡电流，当线圈按 Y/Y_0-12 连接的变压器中性线的电流不得超过低压绕组额定电流的25%。

(5) 检视运行中变压器的油温。运行中油浸式变压器的上层油温的允许值应遵守制造厂的规定，为了防止变压器油劣化过速，上层油温不宜经常超过85℃。

(6) 监听变压器的音响。一般变压器的电磁声是均匀的、单调的“嗡嗡”声，检查时，应从变压器四周仔细辨认响声是否加大，局部响声的音量、音调是否有明显不同。有无新的杂质发生，特别应注意的是有无放电的噼啪声和水泡声。

(7) 检查变压器的外壳是否锈蚀，接地是否良好，防爆管的隔膜是否完整。

(8) 检查气体继电器的油面，如油面下降，表示内部有气体，则要求用户工作人员在专责人监视下放出气体，测试是否可燃，并鉴别有无焦糊气味。

(9) 检查呼吸器内的干燥剂是否已吸潮至饱和状态（矽胶吸潮饱和后变为红色，干燥时为白色）。

8.4.2.4 巡视检查电力电缆的项目与要求

(1) 应在相应配电盘上有电流表监视电缆线路的负荷，电缆负荷电流若超过额定值，应立即采取减荷措施。

(2) 对敷设在地下的电缆线路，应查看地面有无挖掘痕迹，无钢管保护地段应无压痕，路线标桩应完整。

在敷设电缆线路的地面上不应堆放砖瓦、石头、矿渣、建筑材料等笨重物件。

(3) 户外露天电缆的铠装应完整，麻包外护层脱落超过40%者，应全部剥除，并在铠装上涂敷防锈漆。

(4) 巡视电缆头，不应有绝缘胶和电缆油漏出，当发现漏油时，应查明原因，并密切监视，漏油严重者应及时处理。电缆终端头的接地线必须良好，无松动、断股现象。

(5) 电缆隧道及电缆沟内不应积水或堆积污物，不允许向电缆沟或隧道排水。电缆隧道和电缆沟的支架和过桥电缆支架必须牢固，无松动或锈蚀腐烂现象。

8.4.2.5 巡视检查作无功补偿用的电力电容器组或电容器室的项目与要求

(1) 电容器应在不超过额定电压的1.05倍情况下正常运行；当达到额定电压1.1倍时，则仅允许短时间的运行，一般每昼夜累计不超过4～6h。电压过高，则应暂时退出运行。

(2) 检查其三相电流是否平衡，如三相电流相差超过5%时，要查明原因或加以调整。

(3) 检查电容器有无鼓肚现象，有无渗油、漏油问题。对有疑问者应建议停止运行，进行绝缘电阻和电容值的测试。

(4) 检查电容器室的温度，不应超过制造厂规定，如无制造厂规定时，最高室温应不超过＋40℃。电容器的表面温度不超过 50℃。测量电容器温度时要用胶泥将温度计粘在器身 2/3 高度的箱壁上。

8.4.2.6 巡视检查安全用具和消防设施的项目与要求

(1) 安全用具应放在专用柜内，绝缘手套和绝缘靴应设有专用木架支撑，以免粘连。绝缘棒垂直放在架子上或吊挂在房顶上，以免受潮变形。

(2) 检查安全用具的定期试验标签是否过期，凡过期的安全用具不应继续使用。

(3) 消防设施是否足够，其灭火药剂是否超过有效期，凡过期的药剂应更换。

(4) 各种蓄油池和挡油措施是否完好，室外变压器、油开关下的卵石层是否被雨水冲刷或被泥沙淹没。

8.4.3 编制定期检查意见书和检查总结

用电监察人员在通过对某个用户的定期检查后，应将检查情况和检查结果汇总整理，写出包括以下内容的检查意见书：

(1) 从上次定期检查以来，在安全、合理用电方面有哪些改进？特点是什么？上期检查意见书中提出的问题有哪些改进？效果如何？经验是什么？

(2) 这次检查的结果，用户在安全用电中还存在哪些不足之处，应如何改进并将改进意见书面通知用户，要求用户定出改进期限。正式的定期检查意见书，一般应经上级审查后发出。

(3) 上次定期检查意见书中提出的改进意见尚未改正，或改进不彻底而要求继续改进的意见或由于情况变化而要修改、取消的意见。

(4) 搜集那些有创造性、值得推广的安全、合理用电的经验，总结经济效果和进一步完善的意见。

(5) 其他有关超、欠计划用电指标，违章用电，严重不安全和浪费电力的现象等意见与处理办法。

在定期检查完毕，资料整理好后，应同用户有关人员，如电气负责人、运行人员、有经验的电气工作人员等一起召开座谈会，征求他们对自己检查工作的意见，共同商讨改进办法和期限。

定期检查总结主要是总结经验，总结可以在检查几个用户后，认为有必要时进行，也可以在检查一个比较复杂的用户后进行。

用电监察机构的负责人和技术人员应定期召开用电监察人员座谈会，交流定期检查的经验和在检查中发现的问题。从定期检查暴露出的问题中找出本地区当前共有的，普遍存在的用电不安全因素，组织大家讨论产生的原因，研究对策，制订措施加以消除。还应根据定期检查中普遍存在的问题和用户在执行规程制度中的意见，经过调查研究，认为有必要时提出修改或补充地区性有关安全用电规程制度的建议，报请上级审批，以求得规程制度的不断完善。

通过编制定期检查意见书和总结工作，可以不断提高用电监察人员的实际工作能力和技术业务水平；还可通过总结考察每个用电监察人员的实际工作能力，以便针对不同情况做出用电监察员的技术、业务培训规划。

8.5 安全用电宣传和从业人员管理

安全用电工作十分重要，它直接关系到人身和设备的安全，而且涉及千家万户、各行各业。因此，开展安全用电宣传工作，加强从业人员的管理，是做好安全用电的重要组成部分，也是用电监察工作的基本任务之一。这部分工作中，大量的工作是属于社会组织工作，必须充分依靠当地政府、社会力量、居民组织、各机关和群众团体来进行，这里仅对其具体内容和方法进行简要的介绍。

8.5.1 安全用电宣传和竞赛

开展安全用电宣传、组织用户之间的安全用电竞赛是进行安全思想教育的有效措施。党和政府历来关心安全生产，从解放初期至今多次发布指示、通知和规定，强调安全生产的重要性。全国在安全用电宣传上也做了大量工作，取得显著成效。可是城市与农村相比，农村的安全用电宣传及对用电知识的普及远不如城市。最近几年来，由于农业用电的增多，农村用电范围的扩大，农电事故也大幅度增加。农村触电死亡事故，大多数是由于缺乏用电常识所造成的，由此可见普及安全用电知识的重要性。

8.5.1.1 安全用电宣传

安全用电宣传的具体内容有以下几点：

(1) 宣传触电的危险性和安全用电的重要性。

(2) 宣传安全用电的基本知识。

(3) 介绍安全用电方面的专业技术及规章制度。

(4) 宣传安全用电的好经验、好办法和用电事故的教训及防止事故的措施等。

进行安全用电宣传的形式和组织可多样化，利用标语、简报、图片、壁画、图书、广播、电视、电影、幻灯、讲座和组织安全用电竞赛、参观、经验交流等方式。

用电监察机构中要设立专职宣传人员，负责收集、整理、积累和编印宣传资料，及时和有针对性地开展安全用电的宣传工作。

搞好安全用电的宣传，还要取得有关部门的支持和配合（如当地工会、报社、广播、电台、电视台等），才能把这一工作搞得生动活泼，收到良好效果。

8.5.1.2 组织安全用电竞赛

组织安全用电竞赛，是在局部地区小范围内更深入具体地进行安全用电宣传的一种有效形式。通过竞赛可以把用电单位广大电气从业人员组织发动起来，以不断地改进和提高安全用电工作水平，达到保证安全的目的。

组织竞赛一般可由电力部门和竞赛单位的上级主管部门联合组织并由参加竞赛单位共同协商竞赛办法与条件，签订竞赛合同，开展竞赛。竞赛合同的内容应包括：竞赛条件，组织办法，评比方法，交流与互相检查办法，奖励和表彰等。竞赛活动的领导由竞赛单位的主管部门或竞赛单位轮流担任。

安全用电竞赛的组成，一般以同行业同类型的工厂为好，这样就有可比性，也便于考核，更有利于交流、推广先进经验；还可按用电单位的用电设备相似、用电规模相近或电压等级相同等条件，分地区组织开展竞赛；或者是就各行各业中的某一个共同的单项（如值班人员），组织同工种的安全用电竞赛等。

安全用电竞赛的内容，一般有以下几点：

（1）提高高压设备完好率。检查一类设备占全部设备的百分率是上升还是下降；三类设备的百分率是上升还是下降。

（2）加强电气工作人员的安全技术、业务培训和考核。比较各单位进行技术、业务培训活动的时间、内容及考核成绩，比较工作现场的安全规程考核、反事故演习等的数量和质量。

（3）降低电气事故率。比较降低电力系统停电及损坏高压电气设备的事故次数。

8.5.2 从业人员管理

电气从业人员是电气设备的主人，这支队伍的建设是安全用电工作中的最基础的工作。分析各地区用电事故的经验证明，有相当一部分事故是直接由从业人员的过失所造成，这使我们认识到电气从业人员的思想和技术水平对安全用电有着重大的关系。为保证安全用电，还必须坚决禁止非电气从业人员进行电气操作。

8.5.2.1 对电气从业人员的要求

（1）熟悉电气安全工作规程和现场操作规程，且经考试合格。

（2）具备必要的电气基本理论知识，熟悉一般电气设备性能，能胜任各种电气操

作和值班记录。

（3）掌握触电急救法（包括解救触电者方法和实施紧急救护）。

（4）无妨碍工作的疾病。

（5）熟悉“全国供用电规则”及有关用电的规章、条例和制度，能主动配合搞好安全用电、计划用电、节约用电工作。

8.5.2.2 对电气从业人员的培训工作

用电单位对其电气从业人员应进行安全技术培训并应有计划、不断深入地定期进行。电力部门应给予技术上的支持和配合。对不具备自行开展技术培训工作条件的小型企业或社会人员（个体劳动者），电力部门应根据需要，配合安全生产主管部门及有关用户主管部门联合组织电气从业人员培训。

用电单位对电气从业人员进行安全技术方面的培训，一般应包括以下内容：

（1）电工基础理论知识。

（2）电气设备的特性及其维护管理所需要的技术知识。

（3）电气装置的安装、运行、检修的有关规程及技术标准。

（4）用电管理方面的有关规定。

（5）触电急救法。

8.5.2.3 电气从业人员登记、发证工作

对本地区用电单位的电气从业人员及经工商管理部门批准经营电气承装、承修的集体或个体工商户的电气从业人员，均应进行登记、考核、发证，以加强管理。电气从业人员的登记、考核、发证工作，应由地方安全生产管理部门、电力部门联合组织实施。

思　考　题

8-1　论述如何进行中间检查。

8-2　论述如何进行竣工检查。

第 9 章

用电事故的调查处理

为了对用电事故及时调查处理，凡用户发生影响系统跳闸、主设备损坏等重大用电事故时，应立即向当地电力部门用电监察机构报告。若同时发生人身触电伤亡，则还应向当地安全生产监察机构报告。这些机构必须迅速派出有经验的人员赶赴现场，首先协助用户处理事故，防止事故进一步扩大，并实事求是、严肃认真地进行事故调查分析，总结经验，吸取教训，研究发生事故的原因及防止再发生的对策，协助用户不断提高安全用电水平。

调查分析事故必须做到三不放过，即事故原因分析不清不放过，事故责任者没有受到教育不放过，没有采取防范措施不放过，以使用户收到“前车之鉴”。

9.1 用电事故的分类

用电事故的分类方法繁多，可分别按事故原因、事故后果和事故责任等加以分类。下面仅从事故产生的后果出发，把用电事故大致划分为以下四种：

1. 用户影响系统事故

由于用户内部原因造成对其他用户断电或引起系统波动而大量减负荷，称为用户影响系统事故。如公用线路上的用户事故，越级使变电站或发电厂的出线开关跳闸，造成对其他用户的断电。

另外，专线或公用线路上的用户事故，造成系统电压大幅度下降或给系统造成其他影响，致使其他用户无法正常生产，被迫大量停车减载，不论是否越级跳闸，均为用户影响系统事故。

下列情况不作为用户影响系统事故：

①线路开关跳闸后，经自动重合闸良好者或停用自动重合闸的开关跳闸后，3min 内强送良好者。

②用户专用线或专用设备，由于用户过失造成供电中断，或由于用户过失引起对其他转供电用户少送电。

③20kV 以下的用户配电变压器高压侧保险熔断或开关跳闸。

2. 用户全厂停电事故

由于用户内部事故的原因造成用户全厂停电，称为用户全厂停电事故。

两路电源供电的用户，其中一路因事故停电，而另一路正常供电者，不作为用户全厂停电事故；如两路电源供电，其中一路为备用，当主送电源因事故停电，备用电源及时投入恢复供电，而未影响生产者，不作为用户全厂停电事故；若其中一路为保安电源，虽及时投入，但引起生产停顿者，作为用户全厂停电事故。一个工厂的车间分散于不同地点，由供电部门分别供电者，应以供电部门的分户为计算单位。

3. 用户主要电气设备损坏事故

因用户内部事故造成一次电压在 6kV 及以上的主要电气设备损坏（如变压器、高压电机及其他高压配电设备等），不论是否影响生产，均作为用户主要电气设备损坏事故。

4. 用户人员触电死亡事故

除电力部门以外的人员，由于触及产权属于用户的电气设备和电气线路而造成的死亡，不论造成触电的原因如何及责任所属，均应作为用户人员触电死亡事故。

9.2 用电事故的调查分析

进行事故调查的人员到达事故现场后，应首先听取当值人员或目睹者介绍事故经过，并按先后顺序仔细地记录有关事故发生的情况。然后对照现场，仔细分析并判断当事者的介绍与现场情况是否吻合，不符之处应反复询问、查实，直至完全清楚为止。当事故的整个情况基本清楚后，再根据事故情况进行调查。

9.2.1 事故现场调查

现场调查的项目内容应根据事故本身的需要而定，一般应进行以下调查：

（1）调查继电保护装置动作情况，记录各开关整定电流、时间及保险熔体残留部分的情况，判断继电保护装置是否正确动作，从保险熔体的残留部分可估计出事故电流的大小，判断是因过负荷或是短路引起等。

（2）查阅用户事故当时的有关资料，如天气、温度、运行方式、负荷电流、运行电压、周波及其他有关记录；询问事故发生时现场人员的感觉（声、光、味、震动等），同时查阅事故设备及与事故设备有关的保护设备（继电器、操作电源、操作机构、避雷器和接地装置等）的有关历史资料，如设备试验资料、缺陷记录和检修调整记录等。

（3）调查事故设备的损坏部位及损坏程度，初步判断事故起因并将与事故有关的设备进行必要的复试检查，如用户事故造成越级跳闸，应复试用户总开关继电保护装置整定值是否正确、上下级能否配合及动作是否可靠；发生雷击事故时，应复试检查避雷器的特性、接地线连接是否可靠，测量接地电阻值等。通过必要的复试检查，可排出疑点，进一步弄清情况。

（4）对于误操作事故，应调查事故现场与当事人的口述情况是否相符并检查工作票、操作票及监护人的口令是否正确，从中找出误操作事故原因。

9.2.2 事故调查必须明确的事项

进行事故调查必须弄清楚和明确下列各项：

（1）事故发生前，设备和系统的运行状况。

（2）事故发生的经过（发生和扩大）和原因调查及事故处理情况。

（3）指示仪表、保护装置和自动装置的动作情况。

（4）事故开始停电时间，恢复送电时间和全部停电时间。

（5）损坏设备的名称、容量和损坏程度；如为人身触电事故，应查清触电者的姓名、年龄、工作岗位。

（6）规程制度及其在执行中存在的问题。

（7）管理制度和业务技术培训方面存在的问题。

（8）设备在检修、设计、制造、安装质量等方面存在的问题。

（9）事故造成的损失，包括停止生产损失和设备损坏损失。

（10）事故的性质及主要责任者、次要责任者、扩大责任者以及各级领导在事故中的过失和应负的责任。

9.2.3 事故调查中的安全措施

调查人员在事故现场应注意以下事项：

（1）首先应防止事故的进一步扩大，指导和协助用户消除事故并解除对人身和设备的危险，同时尽快恢复正常供电。

（2）严禁情况不明就主观臆断和瞎指挥，不得代替用户操作。用户处理不力和产生错误时，只能向值班人员提出建议或要求暂停操作，说明情况，统一认识，必要时应请示领导解决。

（3）严禁对情况不明的电气设备强送电。

(4) 严禁移动或拆除带电设备的遮栏，更不允许进入遮栏以内。

(5) 应与电力调度部门密切联系，及时反映情况。

9.2.4 事故分析

在弄清楚现场基本情况，进行了事故的鉴定试验并恢复用户正常供电后，应将收集到的有关资料，包括记录、实物、照片等加以汇总处理，然后同用户有关人员一起进行研究分析。

事故分析一定要有供电部门代表、发生事故的现场负责人、见证人、企业领导和电气技术负责人参加，必要时邀请有关制造厂家、安装单位、国家安全生产监察单位、公安部门和法医等专业人员参加。对用户引起的系统大事故应有供电部门总工程师主持事故分析会。事故分析要广泛听取各方面的意见，多方面探讨，实事求是，严肃认真，最后使调查情况、实物对照、复试结果等统一起来，找出事故原因。

事故原因清楚后，还要查明事故责任者，在事实清楚的基础上，通过批评和自我批评，教育其本人，并提高大家的认识。对于任意违反规章制度，不遵守劳动纪律，工作不负责任，以致造成事故或扩大事故者，应视情况严肃处理。对有意破坏安全生产，造成用电事故者，要依法惩办。

在明确事故责任者时，反对单位领导一揽子承担，要通过分清事故责任，检查职责分工是否明确、岗位责任制是否落实，以达到事故责任者和其他有关人员共同受教育的目的。

9.3 用电事故的处理

在调查分析用电事故、弄清楚事故原因的基础上，要制定切实可行的防范措施。措施要具体并应有负责实施的部门和经办人以及完成的期限。由于违反操作规程等引起误操作的事故，还应对电气工作人员订出技术业务培训计划和实施的具体内容并定期测验或考核。

同时，用户对发生的四种用电事故要及时填写报告，一式三份，一份报当地电力部门的用电监察机构，一份报用户主管部门，一份用户存查。

用电监察人员每进行一次用电事故调查后，除用户填写的事故报告外，自己还要完成有关事故调查的书面详细报告，其内容包括现场调查的全部资料和事故分析会决定的事项以及今后开展安全用电工作的建议。

事故报告和调查报告应妥善保存，作为今后事故统计和典型事故分析的依据。

用电监察机构应由专业技术人员定期对本地区用电事故进行分类综合，以研究分析各类用电事故的动态和发展趋势，掌握各类用电事故发生的规律性和特点，提出针对性的防范措施和反事故对策，指导本地区安全用电工作的开展。同时，指导本地区按季节特点制订反事故措施。

电业部门多年来所实行的电气反事故措施，实践证明是一项行之有效的、保证安全发、供、配电的重要工作，它符合全面质量管理的基本核心与基本特点。众所周知，作为一种先进的企业管理方法，全面质量管理（简称 TQC）最先起源于美国，后来一些工业发达国家开始推行，20 世纪 60 年代后期日本对此又有了新的发展。它的基本核心是强调提高人的工作质量保证和提高产品质置，达到全面提高企业和社会经济效益的目的。其基本特点则是从过去的事后检验和把关为主转变为以预防和改进为主，从管结果变为管因素，查出并抓住影响质量的主要因素，发动全员采用科学管理的理论与方法，使生产的全过程都处于受控制状态。所以，电业的“反事故措施”同样也适用于各工厂企业，尤其是其具体管电部门。

参 考 文 献

1 黄纯华，刘维仲编著．工厂供电．北京：水利电力出版社，1995
2 陈家斌主编．电力生产安全技术及管理．北京：中国水利水电出版社，2003
3 中华人民共和国能源部组编．电工培训教材．沈阳：辽宁科学技术出版社，1992
4 华东六省一市电机工程学会组编．电工进网作业考核培训教材．北京：中国电力出版社，1998
5 谈文华，万载扬编著．实用电气安全技术．北京：机械工业出版社，1998
6 章长东编著．工业与民用电气安全．北京：中国电力出版社，1996